AF136613

Mathematik
real

Nordrhein-Westfalen

Herausgegeben von
Reinhold Koullen †

Erarbeitet von
Wolfgang Hecht
Barbara Hoppert
Reinhold Koullen †
Jeannine Kreuz
Frank Nix
Hans-Helmut Paffen
Günther Reufsteck
Christine Sprehe
Rainer Zillgens

unter Mitarbeit
der Verlagsredaktion

Cornelsen

Teile dieses Unterrichtswerkes basieren auf Inhalten bereits
erschienener Lehrwerke.
Diese wurden herausgegeben von Reinhold Koullen † und Udo Wennekers
sowie erarbeitet von:
Helga Berkemeier, Ilona Gabriel, Wolfgang Hecht, Ines Knospe,
Reinhold Koullen †, Doris Ostrow, Hans-Helmut Paffen, Jutta Schaefer,
Gabriele Schenk, Willi Schmitz, Herbert Strohmayer, Martina Verhoeven,
Udo Wennekers, Ralf Wimmers

Redaktion: Markus Holm, Kerstin Kälberer, Viola Moncada

Bildrecherche: Peter Hartmann, Dr. Solveig Schmitz

Illustration: Roland Beier

Grafik: Christian Böhning, Ulrich Sengebusch †

Umschlaggestaltung und Layoutkonzept:
Syberg | Kirstin Eichenberg und Torsten Symank

Layout und technische Umsetzung:
CMS – Cross Media Solutions GmbH

Begleitmaterialien zum Lehrwerk			
für Schülerinnen und Schüler		**für Lehrerinnen und Lehrer**	
Arbeitsheft	978-3-06-006694-0	Lösungsheft	978-3-06-006674-2
Arbeitsheft mit CD-ROM	978-3-06-006695-7	Handreichungen	978-3-06-006678-0
		Lehrerfassung	978-3-06-006691-9

www.cornelsen.de

Unter der folgenden Adresse befinden sich multimediale
Zusatzangebote für die Arbeit mit dem Schülerbuch:
www.cornelsen.de/mathematik-real
Die Buchkennung ist: **MRA006670**

Alle Drucke dieser Auflage sind inhaltlich unverändert
und können im Unterricht nebeneinander verwendet werden.

© 2013 Cornelsen Schulverlage GmbH, Berlin
© 2016 Cornelsen Verlag GmbH, Berlin

Das Werk und seine Teile sind urheberrechtlich geschützt.
Jede Nutzung in anderen als den gesetzlich zugelassenen Fällen bedarf der
vorherigen schriftlichen Einwilligung des Verlages.
Hinweis zu §§ 60 a, 60 b UrhG: Weder das Werk noch seine Teile dürfen ohne eine
solche Einwilligung an Schulen oder in Unterrichts- und Lehrmedien (§ 60 b Abs. 3 UrhG)
vervielfältigt, insbesondere kopiert oder eingescannt, verbreitet oder in ein Netzwerk
eingestellt oder sonst öffentlich zugänglich gemacht oder wiedergegeben werden.
Dies gilt auch für Intranets von Schulen.

Druck: Mohn Media Mohndruck, Gütersloh

1. Auflage, 7. Druck 2023
ISBN 978-3-06-006670-4 (Schülerbuch)
ISBN 978-3-06-040118-5 (Schülerbuch als E-Book)

1. Auflage, 1. Druck 2013
ISBN 978-3-06-006691-9 (Lehrerfassung)
ISBN 978-3-06-042641-6 (Lehrerfassung als E-Book)

PEFC zertifiziert
Dieses Produkt stammt aus nachhaltig
bewirtschafteten Wäldern und kontrollierten
Quellen.
www.pefc.de

PEFC™
PEFC/04-31-1033

Die Symbole in den oberen Ecken stehen für bestimmte Bereiche in der Mathematik:

Zahlen und Variablen

Geometrie

Funktionen

Daten und Zufall

Teste dich!
Überprüfe zur Vorbereitung auf die Klassenarbeit dein Können. Die Lösungen zum Abschlusstest findest du im Anhang.

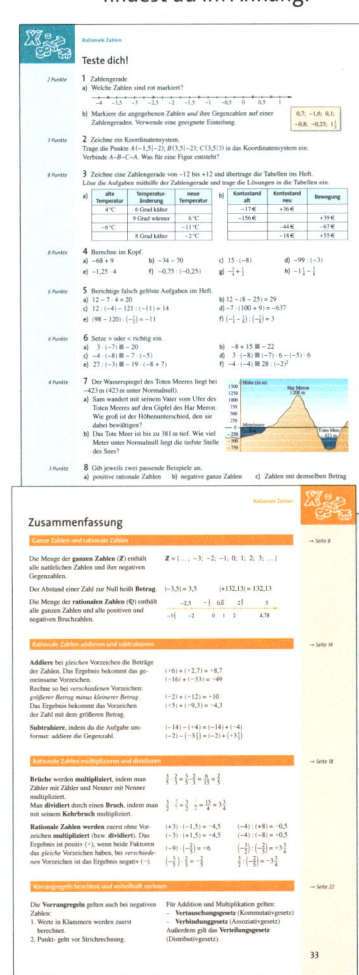

Üben und anwenden
Die Aufgaben trainieren den neu gelernten Unterrichtsstoff.

Mittelschwere Aufgaben haben eine schwarze Aufgabennummer.

In der Randspalte stehen zusätzliche Informationen, Aufgaben und Lösungshinweise.

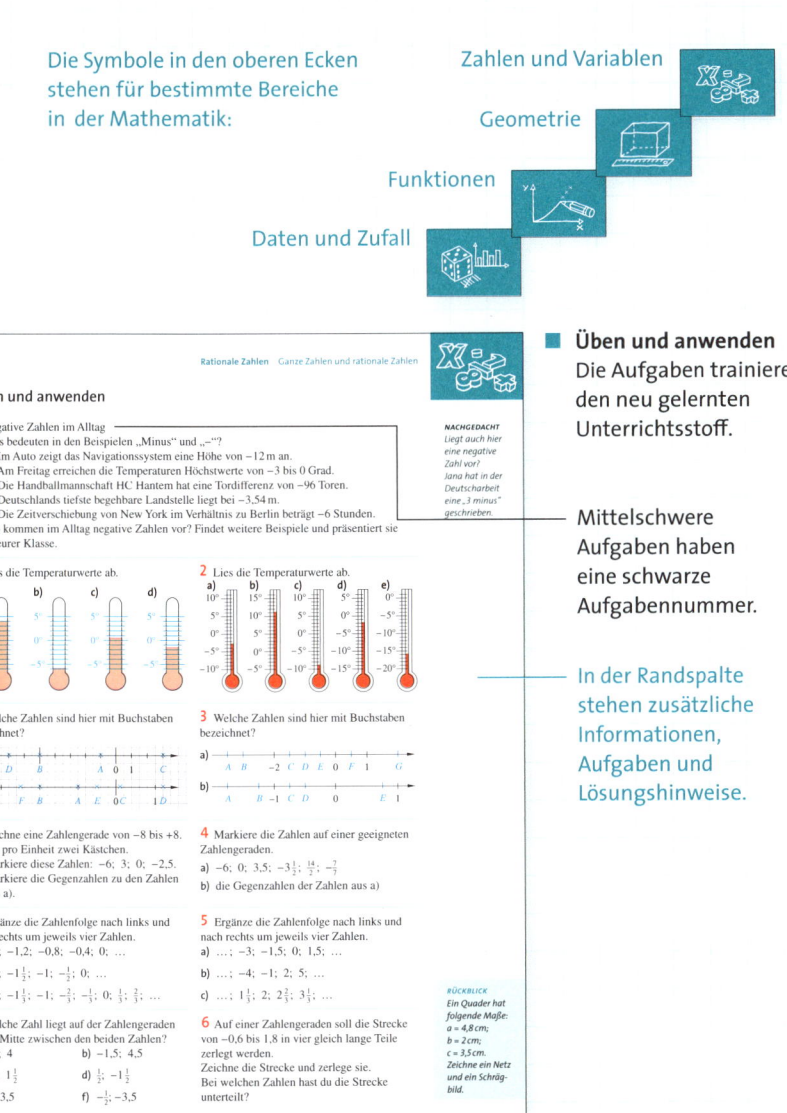

linke Spalte
hält leichtere
gaben.

Die rechte Spalte enthält schwierigere Aufgaben.

Zusammenfassung
Die Zusammenfassung am Ende eines Kapitels enthält die wichtigsten Merksätze zum Nachschlagen.

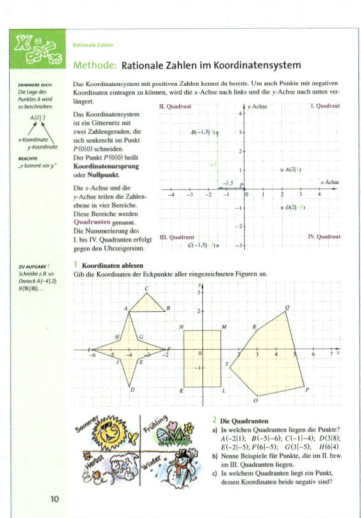

Methode und Thema
Auf den Methodenseiten werden die wichtigsten mathematischen Methoden vorgestellt und geübt. Die Themenseiten zeigen mathematische Inhalte aus verschiedenen Lebensbereichen.

Inhalt

111

Zufall und Wahrscheinlichkeit

133

Terme

157

Winkel und Figuren

181

Anhang

Rationale Zahlen

In der Tiefgarage im 2. Untergeschoss steigt
Frau Wolff in den Fahrstuhl.
Sie fährt bis in das 4. Obergeschoss.
Wie viele Ebenen ist sie insgesamt hochgefahren?

Noch fit?

Einstieg

1 Temperatur ablesen
Lies die Temperatur ab.

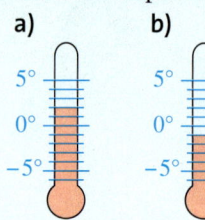
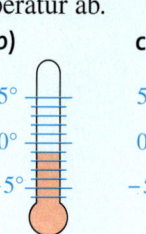
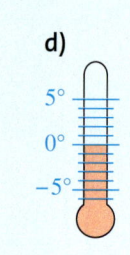

2 Zahlengerade
Welche Zahlen sind rot markiert?

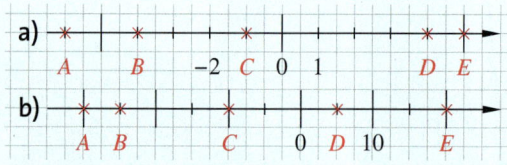

3 Zahlengerade zeichnen
Zeichne eine Zahlengerade von −6 bis +8 in dein Heft. Trage die Zahlen ein und schreibe die entsprechenden Buchstaben dazu. Bei richtiger Lösung erhältst du einen Lösungssatz.

G	H	R	R	S	C	T	W	A	D	A	I	I
8	5	0	−1	−4	3	6	−3	−5	−6	−2	1	7

4 Das Koordinatensystem
Zeichne ein Koordinatensystem wie im Bild rechts und trage die Punkte ein.

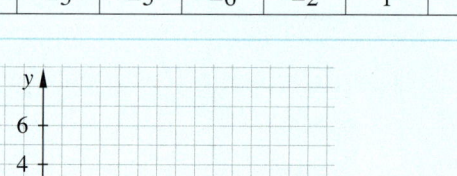

a) $A(2|2)$, $B(4|4)$, $C(7|7)$, $D(0|0)$
b) $E(3|0)$, $F(0|5)$, $G(6|0)$, $H(0|8)$
c) $I(3|1)$, $J(1|3)$, $K(2|7)$, $L(7|2)$

5 Vorteilhaft rechnen
Nutze Rechenvorteile, rechne im Kopf.
a) $16 \cdot 4 \cdot 25$ b) $13 \cdot 20 \cdot 5$
c) $2 \cdot 49 \cdot 50$ d) $25 \cdot 100 \cdot 4$

6 Schriftlich rechnen
Überschlage zuerst, dann berechne genau.
a) $3\,758 + 12\,948$ b) $3\,547 − 1\,588$
c) $235 \cdot 347$ d) $1\,740 : 6$

7 Vorrangregeln beachten
a) $125 − 8 \cdot 12$ b) $75 : 15 \cdot 12 + 18$
   $(125 − 8) \cdot 12$ $75 : 15 \cdot (12 + 18)$

Aufstieg

1 Temperaturänderungen
Zeichne eine Temperaturskala von −5 °C bis +5 °C. Löse die Aufgaben mithilfe der Skala.

	Temperatur morgens	Temperaturänderung	Temperatur mittags
a)	−1 °C	2 Grad wärmer	
b)	4 °C	7 Grad kälter	
c)	−5 °C	4 Grad wärmer	

2 Zahlengerade
Welche Zahlen sind rot markiert?

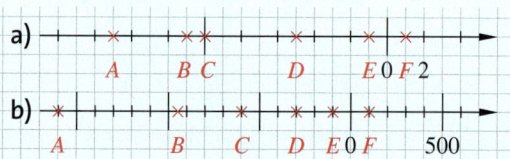

5 Vorteilhaft rechnen
Nutze Rechenvorteile, rechne im Kopf.
a) $250 \cdot 97 \cdot 4$ b) $200 \cdot 17 \cdot 50$
c) $125 \cdot 23 \cdot 8 \cdot 2$ d) $80 \cdot 25 \cdot 125 \cdot 40$

6 Schriftlich rechnen
Überschlage zuerst, dann berechne genau.
a) $522,9 + 1\,087,56$ b) $21\,507 − 609,7$
c) $7,5 \cdot 4,05$ d) $323,5 : 9$

7 Vorrangregeln beachten
a) $20 + (112 − 52) \cdot 8$ b) $606 + 120 : 6$
c) $200 − (45 + 3 \cdot 17)$ d) $15 \cdot 36 + 27 : 3$

Lösungen ab Seite 182

Ganze Zahlen und rationale Zahlen

Entdecken

1 „Positiv und negativ", ein Spiel für zwei Personen
Ihr benötigt:
– einen Spielplan wie abgebildet
– zwei verschieden aussehende Spielsteine
– einen Würfel

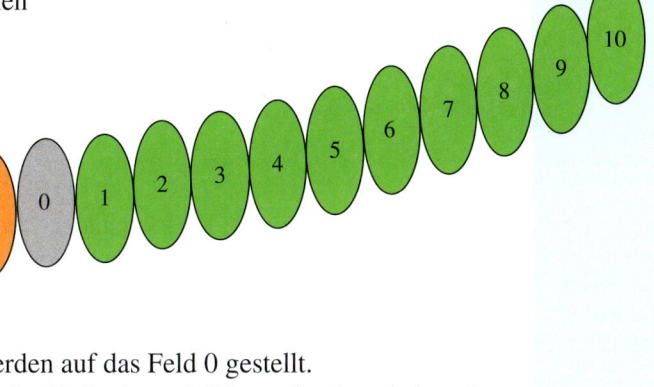

Beide Spielsteine werden auf das Feld 0 gestellt.
Die Spielerin, die an der Reihe ist, würfelt zweimal nacheinander:
– Der erste Wurf gibt an, wie viele Schritte sie nach rechts zieht,
– der zweite Wurf gibt an, wie viele Schritte sie nach links zieht.

Wer zuerst das rechte oder das linke Ende des Spielplans erreicht
oder überschreitet, hat gewonnen.

2 Zahlengerade
a) Welche Zahlen sind auf der Zahlengeraden markiert? Notiere und ordne nach der Größe.

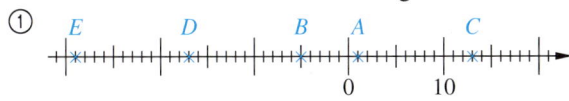

b) Hier kannst du die Zahlen nicht exakt ablesen. Schätze sie und ordne sie nach der Größe.

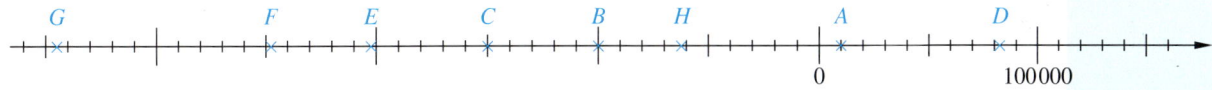

c) Zeichne eine Zahlengerade von -100 bis $+100$ in dein Heft. Ein Kästchen soll einem
10er-Schritt entsprechen.
Markiere diese Zahlen *möglichst* genau: 10; -10; 50; -100; -15; 62; -62; $-79{,}9$; -37.

3 Markiere auf einer geeigneten Zahlengeraden die Zahlen -3; $-2{,}5$; $-0{,}5$; 0; $+0{,}5$; $+1{,}5$; $+3$.
a) Beschreibe an der Zahlengeraden, wie -3 und $+3$ zueinander liegen und wie $+0{,}5$ und $-0{,}5$
zueinander liegen.
b) Löse ohne zu zeichnen: Welche Zahlen liegen auf der Zahlengeraden von der Null ebenso
weit entfernt wie -7 $\left(\text{wie } +20;\ \text{wie } -2{,}33;\ \text{wie } -2\tfrac{1}{4}\right)$?

4 Setze im Heft das richtige Zeichen ($>$, $<$, $=$).
Dann formuliere jeweils eine passende Regel und begründe sie. Beachte den Tipp in der
Randspalte.
a) ① $-2\ \square\ -1$;   ② $-8\ \square\ -12$;
③ $-40{,}6\ \square\ -6{,}8$;   ④ $-3\ \square\ -\tfrac{1}{4}$

b) ① $2\ \square\ -12$;   ② $-2{,}401\ \square\ 2{,}09$;
③ $\tfrac{3}{5}\ \square\ -\tfrac{5}{3}$;   ④ $-0{,}3\ \square\ \tfrac{1}{3}$

Vergleicht in der Klasse: Welche Regeln findest du am einfachsten formuliert?

ZU AUFGABE 4
*Jona schreibt
bei 4 a) so:*

Regel:
*Von zwei negativen
Zahlen ist die Zahl
größer, die ...*

Begründung: ...

Verstehen

Die 7a spielt ein Spiel auf einer Zahlengeraden. Julian und Annika starten auf der Zahl 0 und bewegen sich auf Zuruf entlang der Zahlengeraden.

Mia ruft: „Geht beide 3 Felder, egal in welche Richtung."

Julian steht jetzt auf der Zahl −3 und Annika steht auf +3. Beide sind nun gleich weit von der Zahl 0 entfernt.

HINWEIS
Bei positiven Zahlen lässt man das Vorzeichen meist weg, z. B. +5 = 5.

Positive und negative Zahlen können an der **Zahlengeraden** dargestellt werden. So kann man sie übersichtlich vergleichen und ordnen.

Zu jeder positiven Zahl gibt es eine negative **Gegenzahl** und umgekehrt. Gegenzahlen haben den gleichen Abstand zur Null.

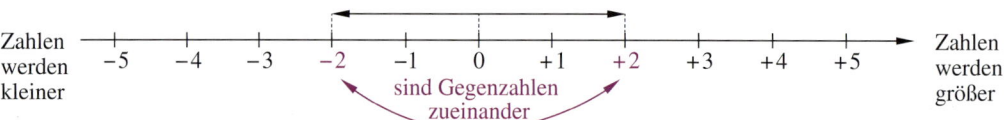

Merke   Die natürlichen Zahlen und ihre negativen Gegenzahlen bilden zusammen die **Menge der ganzen Zahlen**, kurz $\mathbb{Z}$.
$$\mathbb{Z} = \{\dots;\ -3;\ -2;\ -1;\ 0;\ 1;\ 2;\ 3;\ \dots\}$$

Sören meint: „Zwischen den ganzen Zahlen liegen auch noch positive und negative Bruchzahlen." Deswegen legt die 7a noch mehr Zahlenkarten auf den Boden.

Julian und Annika starten wieder von der Zahl 0. Sören: „Julian, geh du 2,5 in positive Richtung. Annika, und du geh 0,5 in negative Richtung."

Julian ist jetzt weiter von der Zahl 0 entfernt als Annika.

Der Abstand einer Zahl zur Null heißt **Betrag**.
Der Betrag von −0,5 ist 0,5.   Der Betrag von +2,5 ist 2,5.
Man schreibt: $|{-0{,}5}| = 0{,}5$ Man schreibt: $|{+2{,}5}| = 2{,}5$

HINWEIS
*$\mathbb{Q}$ kann man nicht durch eine Zahlenfolge darstellen wie
$\mathbb{Z} = \{\dots; -2; -1;\ 0; 1; 2;\dots\}$.
Denn zwischen zwei Zahlen aus $\mathbb{Q}$ liegen stets unendlich viele weitere Zahlen.*

Merke   Die ganzen Zahlen und die positiven und negativen Brüche und Dezimalbrüche bilden zusammen die **Menge der rationalen Zahlen**, kurz $\mathbb{Q}$.

Zu $\mathbb{Q}$ gehören z. B. $+7;\ +\frac{3}{4};\ +1{,}25$ und ihre Gegenzahlen $-7;\ -\frac{3}{4};\ -1{,}25$ und auch 0.

Rationale Zahlen kann man an der **Zahlengeraden** darstellen und vergleichen:

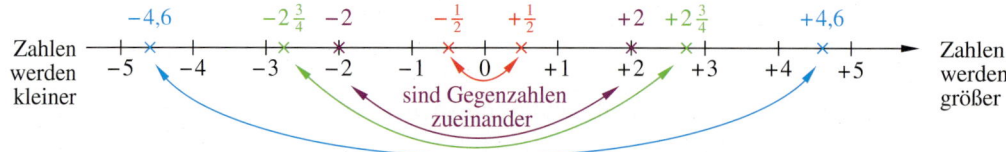

Üben und anwenden

1 Negative Zahlen im Alltag

a) Was bedeuten in den Beispielen „Minus" und „–"?

① Im Auto zeigt das Navigationssystem eine Höhe von $-12\,\mathrm{m}$ an.

② Am Freitag erreichen die Temperaturen Höchstwerte von -3 bis 0 Grad.

③ Die Handballmannschaft HC Hantem hat eine Tordifferenz von -96 Toren.

④ Deutschlands tiefste begehbare Landstelle liegt bei $-3{,}54\,\mathrm{m}$.

⑤ Die Zeitverschiebung von New York im Verhältnis zu Berlin beträgt -6 Stunden.

b) Wo kommen im Alltag negative Zahlen vor? Findet weitere Beispiele und präsentiert sie in eurer Klasse.

NACHGEDACHT
Liegt auch hier eine negative Zahl vor? Jana hat in der Deutscharbeit eine „3 minus" geschrieben.

2 Lies die Temperaturwerte ab.

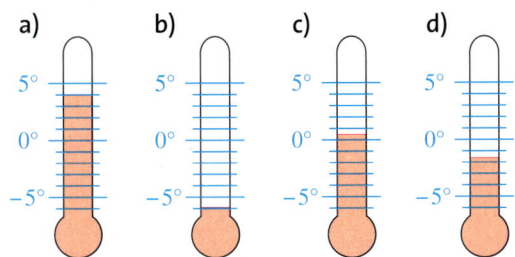

2 Lies die Temperaturwerte ab.

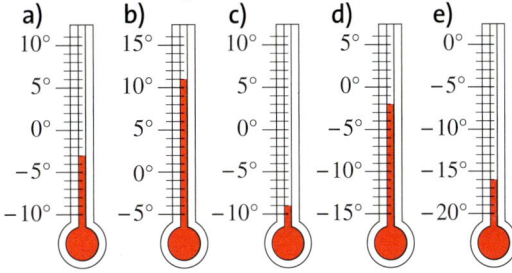

3 Welche Zahlen sind hier mit Buchstaben bezeichnet?

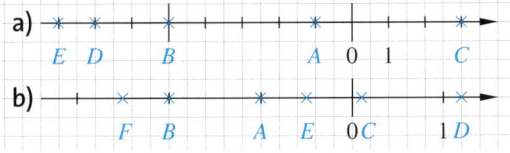

3 Welche Zahlen sind hier mit Buchstaben bezeichnet?

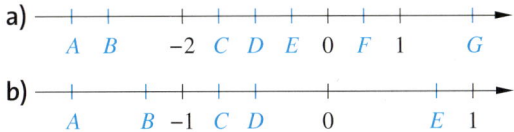

4 Zeichne eine Zahlengerade von -8 bis $+8$. Wähle pro Einheit zwei Kästchen.

a) Markiere diese Zahlen: -6; 3; 0; $-2{,}5$.

b) Markiere die Gegenzahlen zu den Zahlen aus a).

4 Markiere die Zahlen auf einer geeigneten Zahlengeraden.

a) -6; 0; $3{,}5$; $-3\frac{1}{2}$; $\frac{14}{2}$; $-\frac{7}{7}$

b) die Gegenzahlen der Zahlen aus a)

5 Ergänze die Zahlenfolge nach links und nach rechts um jeweils vier Zahlen.

a) $\ldots$; $-1{,}2$; $-0{,}8$; $-0{,}4$; 0; $\ldots$

b) $\ldots$; $-1\frac{1}{2}$; -1; $-\frac{1}{2}$; 0; $\ldots$

c) $\ldots$; $-1\frac{1}{3}$; -1; $-\frac{2}{3}$; $-\frac{1}{3}$; 0; $\frac{1}{3}$; $\frac{2}{3}$; $\ldots$

5 Ergänze die Zahlenfolge nach links und nach rechts um jeweils vier Zahlen.

a) $\ldots$; -3; $-1{,}5$; 0; $1{,}5$; $\ldots$

b) $\ldots$; -4; -1; 2; 5; $\ldots$

c) $\ldots$; $1\frac{1}{3}$; 2; $2\frac{2}{3}$; $3\frac{1}{3}$; $\ldots$

6 Welche Zahl liegt auf der Zahlengeraden in der Mitte zwischen den beiden Zahlen?

a) -2; 4 b) $-1{,}5$; $4{,}5$

c) $-\frac{1}{2}$; $1\frac{1}{2}$ d) $\frac{1}{2}$; $-1\frac{1}{2}$

e) $\frac{1}{2}$; $3{,}5$ f) $-\frac{1}{2}$; $-3{,}5$

6 Auf einer Zahlengeraden soll die Strecke von $-0{,}6$ bis $1{,}8$ in vier gleich lange Teile zerlegt werden.
Zeichne die Strecke und zerlege sie.
Bei welchen Zahlen hast du die Strecke unterteilt?

RÜCKBLICK
*Ein Quader hat folgende Maße:
$a = 4{,}8\,\mathrm{cm}$;
$b = 2\,\mathrm{cm}$;
$c = 3{,}5\,\mathrm{cm}$.
Zeichne ein Netz und ein Schrägbild.*

Methode: Rationale Zahlen im Koordinatensystem

ERINNERE DICH
Die Lage des
Punktes A wird
so beschrieben:

A (2 | 1)

x-Koordinate
y-Koordinate

Das Koordinatensystem mit positiven Zahlen kennst du bereits. Um auch Punkte mit negativen Koordinaten eintragen zu können, wird die x-Achse nach links und die y-Achse nach unten verlängert.

Das Koordinatensystem ist ein Gitternetz mit zwei Zahlengeraden, die sich senkrecht im Punkt $P(0|0)$ schneiden. Der Punkt $P(0|0)$ heißt **Koordinatenursprung** oder **Nullpunkt**.

BEACHTE
„x kommt vor y."

Die x-Achse und die y-Achse teilen die Zahlenebene in vier Bereiche. Diese Bereiche werden **Quadranten** genannt. Die Nummerierung des I. bis IV. Quadranten erfolgt gegen den Uhrzeigersinn.

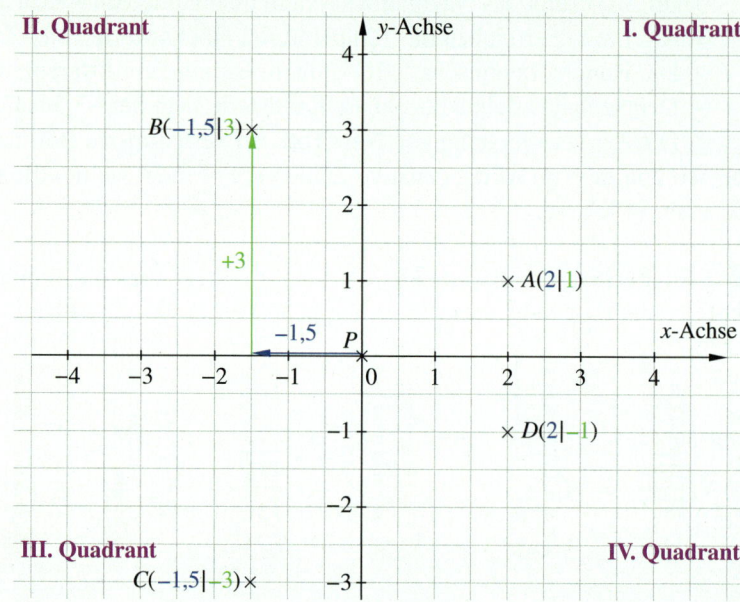

ZU AUFGABE 1
Schreibe z. B. so:
Dreieck A (−4 | 2);
B (■ | ■); ...

1 Koordinaten ablesen

Gib die Koordinaten der Eckpunkte aller eingezeichneten Figuren an.

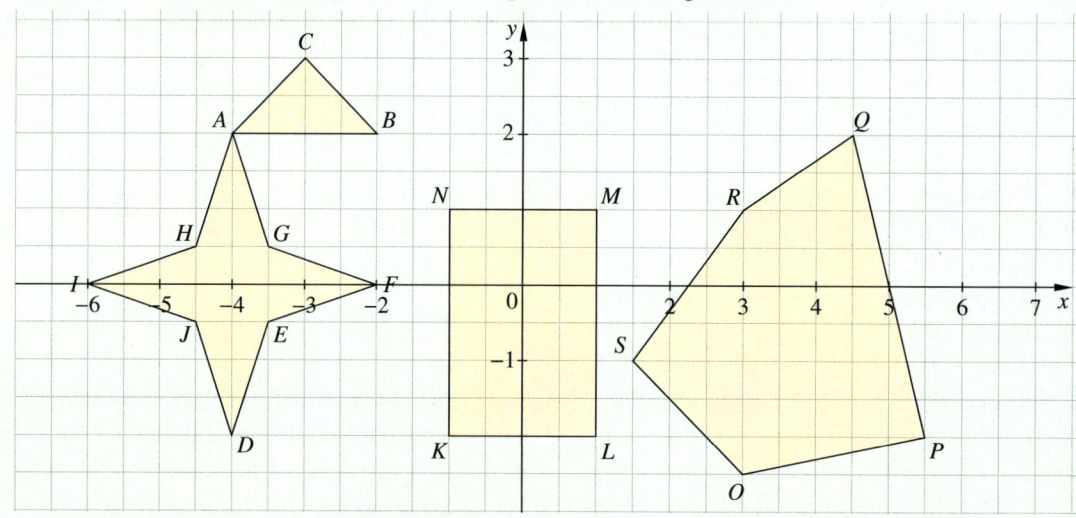

2 Die Quadranten

a) In welchen Quadranten liegen die Punkte?
$A(-2|1)$; $B(-5|-6)$; $C(-1|-4)$; $D(3|8)$;
$E(-2|-5)$; $F(6|-5)$; $G(3|-5)$; $H(6|4)$

b) Nenne Beispiele für Punkte, die im II. bzw. im III. Quadranten liegen.

c) In welchem Quadranten liegt ein Punkt, dessen Koordinaten beide negativ sind?

3 Punkte ablesen

In das Koordinatensystem sind verschiedene Punkte eingetragen.

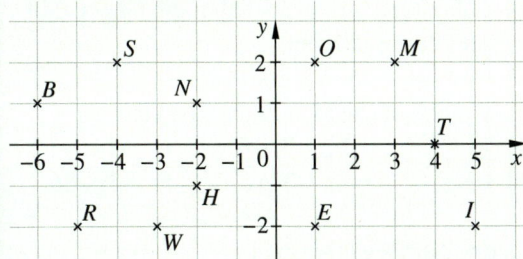

Lies die Buchstaben zu den folgenden Koordinaten hintereinander, es ergibt sich ein Lösungswort:
$(-3|-2)$; $(5|-2)$; $(-2|1)$; $(4|0)$; $(1|-2)$; $(-5|-2)$
Schreibe selbst Wörter mithilfe der Punkte.

4 Punkte eintragen

Zeichne ein Koordinatensystem mit x- und y-Werten von -4 bis $+4$.
Trage die folgenden Punkte in das Koordinatensystem ein.
a) $A(2|3)$; $B(1|-2)$; $C(2|-3)$; $D(-2|3)$
b) $E(-1|1)$; $F(-2|-2)$; $G(1|1)$; $H(-1|0)$
c) $I(1|-1)$; $J(-1|-1)$; $K(-3|-2)$; $L(0|-2)$
d) $M(3|-2)$; $N(0|-1)$; $O(2,5|-2)$; $P(-2|0)$

5 Dezimalbrüche als Koordinaten

Zeichne ein Koordinatensystem, das du für die Teilaufgaben a) und b) nutzen kannst.
a) Trage die folgenden Punkte ein:
$P_1(3,5|0)$; $P_2(-1|0)$; $P_3(0|4)$; $P_4(0|-5,5)$
Beschreibe, wie du vorgehst.
b) Verbinde die Punkte $A(2|1)$, $B(-1|1)$, $C(-1|-2)$, $D(0|-1)$, $E(4|-4)$, $F(5|-3)$, $G(1|0)$ und A.
Welche Figur ist entstanden?

6 Spiegelungen an den Achsen

Zeichne das Viereck $ABCD$ in ein Koordinatensystem mit Werten von -5 bis $+5$.
$A(1|3)$; $B(3|2)$; $C(4|4)$; $D(2|4)$
a) Spiegele das Viereck an der x-Achse.
Gib die Koordinaten der Bildpunkte so an:
$A'(\blacksquare|\blacksquare)$; …
b) Gib ohne zu zeichnen an, welche Koordinaten die Bildpunkte haben, wenn man $ABCD$ an der y-Achse spiegelt.

7 Rechtecke ergänzen

Zeichne die Punkte in ein Koordinatensystem.
Ergänze einen Punkt D so, dass sich ein Rechteck ergibt.
a) $A(-4,5|1,5)$; $B(2,5|1,5)$; $C(2,5|3)$
b) $A(-2,5|0)$; $B(1|-1,5)$; $C(2,5|2)$
c) $A(3,5|0,5)$; $B(2|2)$; $C(-0,5|-0,5)$

8 Symmetrien erkennen

Arbeitet zu zweit. Welche Symmetrien haben die Sechsecke?
Bestimmt bei einem der Sechsecke die Koordinaten der Ecken. Wie kann man die Symmetrie(n) der Figur an den Koordinaten ablesen?
Warum kann man nicht bei jeder symmetrischen Figur die Symmetrien auf diese Weise erkennen?

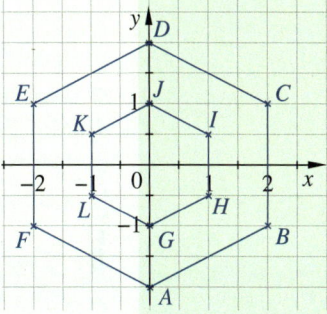

9 Muster zeichnen

Zeichne ein Koordinatensystem mit x- und y-Werten jeweils von -5 bis $+5$.
a) Trage folgende Punkte ein und verbinde sie: $A(-3|-3)$; $B(-3|-2)$; $C(-2|-2)$; $D(-2|-1)$; $E(-1|-1)$; $F(-1|0)$.
b) Die Verbindung der Punkte ergibt ein Muster. Führe es nach oben und nach unten weiter und gib jeweils die Koordinaten der nächsten drei Punkte an.
c) Spiegele das Muster aus a) einmal an der x-Achse und einmal an der y-Achse. Was stellst du fest?

10 Schiffe versenken (Spiel für 2 Personen)

Beide Spieler zeichnen ein Koordinatensystem ($1\,\text{LE} \,\hat{=}\, 1\,\text{cm}$) mit x- und y-Werten jeweils von -3 bis $+3$.
Jeder zeichnet 10 „Schiffe" in sein Koordinatensystem, so wie in der Randspalte gezeigt.
Die Schiffe können waagerecht oder senkrecht eingezeichnet werden, dürfen sich aber nicht berühren.
Dann zielt ihr abwechselnd auf die Schiffe des Anderen, indem ihr beispielsweise sagt:
„Minus 2,5; plus 1." Wer zuerst alle Schiffe des Anderen getroffen hat, gewinnt.

TIPP
Zeichne Koordinatensysteme mit einem Abstand von 1cm zwischen den ganzen Zahlen, kurz $1\,\text{LE} \,\hat{=}\, 1\,\text{cm}$. Dann hast du genügend Platz, um Zeichnungen einzutragen.

ZU AUFGABE 10
ein Schlachtschiff:

zwei Kreuzer:

drei Zerstörer:

vier U-Boote:

7 Gib den Betrag und die Gegenzahl an.

a) −4 b) +1,2 c) +5,7
d) −6 e) −3,5 f) −24,3
g) +3 h) −28,9 i) +3,7
j) −15 k) +20,2 l) −7,2

7 Zahlentrios

a) Wähle fünf verschiedene rationale Zahlen zwischen −0,21 und −0,24.
b) Gib zu jeder deiner Zahlen die Gegenzahl und den Betrag an.

8 Welche der beiden Zahlen ist kleiner?

a) 5; 8 b) −5; 8 c) −5; −8
d) −7; 0 e) 6; −8 f) 1; −4,5

8 Welche der beiden Zahlen ist kleiner?

a) $\frac{1}{2}$; −3 b) −9; −6 c) −14; −15
d) 0; 12 e) $-3\frac{1}{2}$; $\frac{14}{2}$ f) 85; −36

9 Welche Aussagen sind richtig? Begründe oder nenne ein Gegenbeispiel.

a) Der Betrag einer Zahl ist nie negativ.
b) Jede Zahl ist größer als ihre Gegenzahl.
c) Jede negative Zahl ist kleiner als jede positive.
d) Manche Zahlen sind größer als ihr Betrag.
e) Der Betrag einer Zahl ist die Zahl selbst oder ihre Gegenzahl.
f) Zahl und zugehörige Gegenzahl sind immer verschieden.

10 Setze im Heft ein: >, < oder =.

a) −2 ▩ 6 b) 3 ▩ −4
c) 0 ▩ −8 d) −7 ▩ 7
e) 0,5 ▩ 0,6 f) −0,5 ▩ −0,6
g) −0,75 ▩ 0,75 h) 3,6 ▩ 3,6
i) −3,2 ▩ −3,19 j) −5,01 ▩ −5,10

10 Ordne. Beginne mit der kleinsten Zahl. Zahlenkärtchen können dir dabei helfen.

a) −1; 0; 13; −3; −6; −4; 9; −5; 17
b) 0,5; −7; 3; 5; −2; −8; 7; −12; 12
c) −0,5; 3; $\frac{7}{10}$; $-\frac{2}{5}$; 5,5; 13; −3,75; $-\frac{7}{9}$
d) $\frac{1}{2}$; $-\frac{1}{3}$; $\frac{1}{4}$; $-\frac{1}{5}$; $-\frac{1}{6}$; $\frac{1}{7}$; $-\frac{1}{8}$; $\frac{1}{9}$

11 Zeichne eine Zahlengerade von −8 bis +8.
Löse die Aufgaben, indem du dich an der Zahlengeraden bewegst.

a) −4 °C $\xrightarrow{\text{9 Grad wärmer}}$ ▩ °C

−7 € $\xrightarrow{\text{5 € mehr}}$ ▩ €

−1 Punkt $\xrightarrow{\text{4 Punkte dazu}}$ ▩ Punkte

−6 °C $\xrightarrow{\text{6 Grad wärmer}}$ ▩ °C

b) ▩ °C $\xleftarrow{\text{5 Grad kälter}}$ 8 °C

▩ € $\xleftarrow{\text{3 € weniger}}$ −1 €

▩ Punkte $\xleftarrow{\text{6 Punkte weniger}}$ −2 Punkte

▩ °C $\xleftarrow{\text{13 Grad kälter}}$ +6 °C

ZU AUFGABE 12 a
So rundet man negative Zahlen:
1. Runde den Betrag der Zahl.
2. Setze das ursprüngliche Vorzeichen vor den gerundeten Betrag.

Beispiel:
Runden auf ganze Zahlen:
−8,3 ≈ −8
−12,5 ≈ −13

12 Arbeitet zu zweit. Angegeben sind jeweils die monatlichen Durchschnittstemperaturen.

① Jokkmokk (Schweden)

Jan	Feb	Mär	Apr	Mai	Jun
−14,4	−13,4	−7,9	−1,5	5	11,3

Jul	Aug	Sep	Okt	Nov	Dez
14,8	12,3	6,8	−0,5	−7,1	−11,1

② Novosibirsk (Russland)

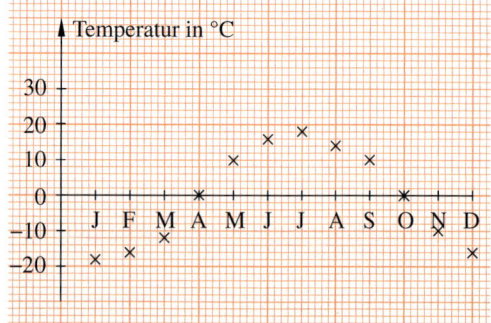

a) Rundet die Werte von Jokkmokk auf ganze Zahlen. Beachtet dazu die Randspalte.
b) Zeichnet für Jokkmokk ein Diagramm mit den gerundeten Werte.
c) Erstellt für Novosibirsk eine passende Tabelle.

Rationale Zahlen addieren und subtrahieren

Entdecken

Spielt mindestens eines der beiden folgenden Spiele. Versucht danach, Rechenregeln für die Addition und Subtraktion negativer Zahlen zu formulieren.

1   Spiel „Im Fahrstuhl"
Ihr benötigt: einen Spielplan (vgl. die Randspalte), zwei Würfel und jeder eine Spielfigur.
Beklebt einen Würfel so, dass drei Seiten ein „+" zeigen, die anderen ein „–".
Beklebt den anderen Würfel so, dass die Seiten 1 und 6 eine „1" zeigen, die
Seiten 2 und 5 eine „2" und die Seiten 3 und 4 eine „3".

Zu Beginn stehen alle Figuren im Erdgeschoss auf der 0.
Man würfelt mit beiden Würfeln. Wirft man „+" und „2", fährt der Fahrstuhl zwei Stock-
werke nach oben. Würfelt man „–", fährt der Fahrstuhl nach unten.
Gewonnen hat, wer nach drei Spielrunden dem Erdgeschoss am nächsten steht.

Schreibe jeden deiner Züge als Rechnung in dein Heft. Beachte das Beispiel rechts.

Stockwerk alt	gewürfelt	Stockwerk neu	Rechnung
0	⊟ ②	−2	$0 - 2 = -2$
−2	⊞ ①	−1	$-2 + 1 = -1$

2   Spiel „Gib weg!", ein Spiel für 2 bis 4 Personen
Erstellt 30 Spielkarten:
– fünf Aktionskarten mit „Gib weg (–)"
– fünf Aktionskarten mit „Nimm dazu (+)"
– je eine Karte mit roter Zahl „–10; –9; –8; ...; –1"
– je eine Karte mit blauer Zahl „+10; +9; +8; ...; +1"
Die negativen Zahlen sind Minuspunkte, die positiven sind
Pluspunkte.
Sortiert die Karten so, dass ihr zwei Stapel habt: einen
mit „Aktionskarten" und einen mit „Zahlenkarten". Dann mischt jeden Stapel.

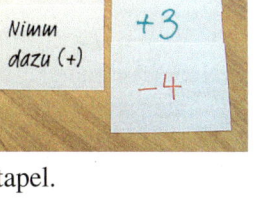

Zu Beginn des Spiels zieht jeder drei Zahlenkarten und legt sie offen vor sich auf den Tisch.
Der jüngste Spieler zieht nun eine Aktionskarte:
– Zieht er eine „Gib weg"-Karte, gibt er eine seiner Karten einem Mitspieler.
– Zieht er eine „Nimm dazu"-Karte, zieht er vom Stapel mit den Zahlenkarten eine Karte.
Die Aktionskarte wird abgelegt. Dann ist der nächste Spieler dran.
Wer nach drei Spielrunden den höchsten Punktestand hat, gewinnt das Spiel.

Notiere in jeder Runde mit einer Rechnung, wie sich dein Punktestand verändert. Beachte die
Rechnungen in dem folgenden Beispiel.

Noras Karten zu Beginn:	Erste Runde: Sie zieht eine „Nimm dazu"-Karte.	Tom hat „Gib weg" gezogen und gibt Nora seine (−4)-Karte:	Zweite Runde: Nora darf eine ihrer Karten weggeben.
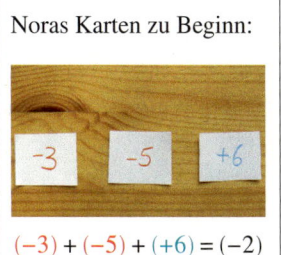	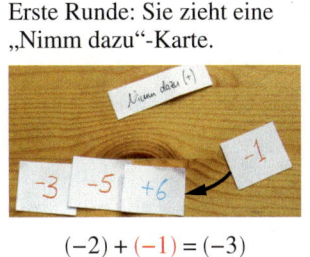	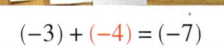	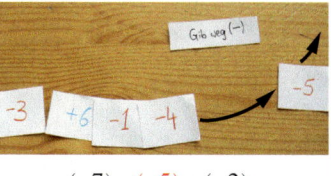
$(-3) + (-5) + (+6) = (-2)$	$(-2) + (-1) = (-3)$	$(-3) + (-4) = (-7)$	$(-7) - (-5) = (-2)$

Verstehen

Lena, Marc, Antonia und Sophie spielen ein Kartenspiel. Es gewinnt, wer nach fünf Runden die meisten Pluspunkte hat.

Doch sie müssen aufpassen, denn es gibt Karten mit Pluspunkten und Karten mit Minuspunkten. Wer eine neue Karte zieht oder eine Karte ablegt, berechnet, wie viele Punkte sie oder er anschließend hat.

HINWEIS

Vorzeichen

$$(+5) + (-3) = +2$$

Rechenzeichen

Addition rationaler Zahlen

Wenn bei einer Addition auch negative Zahlen dabei sind, unterscheidet man zwei Fälle: Haben beide Zahlen das gleiche Vorzeichen oder haben sie verschiedene Vorzeichen?

1. Fall: Beide Zahlen haben das *gleiche* Vorzeichen.

Rechnung: $(-1) + (-4) = -5$

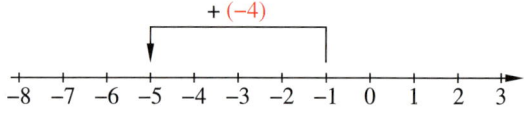

Beispiel 1

$(+6) + (+2{,}7) = (+8{,}7)$

$(-16) + (-33) = (-49)$;
   Nebenrechnung: $16 + 33 = 49$;
   gemeinsames Vorzeichen: „−"

Merke Addieren bei *gleichen* Vorzeichen

Addiere die Zahlen ohne ihr Vorzeichen zu berücksichtigen.
Das Ergebnis bekommt das gemeinsame Vorzeichen.

2. Fall: Die Zahlen haben *verschiedene* Vorzeichen.

Rechnung: $(-7) + (+3) = -4$

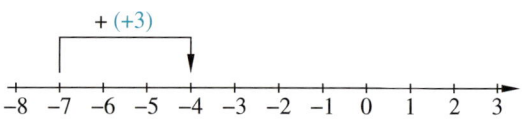

Beispiel 2

$(+5) + (-9{,}3) = (-4{,}3)$;
   Nebenrechnung: $9{,}3 - 5 = 4{,}3$;
   $|-9{,}3| > |+5|$, also Vorzeichen: „−"

Merke Addieren bei *verschiedenen* Vorzeichen

Subtrahiere ohne Vorzeichen: *größerer Betrag minus kleinerer Betrag.*
Das Ergebnis bekommt das Vorzeichen der Zahl mit dem größeren Betrag.

Subtraktion rationaler Zahlen

Ich hatte 6 Minus-punkte und gebe 2 Pluspunkte ab.

Das zählt genau so, als ob du 2 Minuspunkte dazu nehmen würdest. Jetzt hast du 8 Minus-punkte.

Ich hatte bisher 4 Pluspunkte und gebe 3 Minus-punkte ab.

Das zählt genau so, als ob du 3 Pluspunkte dazu nehmen würdest. Jetzt hast du 7 Plus-punkte.

Rechnung:
$(-6) - (+2) =$
$= (-6) + (-2) =$
$= -8$

Rechnung:
$(+4) - (-3) =$
$= (+4) + (+3) =$
$= +7$

Beispiel 3

$(-14) - (+4) = (-14) + (-4)$

$(-2) - \left(-3\tfrac{1}{3}\right) = (-2) + \left(+3\tfrac{1}{3}\right)$

Merke Subtrahieren

Forme um: Statt die Zahl zu subtrahieren, addierst du ihre Gegenzahl.

HINWEIS
Man darf sich Schreibarbeit ersparen. Beispiel:
$(-4) - (+2) =$
$= (-4) - \ 2 \ =$
$= -4 - \ 2$

Addieren und Subtrahieren – die Rechenregeln in Kürze

aus ■ + (+■) wird ■ + ■
$4 + (+6) = 4 + 6$
$(-4) + (+6) = -4 + 6$

aus ■ − (−■) wird ■ + ■
$9 - (-5) = 9 + 5$
$(-9) - (-5) = -9 + 5$

aus ■ + (−■) wird ■ − ■
$1 + (-7) = 1 - 7$
$(-1) + (-7) = -1 - 7$

aus ■ − (+■) wird ■ − ■
$3 - (+1) = 3 - 1$
$(-3) - (+1) = -3 - 1$

Üben und anwenden

1 Notiere Aufgaben und Ergebnisse.

a)

b)

2 Berechne.

a) $-3 + (+4)$ b) $-3 + (-4)$ c) $3 + (-4)$
d) $-2 + (+5)$ e) $-2 + (-5)$ f) $2 + (-5)$
g) $-7 - (+3)$ h) $-7 - (-3)$ i) $7 - (-3)$
j) $-9 - (+9)$ k) $-9 - (-9)$ l) $9 - (-9)$

1 Berechne. Überlege zuvor, ob das Ergebnis negativ oder positiv ist.

a) $(-3) + (+5)$ b) $(-2) + (-3)$
c) $(-5) + (+2)$ d) $(-9) + (+3)$
e) $(-3) - (+5)$ f) $(+5) - (-7)$
g) $(+10) - (-9)$ h) $(-4) - (-4)$

2 Berechne.

a) $17 - (+21)$ b) $-922 + (+23)$
c) $-17 + (+19)$ d) $-777 - (-777)$
e) $237 + (-1\,000)$ f) $12 - 13$
g) $-9 + 12$ h) $-12 - 4$

3 Übersetze den Text in eine Rechnung.

a) Karl hat 3 Minuspunkte und gibt 2 Minuspunkte ab.

b) Caro hat 8 Pluspunkte und nimmt 4 Minuspunkte dazu.

c) Ina hat 6 Pluspunkte und gibt 3 Pluspunkte ab.

4 Ergänze die Tabelle im Heft.
Tipp: Eine Zahlengerade kann dir helfen.

alte Temperatur	Temperatur-änderung	neue Temperatur
2 °C	4 Grad kälter	
−7 °C	8 Grad wärmer	
−3 °C	6 Grad kälter	
6 °C	4 Grad wärmer	

4 Ergänze die Tabelle im Heft.
Tipp: Eine Zahlengerade kann dir helfen.

alte Temperatur	Temperatur-änderung	neue Temperatur
2 °C		4 °C
	8 Grad wärmer	3 °C
	6 Grad wärmer	−1 °C
−7 °C		−20 °C

5 Übertrage die Tabelle ins Heft und fülle aus.

altes Guthaben	Zahlungseingang oder Zahlungsausgang	neues Guthaben
+19,00 €	+23,00 €	
	+23,00 €	+ 6,00 €
−17,00 €		+12,00 €
−15,00 €		− 2,60 €
	−11,00 €	+44,00 €
−31,80 €	−49,50 €	

5 Dies sind Höchst- und Tiefsttemperaturen an einem Wintertag. Wie groß war jeweils der Temperaturunterschied?

Amsterdam	3 | −1	London	5 | 2
Athen	12 | 6	Moskau	−7 | −7
Berlin	0 | −9	Norderney	3 | −2
Brüssel	2 | −4	Rom	14 | 2
Dresden	−3 | −10	Sylt	2 | −2
Düsseldorf	1 | −6	Warschau	−2 | −10
Istanbul	2 | −1	Wien	−2 | −11

6 Ergänze im Heft. Die Lösungen stehen in den Luftballons in der Randspalte.

a) $-17 + \square = -25$ **b)** $-17 + \square = -9$ **c)** $-17 + \square = 5$ **d)** $-17 - \square = -17$

e) $-17 - \square = -16$ **f)** $-17 - \square = -11$ **g)** $-17 - \square = -6$ **h)** $-17 + \square = -19$

7 Schreibe in Kurzform und berechne.

a) $0,8 - (-0,5)$ **b)** $-0,5 + (+0,7)$
c) $-1,4 - (+0,6)$ **d)** $2,1 + (-3,6)$
e) $3,5 - (+1,5)$ **f)** $-2,4 - (-2,1)$

7 Schreibe in Kurzform und berechne.

a) $2,64 + 3,49$ **b)** $2,81 - 3,72$
c) $4,03 - (-5,72)$ **d)** $-7,39 - 5,41$
e) $-9,08 - (-9,08)$ **f)** $6,55 - (-7,45)$

8 Francesco Friedrich wurde 2013 der bisher jüngste Weltmeister im Zweierbob.

a) Was bedeuten die Vorzeichen in der Spalte „Differenz"?

b) Berechne die Zeit der anderen Bobfahrer. Beachte, dass die Differenz in Sekunden angegeben ist.

Rang	Name	Zeit (min)	Differenz (s)
1	F. Friedrich		− 1,27
2	B. Hefti		− 0,71
3	T. Florschütz		− 0,08
4	S. Holcomb	4 : 24,05	
5	O. Melbardis		+ 0,20
6	C. Spring		+ 0,28
7	A. Subkov		+ 0,31

c) Wie viel schneller war Francesco Friedrich als der Zweitplatzierte?

d) Stellt euch gegenseitig Aufgaben.
Beispiel Gib die Differenz der Fahrzeit von T. Florschütz gegenüber der von F. Friedrich an. Wie groß ist die Differenz andersherum?

Rationale Zahlen multiplizieren und dividieren

Entdecken

1 Julian hat eine Aufgabe gerechnet.

a) Vollziehe seinen Rechenweg nach.

b) Schreibe die Aufgaben wie Julian jeweils als
Multiplikationsaufgabe und berechne sie.

① $(-8) + (-8)$ ② $(-2) + (-2) + (-2)$

③ $(-5) + (-5) + (-5)$ ④ $(-3) + (-3) + (-3) + (-3)$

⑤ $(-7) + (-7) + (-7) + (-7) + (-7) + (-7)$

⑥ $(-4) + (-4) + (-4) + (-4) + (-4) + (-4) + (-4) + (-4)$

c) Wie wird das Produkt aus einer positiven und einer negativen Zahl
gebildet? Formuliere deine Beobachtungen.
Vergleiche dein Ergebnis mit dem deines Nachbarn oder deiner Nachbarin.

2 Löse die folgenden Aufgaben. Was fällt dir auf? Setze die Zahlenreihen fort.

NACHGEDACHT
*Kannst du Merksätze formulieren zur Multiplikation mit 0,
mit 1 und mit −1?
Beginne jeweils
so:
Wenn man eine
rationale Zahl
mit ■ multipliziert, dann …*

①
$4 \cdot (-2) = -8$
$3 \cdot (-2) = -6$
$2 \cdot (-2) =$
$1 \cdot (-2) =$
$0 \cdot (-2) =$
$(-1) \cdot (-2) =$
$(-2) \cdot (-2) =$
$(-3) \cdot (-2) =$
$(-4) \cdot (-2) = 8$

②
$(-3) \cdot 4 = -12$
$(-3) \cdot 3 = -9$
$(-3) \cdot 2 =$
$(-3) \cdot 1 =$
$(-3) \cdot 0 =$
$(-3) \cdot (-1) =$
$(-3) \cdot (-2) =$
$(-3) \cdot (-3) =$
$(-3) \cdot (-4) = 12$

③
$3 \cdot (-0,5) =$
$2 \cdot (-0,5) =$
$1 \cdot (-0,5) =$
$0 \cdot (-0,5) =$
$(-1) \cdot (-0,5) =$

④
$(-2) \cdot (-2) =$
$(-2) \cdot (-2) \cdot (-2) =$
$(-2) \cdot (-2) \cdot (-2) \cdot (-2) =$

a) Wie wird das Produkt aus zwei negativen Zahlen gebildet?

b) Wie wird das Produkt aus mehr als zwei negativen Zahlen gebildet?
Formuliere deine Beobachtungen. Vergleicht eure Ergebnisse in Kleingruppen.

3 Lina und Jannis stehen beim Spaßwettbewerb im Rückwärtsspringen im Finale.

Sportler	1. Sprung	2. Sprung	3. Sprung	4. Sprung	5. Sprung	∅
Lina	−0,55 m	−0,62 m	−0,63 m	−0,68 m	−0,72 m	
Jannis	−0,81 m	übertreten	−0,49 m	−0,57 m	−0,65 m	

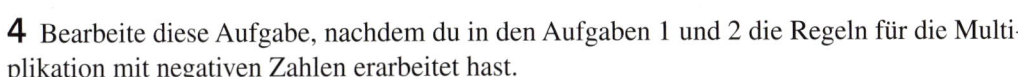

Wie könnte man jeweils die Durchschnittsweite berechnen? Arbeitet zu zweit.

4 Bearbeite diese Aufgabe, nachdem du in den Aufgaben 1 und 2 die Regeln für die Multiplikation mit negativen Zahlen erarbeitet hast.
Jede Multiplikationsaufgabe hat zwei Umkehraufgaben.

Beispiel $4 \cdot 9 = 36$; Umkehraufgaben: $36 : 4 = 9$ und $36 : 9 = 4$

a) Löse die folgenden Aufgaben und gib jeweils die beiden Umkehraufgaben an:

① $3 \cdot 6$ ② $(-5) \cdot 7$ ③ $(-8) \cdot (-3)$ ④ $6 \cdot (-3)$ ⑤ $8 \cdot \frac{1}{4}$ ⑥ $6 \cdot \frac{1}{2}$

b) Sortiere die entstandenen zwölf Divisionsaufgaben, indem du gleichartige zusammenstellst.
Überlege dir Regeln zur Division rationaler Zahlen. Vergleiche mit deinen Nachbarn.

c) Ergänze die Sätze:
Das Ergebnis der Divisionsaufgabe ist positiv, wenn …
Das Ergebnis der Divisionsaufgabe ist negativ, wenn …

ERINNERE DICH
Umkehraufgaben:

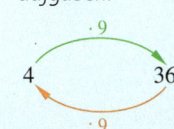

Verstehen

Güven findet auf dem Flohmarkt 3 CDs seines Lieblingsrappers, jede kostet 2 €.
Leider hat er sein monatliches Taschengeld schon ausgegeben.
Das Geld für die 3 CDs leiht er sich bei seinem großen Bruder.

Güven hat nun bei seinem Bruder 6 € Schulden, denn

$$(-2\,€) + (-2\,€) + (-2\,€) = -6\,€.$$

Kürzer geschrieben:

$$3 \cdot (-2\,€) = -6\,€$$

KURZ GESAGT

$+ \cdot + = +$
$- \cdot - = +$
$+ \cdot - = -$
$- \cdot + = -$

Gleiches gilt bei der Division.

> **Merke** **Multiplizieren und Dividieren von rationalen Zahlen**
> ① Multipliziere bzw. dividiere beide Zahlen ohne Vorzeichen.
> ② Bestimme das Vorzeichen des Ergebnisses:
> – Das Vorzeichen ist negativ (–), wenn beide Zahlen verschiedene Vorzeichen haben.
> – Das Vorzeichen ist positiv (+), wenn beide Zahlen das gleiche Vorzeichen haben.

HINWEIS

Graue Klammern und „+"-Zeichen dürfen weggelassen werden.

Beispiel 1 Multiplikation ganzer Zahlen

$(-5) \cdot (+12) =$
  ① $5 \cdot 12 = 60$
  ② Vorzeichen verschieden, also „–"
$(-5) \cdot (+12) = -60$

Beispiel 2 Division ganzer Zahlen

$-72 : (-8) =$
  ① $72 : 8 = 9$
  ② Vorzeichen gleich, also „+"
$-72 : (-8) = +9$

Beispiel 3 Multiplikation rationaler Zahlen

$(-2,5) \cdot (-4) =$
  ① $2,5 \cdot 4 = 10$
  ② Vorzeichen gleich, also „+"
$(-2,5) \cdot (-4) = +10$

Beispiel 4 Division rationaler Zahlen

$(+7,5) : (-2,5) =$
  ① $7,5 : 2,5 = 3$
  ② Vorzeichen verschieden, also „–"
$(+7,5) : (-2,5) = -3$

Die Regeln gelten auch für die Multiplikation und Division von Brüchen.

HINWEIS

Denke an das Kürzen. Dadurch wird die Rechnung vereinfacht.

Beispiel 5

$\left(+\dfrac{3}{5}\right) \cdot \left(-\dfrac{2}{3}\right) =$ ① $\dfrac{3}{5} \cdot \dfrac{2}{3} = \dfrac{3 \cdot 2}{5 \cdot 3} = \dfrac{6}{15} = \dfrac{2}{5}$

② Vorzeichen ergänzen: $-\dfrac{2}{5}$

> **Merke** **Brüche** werden **multipliziert**, indem man Zähler mit Zähler und Nenner mit Nenner multipliziert.

Beispiel 6

$\left(-\dfrac{3}{2}\right) : \left(+\dfrac{2}{5}\right) =$ ① $\dfrac{3}{2} : \dfrac{2}{5} = \dfrac{3}{2} \cdot \dfrac{5}{2} = \dfrac{15}{4} = 3\dfrac{3}{4}$

② Vorzeichen ergänzen: $-3\dfrac{3}{4}$

> **Merke** Man **dividiert** durch einen **Bruch**, indem man mit seinem **Kehrbruch** multipliziert. Den Kehrbruch bildet man, indem man Zähler und Nenner vertauscht.

Bei **Aufgaben mit mehreren Faktoren** zählt man die negativen Faktoren:
- Ist die Anzahl der negativen Faktoren gerade, so ist das Ergebnis positiv.
- Ist die Anzahl der negativen Faktoren ungerade, so ist das Ergebnis negativ.

Das gilt auch bei **Potenzen**.

Beispiel 7 mehrere Faktoren

$2 \cdot 2 \cdot (-1) \cdot (-4) \cdot 3 = +48$

$(-2) \cdot 2 \cdot (-1) \cdot (-4) \cdot 3 = -48$

$(-3)^3 = (-3) \cdot (-3) \cdot (-3) \qquad = -27$

$(-3)^4 = (-3) \cdot (-3) \cdot (-3) \cdot (-3) = +81$

Üben und anwenden

1 Multipliziere jeweils mit (-2).
Berechne im Kopf.

2 Übertrage ins Heft und setze das richtige Vorzeichen ein.

a) $(-2) \cdot (-4) = \square 8$ b) $(-2,5) \cdot 2 = \square 5$
c) $2 \cdot (\square 3) = -6$ d) $(-5) \cdot (\square 4) = 20$
e) $(\square 8) \cdot (-2) = -16$ f) $(\square 6) \cdot \left(-\frac{1}{6}\right) = 1$
g) $8 \cdot \left(-\frac{1}{2}\right) = \square 4$ h) $-24 \cdot \left(-\frac{1}{3}\right) = \square 8$

3 Berechne schriftlich. Welches Vorzeichen bekommt das Ergebnis?

a) $2,5 \cdot (-6)$ b) $-0,4 \cdot (-4,5)$
c) $-0,5 \cdot (-3,5)$ d) $-0,7 \cdot 4,2$
e) $-0,02 \cdot (-8)$ f) $0,53 \cdot (-0,4)$

4 Berechne jeweils das Produkt. Zwischen welchen ganzen Zahlen liegt das Ergebnis?

a) $\frac{1}{2} \cdot \frac{5}{3}$ b) $\frac{1}{-2} \cdot \frac{5}{3}$ c) $\frac{1}{2} \cdot \frac{-5}{-3}$
d) $\frac{-7}{9} \cdot \frac{1}{-3}$ e) $\frac{-2}{5} \cdot \frac{-3}{7}$ f) $\frac{3}{-8} \cdot \frac{1}{7}$
g) $\frac{1}{6} \cdot \frac{1}{-5}$ h) $\frac{9}{-13} \cdot \frac{-2}{5}$ i) $\frac{5}{11} \cdot \frac{2}{-3}$
j) $\frac{9}{10} \cdot \frac{-7}{10}$ k) $\frac{11}{15} \cdot \frac{4}{9}$ l) $\frac{-5}{6} \cdot \frac{7}{6}$

5 Übertrage ins Heft und berechne. Kürze falls möglich.

$\cdot$	$-\frac{3}{4}$	$-\frac{4}{5}$	$\frac{5}{6}$	$-\frac{7}{8}$	$\frac{9}{10}$
$-\frac{1}{2}$					
$\frac{1}{4}$					
$-\frac{1}{8}$					
$\frac{4}{5}$					
$-\frac{2}{5}$					

1 Bilde fünf Multiplikationsaufgaben mit jeweils einer Zahl aus dem linken und einer Zahl aus dem rechten Kästchen.

10		-5
$-\frac{1}{2}$	-125	
25		-2
	$-1,38$	

-8		$-0,9$
	-4	$\frac{3}{5}$
-88		-5
	100	

2 Übertrage ins Heft und fülle die Lücken.

a) $-3 \cdot \square = -12$ b) $8 \cdot \square = -56$
c) $\square \cdot (-4) = 16$ d) $\square \cdot 7 = -28$
e) $\square \cdot (-7) = 77$ f) $-3 \cdot \square = 3$

3 Berechne schriftlich. Welches Vorzeichen bekommt das Ergebnis?

a) $0,5 \cdot (-350)$ b) $0,8 \cdot 7,2$
c) $-0,5 \cdot 2\,400$ d) $-10,9 \cdot (-7,2)$
e) $0,704 \cdot (-0,03)$ f) $-0,085 \cdot (-0,4)$

4 Kürze und berechne die Produkte.

BEISPIEL $\frac{2}{9} \cdot \frac{3}{4} = \frac{2^1}{9_3} \cdot \frac{3^1}{4_2} = \frac{1}{6}$

a) $-\frac{5}{2} \cdot \frac{3}{5}$ b) $\frac{5}{2} \cdot \left(-\frac{5}{3}\right)$ c) $\frac{12}{-13} \cdot \frac{-5}{6}$ d) $\frac{12}{13} \cdot \frac{6}{5}$
e) $\frac{8}{-21} \cdot \frac{7}{2}$ f) $\frac{-28}{16} \cdot \frac{2}{7}$ g) $\frac{-16}{17} \cdot \frac{3}{-4}$ h) $-\frac{16}{17} \cdot \frac{4}{3}$
i) $\frac{2}{6} \cdot \frac{8}{9}$ j) $\frac{2}{15} \cdot \frac{9}{8}$ k) $\frac{-12}{10} \cdot \frac{-15}{16}$ l) $\frac{-12}{-10} \cdot \frac{16}{15}$
m) $\frac{3}{4} \cdot \frac{-4}{3}$ n) $\frac{-3}{2} \cdot \frac{-5}{6}$ o) $\frac{1}{6} \cdot \frac{-6}{1}$ p) $\frac{4}{-1} \cdot \frac{1}{4}$

5 Ergänze die Tabelle im Heft.

$\cdot$	$\frac{1}{3}$	$-\frac{4}{5}$	$\frac{7}{11}$	$-\frac{8}{15}$
$-\frac{2}{9}$				
$\frac{3}{8}$				
$-\frac{4}{7}$				
$-1\frac{1}{2}$				
$2\frac{3}{4}$				

TIPP
Auch beim schriftlichen Multiplizieren und Dividieren gilt:
① *Rechne ohne Vorzeichen.*
② *Bestimme das Vorzeichen.*

6 Übertrage die Rechenbäume in dein Heft und fülle aus.

a)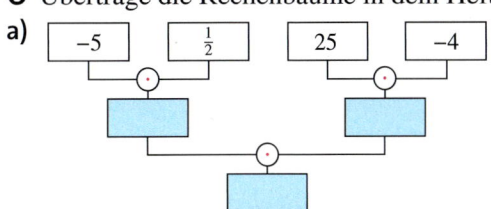

b)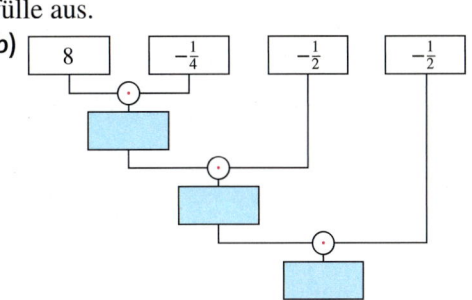

7 Berechne im Kopf.
Überprüfe mit einer Probe.

a) $12 : (-6)$ b) $-36 : 12$
c) $-42 : (-7)$ d) $84 : (-7)$
e) $-56 : (-8)$ f) $-72 : (-9)$

7 Berechne im Kopf.
Überprüfe mit einer Probe.

a) $28 : 7$ b) $96 : 12$ c) $-48 : 12$
d) $-117 : 13$ e) $121 : (-11)$ f) $143 : (-13)$
g) $-12 : (-3)$ h) $-15 : (-5)$ i) $-56 : (-14)$

8 Ergänze die Tabelle im Heft.

:	5	−15	9	−3
90				
−45			−5	
135				

8 Ergänze die Tabelle im Heft.

:	5	−15	9	
−405				
270				−90
			−105	

9 Berechne schriftlich. Achte auf das Vorzeichen im Ergebnis.

a) $-615 : 5$ b) $1\,872 : (-8)$
c) $-2\,415 : (-7)$ d) $2\,736 : 6$
e) $17\,034 : (-3)$ f) $-61\,101 : (-9)$

9 Dividiere schriftlich. Achte auf das Vorzeichen im Ergebnis.

a) $24{,}48 : (-7{,}2)$ b) $-24{,}2 : (-5{,}5)$
c) $13{,}44 : (-2{,}1)$ d) $-8{,}652 : 4{,}2$
e) $-6{,}825 : (-2{,}1)$ f) $10{,}08 : (-2{,}4)$

10 Bilde jeweils den Kehrwert.

a) $\frac{2}{3}$ b) $\frac{1}{4}$ c) $\frac{5}{8}$ d) $\frac{7}{13}$ e) $\frac{5}{9}$ f) $\frac{4}{-5}$ g) $\frac{-5}{12}$ h) $-\frac{3}{7}$

i) $\frac{-4}{7}$ j) $\frac{9}{-14}$ k) $\frac{-17}{-35}$ l) $\frac{21}{25}$ m) $-1\frac{1}{2}$ n) $2\frac{1}{4}$ o) $3\frac{3}{5}$ p) $5\frac{4}{7}$

11 Berechne.
Beschreibe dein Vorgehen.

a) $-400 : \frac{3}{6}$ b) $560 : \frac{5}{15}$ c) $-728 : \frac{2}{8}$

d) $124 : \frac{-4}{6}$ e) $312 : \frac{2}{-3}$ f) $901 : \frac{4}{12}$

g) $\frac{-1}{2} : \frac{3}{4}$ h) $\frac{3}{-8} : \frac{9}{10}$ i) $\frac{1}{4} : \frac{-7}{8}$

11 Bei einem **Doppelbruch** sind Zähler und Nenner ein Bruch.
Rechne wie im **Beispiel** $\dfrac{\frac{-3}{4}}{\frac{5}{6}} = \frac{-3}{4} : \frac{5}{6} = \dots$

a) $\dfrac{\frac{2}{8}}{\frac{-5}{9}}$ b) $-\dfrac{\frac{7}{36}}{\frac{17}{18}}$ c) $\dfrac{\frac{210}{11}}{\frac{-11}{4}}$ d) $\dfrac{3\frac{1}{5}}{6\frac{1}{2}}$

NACHGEDACHT
Erkläre den Unterschied:
$(-2)^4 = 16$, aber
$-2^4 = -16$

12 Entscheide nur, ob der Wert der Potenzen positiv oder negativ ist.

a) $(-2)^3$ b) $(-3)^2$ c) $(-3)^4$
d) $(-2{,}3)^{15}$ e) $(-1)^{18}$ f) $(-6{,}4)^{26}$

12 Ermittle das Vorzeichen und berechne.

a) $(-2)^2 \cdot (-3{,}6)$ b) $(-1)^{15} \cdot (-1{,}2)^2$
c) $-4{,}5 : 0{,}5 \cdot (-3)^2$ d) $(-3)^2 \cdot (-1)^5 \cdot (-2)$
e) $12 \cdot \left(-10^2\right)$ f) $7 \cdot (-10)^2$

13 Die Klasse 7 a misst im Skiurlaub jeden Tag die Außentemperaturen:

Mo.	Di.	Mi.	Do.	Fr.
−8 °C	+2 °C	−3 °C	+1 °C	−7 °C

Wie viel Grad Celsius beträgt die durchschnittliche Außentemperatur?

13 Der Schulkiosk rechnet am Ende eines jeden Tages die Einnahmen zusammen. Manchmal passieren Fehler beim Kassieren, dann stimmen die Tageseinnahmen in der Kasse nicht mit dem Preis der verkauften Waren überein:

Mo.	Di.	Mi.	Do.	Fr.
−2,55 €	−0,34 €	−1,22 €	+2,71 €	0 €

a) Was bedeuten hier „+" und „−"?
b) Wie viel € hat der Kiosk am Ende der Woche zu viel oder zu wenig eingenommen? Was ergibt das durchschnittlich pro Tag?

Vorrangregeln beachten und vorteilhaft rechnen

Entdecken

1 Vergleiche die Rechenwege der drei Schüler beim Lösen der Aufgabe $(-4) \cdot 17 \cdot (-25)$.

Pascal	René	Dominik
$(-4) \cdot 17 \cdot (-25)$	$(-4) \cdot 17 \cdot (-25)$ die Faktoren darf ich vertauschen	$(-4) \cdot 17 \cdot (-25)$ − mal + ist −,
$(-4) \cdot 17$ ist (-68) und $(-68) \cdot (-25)$ ist $\underline{1700}$.	$(-4) \cdot (-25) = 100$ und $100 \cdot 17 = 1700$.	dann mal − ist +, also ist das Vorzeichen positiv. $4 \cdot 17 = 68$, $68 \cdot 25 = 1700$, also $+1700$.

a) Welche „Tricks" werden beim Lösen dieser Multiplikationsaufgabe angewendet?
   Kennst du noch die mathematischen Fachbegriffe?

b) Wie würdest du vorgehen um $-2 \cdot (-137) \cdot (-50)$ zu berechnen?
   Vergleicht eure Vorgehensweisen zunächst zu zweit und dann in der Klasse.

c) Fasse die bisher gefundenen Rechengesetze in Merksätzen zusammen.

NACHGEDACHT
Welche der drei Vorgehenswei-sen gefällt dir am besten und warum?

2 Katja und Michael machen in den Alpen eine Bergtour durch den Karwendel. Rechts siehst du einen Auszug aus ihrem Wanderbuch.

Ort	Höhe	Temperatur
Lenggries	679 m	$-2\,°C$
Lenggrieser Hütte	1338 m	$-2\,°C$
Tegernseer Hütte	1650 m	$-4\,°C$
Buchstein Hütte	1260 m	$-2\,°C$
Hirschberghaus	1535 m	$-4\,°C$
Bad Wiesee	750 m	$-4\,°C$

a) Berechne die Durchschnittstemperatur. Vergleiche dein Ergebnis und
   deine Vorgehensweise mit deinem Nachbarn.

b) Auf der Birkkarspitze wurden an einem Tag $-4\,°C$ und $-6\,°C$ gemessen. Mit welchen Rechnungen lässt sich daraus eine Durchschnittstemperatur bestimmen?
   ① $-4 - 6 : 2$ ② $-4 : 2 + (-6) : 2$ ③ $(-4 + (-6)) : 2$ ④ $-4 + (-6) : 2$

c) Vergleiche die beiden Rechnungen, die zur richtigen Lösung führen.
   Erkennst du ein Rechengesetz wieder?

3 Vergleiche jeweils die beiden Rechenwege.

①
$$(-3,5 + 1,5) \cdot (-7) \qquad (-3,5 + 1,5) \cdot (-7)$$
$$= (-2) \cdot (-7) \qquad\qquad = (-3,5) \cdot (-7) + 1,5 \cdot (-7)$$
$$= 14 \qquad\qquad\qquad = 24,5 - 10,5$$
$$\qquad\qquad\qquad\qquad = 14$$

②
$$23 \cdot (-4) + 17 \cdot (-4) \qquad 23 \cdot (-4) + 17 \cdot (-4)$$
$$= -92 + (-68) \qquad\qquad = (23 + 17) \cdot (-4)$$
$$= -160 \qquad\qquad\qquad = 40 \cdot (-4)$$
$$\qquad\qquad\qquad\qquad = -160$$

a) Welcher Rechenweg ist jeweils in deinen Augen leichter? Begründe.

b) Welches Rechengesetz wurde verwendet?

c) Berechne $26 \cdot (-17) - 16 \cdot (-17)$ und $(26 - 16) \cdot (-17)$.

Verstehen

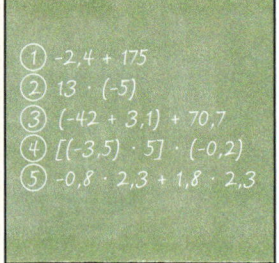

① -2,4 + 175
② 13 · (-5)
③ (-42 + 3,1) + 70,7
④ [(-3,5) · 5] · (-0,2)
⑤ -0,8 · 2,3 + 1,8 · 2,3

Ich beachte die Vorrang-regeln und rechne von links nach rechts. So kann ich nichts falsch machen.

Ich nutze ein Rechengesetz. Damit spar' ich mir viel Mühe und Zeit!

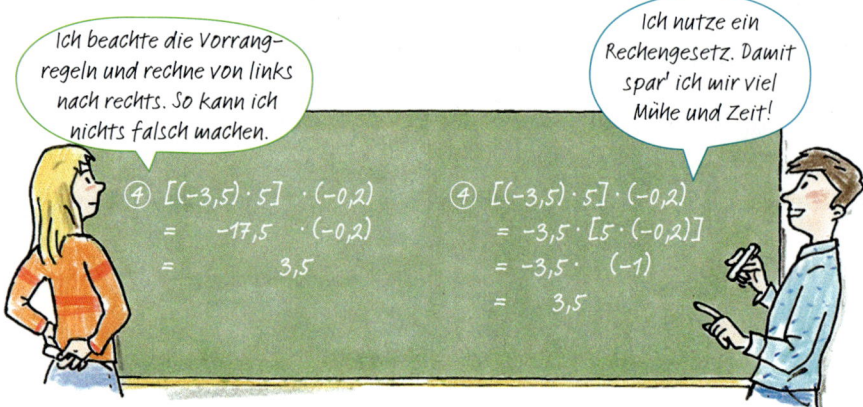

④ $[(-3,5) \cdot 5] \cdot (-0,2)$
$= \quad -17,5 \quad \cdot (-0,2)$
$= \quad\quad\quad 3,5$

④ $[(-3,5) \cdot 5] \cdot (-0,2)$
$= -3,5 \cdot [5 \cdot (-0,2)]$
$= -3,5 \cdot \quad (-1)$
$= \quad\quad 3,5$

> **Merke** Die bekannten **Vorrangregeln** gelten auch beim Rechnen mit rationalen Zahlen.

1. Werte in Klammern werden zuerst berechnet. $\quad 12 - (3 - 5) \cdot 3,1 = 12 - (-2) \cdot 3,1$
2. Punktrechnung geht vor Strichrechnung. $\quad\quad\quad\quad\quad\quad\quad = 12 - \quad (-6,2)$

Bei mehreren Klammern wird zuerst der Wert der $\quad 7 - [5 \cdot (2 - 3)] = 7 - [5 \cdot (-1)]$
innersten Klammer berechnet.

> **Merke** Die folgenden Rechengesetze kann man oft zum vorteilhaften Rechnen nutzen.

TIPP
Gehe *Katjas* und *Bens* Rechen-wege durch: Welche Rechen-schritte findest du leichter?

Die Aufgaben ① bis ⑤ von der Tafel werden als Beispiele vorgerechnet: links mit Katjas Rechenweg „von links nach rechts" und rechts wie Ben, der Rechenvorteile nutzt.

Vertauschungsgesetz (Kommutativgesetz)
In einer Summe und in einem Produkt gilt: Man darf die Zahlen vertauschen.
$$a + b = b + a$$
$$a \cdot b = b \cdot a$$

Beispiel 1 $\quad\quad -2,4 + 175$

$-2,4 + 175$	$= 175 + (-2,4)$
$= 172,6$	$= \quad 172,6$

Beispiel 2 $\quad\quad 13 \cdot (-5)$

$13 \cdot (-5) = -65$	$= (-5) \cdot 13 = -65$

Verbindungsgesetz (Assoziativgesetz)
In einer Summe und in einem Produkt gilt: Die Zahlen dürfen beliebig durch Klammern zusammengefasst werden.
$$a + b + c = (a + b) + c = a + (b + c)$$
$$a \cdot b \cdot c = (a \cdot b) \cdot c = a \cdot (b \cdot c)$$

Beispiel 3 $\quad (-42 + 3,1) + 70,7$

$(-42 + 3,1) + 70,7$	$= -42 + (3,1 + 70,7)$
$= -38,9 \quad + 70,7$	$= -42 + \quad 73,8$
$= \quad\quad\quad 31,8$	$= \quad 31,8$

Beispiel 4 $\quad [(-3,5) \cdot 5] \cdot (0,2)$
Betrachte die Rechenwege oben an der Tafel.

Verteilungsgesetz (Distributivgesetz)
Wird eine Summe (oder Differenz) mit einer Zahl multipliziert, kann man die Klammer folgendermaßen auflösen:
$$(a + b) \cdot c = a \cdot c + b \cdot c$$
$$(a - b) \cdot c = a \cdot c - b \cdot c$$
Das Gesetz gilt auch für die Division:
$$(a + b) : c = a : c + b : c$$
$$(a - b) : c = a : c - b : c$$

Beispiel 5
Einen Rechenvorteil bringt das Verteilungs-gesetz, wenn man einen gemeinsamen Faktor ausklammern kann:
$$-0,8 \cdot 2,3 + 1,8 \cdot 2,3$$

$-0,8 \cdot 2,3 + 1,8 \cdot 2,3$	$= (-0,8 + 1,8) \cdot 2,3$
$= -1,84 + \quad 4,14$	$= \quad 1 \quad\quad \cdot 2,3$
$= \quad\quad\quad 2,3$	$= \quad\quad\quad 2,3$

Üben und anwenden

1 Denke an die Vorrangregeln.
a) $-12 + 8 \cdot 4$
b) $-12 - 8 \cdot 4$
c) $-12 + 8 : 4$
d) $-12 - 8 : 4$
e) $-12 - 8 - 4$
f) $-12 - 8 + 4$
g) $-12 \cdot 8 : 4$
h) $-12 \cdot (8 - 4)$
i) $(-12 + 8) : 4$
j) $-12 : (8 - 4)$

2 Berechne. Beachte die Vorrangregeln.
a) $[(-5) + (-4)] \cdot (-2)$
b) $(4 + 2 - 8) \cdot (-12)$
c) $[7 \cdot (-3) + 6] : 3$
d) $9 - (-3) \cdot 4 + 2 \cdot [5 + (-3)]$

3 Schreibe zuerst den Rechenbaum als Aufgabe, denke an die Klammern. Berechne anschließend.

a)
b)

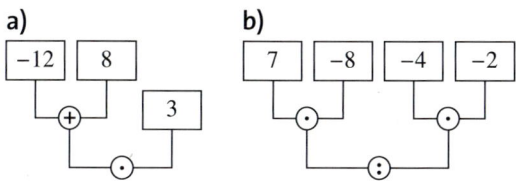

4 Würfle mit drei Würfeln. Setze vor jede Augenzahl ein Minus als Vorzeichen und bilde eine Aufgabe. Dabei darfst du alle Rechenzeichen und auch Klammern verwenden. Finde jeweils ein möglichst kleines und ein möglichst großes Ergebnis.

5 Stelle die Rechnung auf und berechne.
Tipp: Rechenbäume können helfen.
a) Multipliziere (-4) mit der Differenz aus 5 und 3.
b) Addiere zum Produkt der Zahlen (-5) und $(-2,5)$ die Zahl 1,5.
c) Dividiere die Summe der Zahlen 9 und 6 durch (-3).
d) Subtrahiere vom Produkt der Zahlen $\frac{3}{4}$ und (-8) die Zahl 5.

1 Setze Klammern so, dass das Ergebnis stimmt.
a) $3 + 2 \cdot 7 = 35$
b) $-12 : 4 - 2 = -6$
c) $-2 \cdot 4 - 5 + 1 = 3$
d) $4 - 2 - 7 = 9$
e) $23 - 8 : (-5) = -3$
f) $-13 + 2 \cdot 8 - 2 = -1$
g) $-14 : 2 + 5 = -2$
h) $7 - 12 \cdot 5 + 2 = -23$

2 Berechne. Beachte die Vorrangregeln.
a) $[19 + (-12) \cdot (-4)] : (-5)$
b) $(-20) : [8 \cdot 4 - (14 - 5 \cdot (-2))]$
c) $[27 - (13 + 54)] \cdot [144 : (-12)]$
d) $(-9) \cdot [4 \cdot 5 \cdot 6 + 72 \cdot (-2)]$

3 Rechenbäume: Schreibe als Aufgabe und löse.

a)
b)

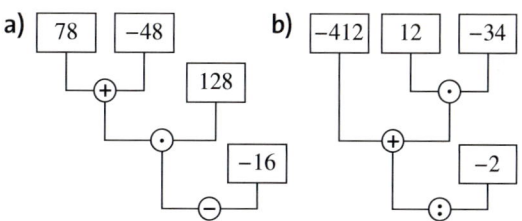

4 Fehler in Nadines Hausaufgaben
a) Finde jeweils heraus, was sie falsch gemacht hat, und korrigiere das Ergebnis.
① $2 - 6 \cdot 5 = -20$
② $14 - 21 : 7 = -1$
③ $-5 \cdot (7 - 14) = -49$
④ $(-48) : 4 \cdot 2 = -6$
⑤ $15 - 15 : 5 = 0$
⑥ $7 - 5 + 2 = 0$
b) Nadine behauptet, die Ergebnisse seien doch richtig, man müsse in den Aufgaben nur Klammern ergänzen oder weglassen. Ist das tatsächlich möglich?

5 Stelle die Rechnung auf und berechne.
Tipp: Rechenbäume können helfen.
a) Multipliziere die Summe aus -15 und -45 mit der Differenz der Zahlen 12 und -4.
b) Multipliziere die Differenz aus $-3,5$ und $-1,5$ mit dem Quotienten aus -75 und 25.
c) Dividiere das Produkt der Zahlen 5,8 und 9,4 durch $-0,5$.
d) Dividiere die Summe der Zahlen 1,8 und 1,2 durch die Differenz dieser Zahlen.

TIPP
Stelle zwei Rechnungen aus Aufgabe 2 als Rechenbaum dar.
Ist das für dich eine Hilfe beim Rechnen?

ERINNERE DICH
$[(-6) + 4] - 9 \cdot (-5)$
Summe – Produkt
Differenz

6 Nutze Rechenvorteile.

a) $47 - 28 - 37$ b) $-56 + 104 + 26$
c) $89 - 231 - 19$ d) $-68 + 134 + 18$
e) $-32 + 84 + 12$ f) $-13 + 21 - 7 + 29$
g) $35 + 17 - 55 + 21$ h) $-47 + 19 - 23$
i) $104 + 78 - 54 + 13$ j) $203 - 88 + 17 + 58$

6 Rechne vorteilhaft.

a) $8,2 - 4,3 + 1,8$ b) $5,7 + 4,5 - 9,7$
c) $8,7 - 6,5 - 2,7$ d) $14,6 + 12,8 - 13,6$
e) $-3,5 + 3,7 - 5,5$ f) $-13,9 - 15,3 + 17,9$
g) $1,9 + 73 + 0,1$ h) $-24,3 + 13,5 - 25,7$
i) $0,5 - 13,8 - 2,2$ j) $43,6 + 120 - 23,6$

7 Nutze Rechenvorteile.

a) $-2 \cdot 9 \cdot (-5)$ b) $-12 \cdot (-5) \cdot (-7)$
c) $9 \cdot (-8) \cdot (-5)$ d) $-5 \cdot 16 \cdot (-1,2)$
e) $-2 \cdot 0,5 \cdot (-7)$ f) $-0,2 \cdot (-0,3) \cdot (-2,5)$
g) $-7 \cdot (-5) \cdot (-0,4)$ h) $2 \cdot (-3,6) \cdot 0,5$

7 Nutze Rechenvorteile.

a) $30 \cdot (-2) \cdot (-3) \cdot 7 \cdot (-5)$
b) $3 \cdot (-4) \cdot (-2) \cdot (-5)$
c) $0,2 \cdot (-0,3) \cdot (-0,4) \cdot 0,5$
d) $-0,8 \cdot 1,5 \cdot (-0,25) \cdot (-0,4)$

8 Jamal hat das Vertauschungsgesetz angewendet. Doch die Ergebnisse sind verschieden!

a) Was hat er falsch gemacht?
b) Wann gilt das Vertauschungsgesetz, wann nicht? Finde weitere Beispiele.
c) Was muss man beachten, wenn man das Vertauschungsgesetz bei Rechnungen wie oben in Aufgabe 6 anwendet?
d) Untersuche das Verbindungsgesetz auf gleiche Weise.

> ① $-16 + 7,2 - 6 = -14,8$
> $-16 + 6 - 7,2 = -17,2$

> ② $-2,5 - 1,5 \ \ = -4$
> $1,5 - (-2,5) = 4$

ZU AUFGABE 9
Welchen Rechenweg findest du leichter?

9 Rechne wie im Beispiel auf zwei verschiedenen Wegen.

Beispiel $(-6 - 4) \cdot (-7)$

| $= -6 \cdot (-7) - 4 \cdot (-7)$ $=\ \ \ \ 42\ \ +\ \ 28\ \ = 70$ | $= (-10) \cdot (-7)$ $=\ \ \ \ \ \ \ \ 70$ |

a) $-6 \cdot (100 + 3)$ b) $-9 \cdot (-13 - 37)$
c) $-4 \cdot (-25 + 8)$ d) $(-36 + 35) \cdot (-356)$
e) $(-3,6 + 3,6) \cdot 9,5$ f) $(-21 + 33) : 2$
g) $(4,2 + 2,8) : (-7)$ h) $(-45 + 15) : (-5)$

NACHGEDACHT
$6 : 2 + 6 : 1 =$
$= 3 + 6 = 9,$
aber
$6 : (2 + 1) =$
$= 6 : 3 = 2.$
Betrachte beide Rechnungen. Warum kann man in der oberen Rechnung die „6" nicht ausklammern?

10 Welche Rechenausdrücke führen zum selben Ergebnis? Ordne richtig zu.

① $3 \cdot (-8) - 5 \cdot (-8)$	A) $3 \cdot (-8 + 5)$
② $3 \cdot (-8) - 3 \cdot 5$	B) $-3 \cdot (-8 - 5)$
③ $3 \cdot (-8) + 3 \cdot 5$	C) $(3 - 5) \cdot (-8)$
④ $3 \cdot 8 - 3 \cdot 5$	D) $3 \cdot (8 - 5)$
⑤ $(-3) \cdot (-8) - (-3) \cdot 5$	E) $3 \cdot (-8 - 5)$
⑥ $(-3) \cdot (-8) + 5 \cdot (-8)$	F) $(-3 + 5) \cdot (-8)$
⑦ $(-3) \cdot 8 + (-3) \cdot 5$	G) $-3 \cdot (8 + 5)$

10 Berechne die Aufgaben möglichst einfach, indem du ausklammerst.

a) $5 \cdot (-6) + 15 \cdot (-6)$ b) $-8 \cdot 27 + (-8) \cdot 27$
c) $4 \cdot 25 + 4 \cdot (-100)$ d) $-7 \cdot (-9) + 9 \cdot (-9)$
e) $\frac{1}{2} \cdot (-4) + \frac{1}{2} \cdot (-2)$ f) $3 \cdot (-12) - 5 \cdot (-12)$
g) $9,8 \cdot 8,9 - 6,8 \cdot 8,9$ h) $-5 \cdot 0,8 - (-6) \cdot 0,8$
i) $-180 : (-4) - 60 : (-4)$
j) $-1,2 : 6 + 43,2 : 6$ k) $4,7 : (-3) - 1,7 : (-3)$
l) $14 : \left(-\frac{1}{2}\right) - 9 : \left(-\frac{1}{2}\right)$ m) $-\frac{7}{15} : \frac{4}{3} + \frac{1}{45} : \frac{4}{3}$

11 Vorrangregeln und Rechengesetze

> Die Vorrangregeln **muss** man beachten.

> Aber bei den Rechengesetzen darf man wählen, ob man sie nutzt oder nicht.

Warum ist das so?
Arbeitet zu zweit. Begründet anhand mehrerer Beispiele mit unterschiedlichen Rechenarten. Erstellt ein Plakat und präsentiert eure Ergebnisse in der Klasse.

Thema: Zahlbereiche

Schon im Kindergarten hast du Dinge gezählt und dabei ganz natürlich die Zahlen 0; 1; 2; 3; … verwendet.
Das sind die **natürlichen Zahlen** (kurz ℕ).

In der Grundschule hast du dann natürliche Zahlen addiert und subtrahiert.
Deine Lehrerinnen und Lehrer konnten die Zahlen bei Additionsaufgaben beliebig zusammenstellen. Aber bei Subtraktionsaufgaben mussten sie aufpassen.

1 Warum war die Subtraktion natürlicher Zahlen nicht immer möglich?

2 Begründe, weshalb du jetzt natürliche Zahlen beliebig subtrahieren kannst.

Die Menge der **ganzen Zahlen** (kurz ℤ) ist eine **Erweiterung** der natürlichen Zahlen:
Sie enthält alle natürlichen Zahlen und *zusätzlich* auch ihre negativen Gegenzahlen.

Die Menge der **rationalen Zahlen** (kurz ℚ) ist eine **Erweiterung** der ganzen Zahlen:
Sie enthält alle ganzen Zahlen und *zusätzlich* alle positiven und negativen Bruchzahlen.

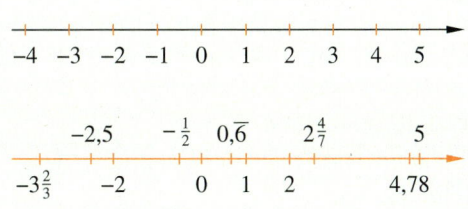

3 Warum ist es *mathematisch* notwendig, auch die rationalen Zahlen einzuführen?

4 Nenne für beide Zahlbereichserweiterungen Beispiele aus dem Alltag.

5 Nele fragt: „Welche Bruchzahlen meinen die denn bei den rationalen Zahlen: solche wie 2,34 oder wie $\frac{12}{7}$?" Lea meint: „Das ist doch dasselbe." Was meinst du?

6 Nenne jeweils drei Beispiele.
a) natürliche Zahl **b)** Bruchzahl **c)** negative Zahl **d)** positive Zahl
e) ganze Zahl **f)** positive rationale Zahl **g)** negative rationale Zahl

7 Betrachte die Grafik rechts und erkläre, was sie darstellt.
Zeichne die Grafik ab (zeichne die Bereiche größer als hier dargestellt).
Trage folgende Zahlen korrekt in deine Zeichnung ein:
a) 295; −19; $\frac{1}{3}$; −$\frac{17}{12}$; 0,$\overline{3}$; 5$\frac{2}{3}$; −12$\frac{1}{8}$ **b)** $\frac{8}{1}$; −$\frac{8}{1}$; $\frac{-5}{1}$; $\frac{-1}{5}$; $\frac{2}{2}$; $\frac{2}{-1}$; −5,00

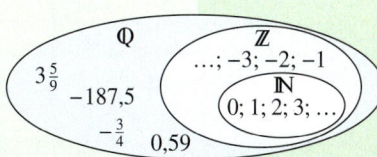

8 Josua findet in einem Mathematikbuch eine andere Definition der rationalen Zahlen. Vergleiche mit der Definition von oben. Stimmen die Definitionen überein? Begründe.

> *Die rationalen Zahlen ℚ sind die Zahlen, die sich als Bruch zweier ganzer Zahlen schreiben lassen.*

Klar so weit?

→ Seite 8

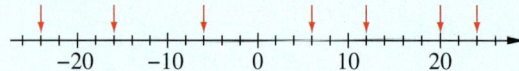

Ganze Zahlen und rationale Zahlen

1 Welche Zahlen sind auf der Zahlengeraden markiert?

1 Welche Zahlen sind auf der Zahlengeraden markiert?

2 Zeichne jeweils eine geeignete Zahlengerade. Markiere dort die Zahlen und ihre Gegenzahlen.
a) -5; $+6$; 0; -8; $+3$; -2
b) $-2,5$; $-2,7$; $-2,1$

2 Zeichne jeweils eine geeignete Zahlengerade. Markiere dort die Zahlen und ihre Gegenzahlen.
a) $-0,1$; $1,5$; $0,3$; $-0,8$; $2,1$; $-2,2$
b) $-12,5$; $-12,7$; $-12,1$; $-11,8$; $-11,6$

3 Übertrage ins Heft und setze das passende Zeichen ein ($>$, $<$ oder $=$).
a) $3 \blacksquare 0$
b) $-5 \blacksquare 2$
c) $-5 \blacksquare -8$
d) $|5| \blacksquare -4$
e) $0 \blacksquare -1$
f) $|-6| \blacksquare 6$
g) $-9 \blacksquare -7$
h) $9 \blacksquare |-7|$
i) $-11 \blacksquare -12$

3 Setze im Heft das passende Zeichen ein.
a) $3,5 \blacksquare -3,51$
b) $|-23| \blacksquare |23|$
c) $-15,2 \blacksquare -7,5$
d) $0,79 \blacksquare 1,1$
e) $-\frac{1}{2} \blacksquare -0,5$
f) $0,8 \blacksquare -\frac{4}{5}$
g) $|-2,31| \blacksquare 2,099$
h) $-64,12 \blacksquare -64,1$

4 Koordinatensystem
a) Gib die Koordinaten der Eckpunkte des Fünfecks an.
b) In welchem Quadranten liegen die Punkte?

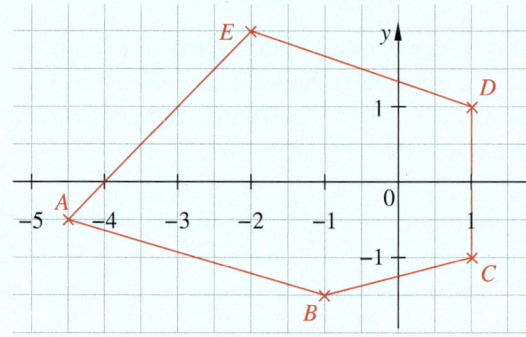

→ Seite 14

Rationale Zahlen addieren und subtrahieren

5 Ergänze die Tabellen im Heft.

a)

+	187	−22	−99	−35	76
−67					
13					

b)

−	−19	−33	88	12	57
16					
−77					

5 Ergänze die Tabellen im Heft.

a)

+	$\frac{3}{4}$	$-\frac{1}{2}$	$-\frac{7}{8}$	2
$-\frac{1}{4}$				
$-1\frac{2}{8}$				

b)

−	$\frac{2}{5}$	−0,5	−1,2	3
$\frac{3}{4}$				
$-\frac{1}{3}$				

6 Schreibe in Kurzform und berechne.
a) $24 - (+42)$
b) $-1 - (-15)$
c) $(-2) - 3$
d) $(-13) - (+28)$
e) $-76 + (-38)$
f) $-(-47) + (+13)$

6 Schreibe in Kurzform und berechne.
a) $1,25 - (-1,5)$
b) $-(-5,25) - 3,5$
c) $-3,5 - (+1,25)$
d) $57 + (-3,4)$
e) $-8,75 - (-2,3)$
f) $42,125 + (-32,25)$

Rationale Zahlen multiplizieren und dividieren

→ Seite 18

7 Multipliziere.
Achte auf das richtige Vorzeichen.
a) $-8 \cdot (-9)$ b) $12 \cdot (-7)$ c) $-3 \cdot (-5)$
d) $-17 \cdot 14$ e) $9 \cdot (-15)$ f) $15 \cdot (-9)$
g) $11 \cdot (-11)$ h) $-8 \cdot 22$ i) $-3 \cdot (-39)$

7 Überschlage zuerst das Ergebnis.
Rechne dann schriftlich.
a) $205 \cdot (-19)$ b) $-98 \cdot (-21)$
c) $18 \cdot (-508)$ d) $-189 \cdot 11$
e) $1\,050 \cdot 1\,990$ f) $-52 \cdot 49$

8 Übertrage die Rechendreiecke in dein Heft und ergänze sie.
a)

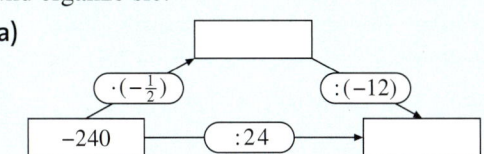

b)

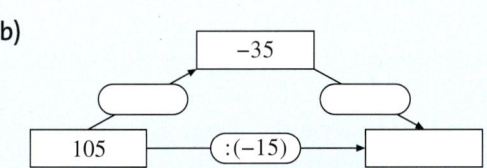

8 Übertrage die Rechendreiecke in dein Heft und ergänze sie.
a)

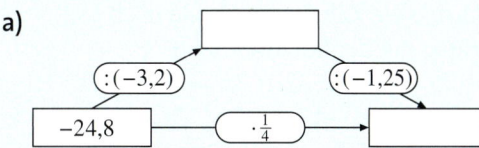

b)

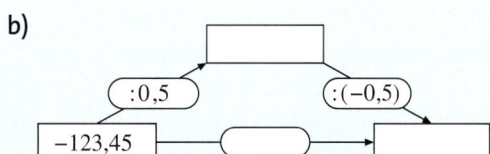

Vorrangregeln beachten und vorteilhaft rechnen

→ Seite 22

9 Was wurde hier falsch gemacht?
Berechne auch das richtige Ergebnis.
a) $-75 + 5 \cdot (-5) = 350$
b) $70 - 10 : 2 = 30$
c) $(-56) : 7 - (-21) = -29$
d) $-15 - 3 \cdot (-2) = -24$
e) $-12 : (-4) - 2 = 2$

9 Was wurde hier falsch gemacht?
Berechne auch das richtige Ergebnis.
a) $85 - (43 - 12) \cdot 4 = 120$
b) $17 - (-3) \cdot (-5) + 7 = 40$
c) $24 - 12 : 4 + 2 = 2$
d) $3^4 - |-3| \cdot (-3) = 72$
e) $|-2| \cdot |-3| - |-5| = 11$

10 Schreibe als Aufgabe und berechne.
a) Dividiere die Summe der Zahlen -15 und -45 durch 12.
b) Multipliziere die Differenz der Zahlen $-3,5$ und $-1,5$ mit $0,5$.
c) Subtrahiere vom Produkt der Zahlen 12 und -8 die Summe der Zahlen 12 und -8.

10 Schreibe als Aufgabe und berechne.
a) Multipliziere die Summe der Zahlen 6 und $-3,5$ mit der Differenz der Zahlen $-\frac{1}{2}$ und $1\frac{1}{2}$.
b) Dividiere den Quotienten der Zahlen -306 und 17 durch das Produkt aus 27 und $-\frac{2}{3}$.
c) Addiere zum Fünffachen von -17 das Dreifache der Summe aus -34 und -47.

11 Berechne möglichst vorteilhaft.
a) $13 - 7 + 4$
b) $-7 \cdot (-3) + 24 \cdot (-3)$
c) $-5 \cdot (-8) + 4 \cdot (-8)$
d) $124 - 29 + 5$

11 Berechne möglichst vorteilhaft.
a) $2,5 \cdot 15,6 \cdot 4$
b) $9 \cdot (-12,7) + 9 \cdot 13,7$
c) $-14 : (-2,5) + (-36) : 2,5$
d) $0,25 : (-0,05) - (-1,25) : (-0,05)$

Vermischte Übungen

ZUM KNOBELN

Marta steigt in der 2. Etage in einen Fahrstuhl ein. Sie fährt 9 Etagen nach oben, anschließend 13 Etagen nach unten und wieder 8 Etagen hinauf.
Wo steigt sie aus?
Notiere die Rechnung und berechne.

1 Welche Zahlen sind markiert?

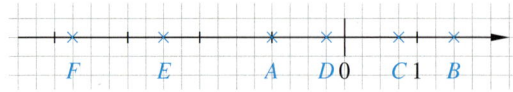

2 Welche Zahl liegt auf der Zahlengeraden in der Mitte zwischen den beiden Zahlen?

a) 2; 4   b) −0,5; 3,5   c) −3,5; 4,5

d) −4; −1   e) −2; 5   f) −7; −3

3 Ordne die Zahlen der Größe nach.
Beginne mit der kleinsten Zahl.

a) 1,7; −3,7; 5; −2,1; 0; −1,8; −2,3; 1,1

b) 0; −5; 35; −13; −10,5; 2; −12; −3,5

c) 6; −5; −4,5; −2; 0; 3; 0,8; −0,8; −1

4 Zeichne die Punkte in ein Koordinatensystem, verbinde sie der Reihe nach.
$A(-1|-3)$; $B(0|3)$; $C(2|1)$; $D(1|3)$;
$E(0|4)$; $F(-1|4)$; $G(-2|0,5)$; $H(-5|-1)$;
$I(-5,5|4)$; $J(-6|-3)$

ZUM KNOBELN

Welches Endergebnis erhält man, wenn man den Rechenkreis jeweils 2-mal (oder 100-mal) durchläuft?

5 Wähle die angegebene Startzahl und durchlaufe den Rechenkreis. Gib das Endergebnis im Heft an.

a) −3   b) −7   c) 0,3   d) −8,2

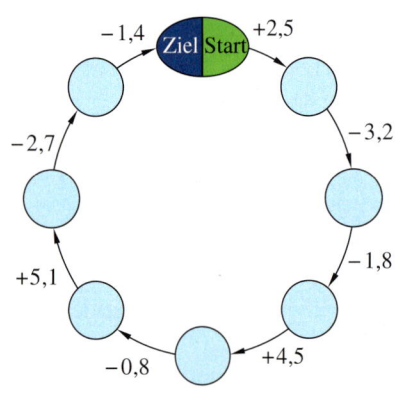

RÜCKBLICK

Herr Franz kauft im Supermarkt
$3\frac{1}{2}$ *kg Kartoffeln,*
$1\frac{3}{4}$ *kg Möhren,*
$2\frac{1}{4}$ *kg Äpfel und*
$\frac{3}{4}$ *kg Rosenkohl.*
Seine Tragetasche ist für maximal 7,5 kg geeignet.

6 Schreibe in Kurzform und berechne.

a) $11 - (+9)$ b) $-1 - (-15)$

c) $\frac{1}{2} - \left(+\frac{1}{4}\right)$ d) $(-5) + \left(+\frac{3}{4}\right)$

e) $\frac{9}{4} - 3$ f) $-\frac{1}{3} + \left(-\frac{2}{9}\right)$

g) $(-5) + 6 - (-7)$

h) $(-4) + 12 - 7 - (-9) + 3$

i) $21 - 9 + 8 - (-6) - 1$

---

1 Welche Zahlen sind markiert?

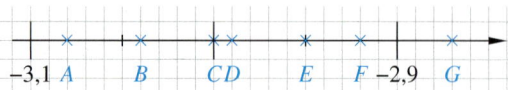

2 Finde jeweils die nächstgrößere ganze Zahl.

a) 5,8; 2,1; 12,9; 0,001; −5,8; −2,1

b) $-\frac{1}{3}$; $|-4,33|$; $-2\frac{1}{4}$; −7; $-5\frac{3}{8}$; −0,87

3 Ordne. Beginne mit der kleinsten Zahl.

a) −8; 0; 2,2; −3,5; −2; −5; −2,5; −4

b) $-\frac{1}{2}$; −4; 3; 8; $-\frac{1}{4}$; $-1\frac{1}{2}$; 16; $-3\frac{3}{4}$

c) $\frac{1}{4}$; −1; 0; $-\frac{1}{3}$; −0,25; 2; −0,8; −2; $-2\frac{1}{2}$

4 Verbinde die Punkte in einem Koordinatensystem: $A(-4|1)$; $B(-3|1)$; $C(-3|0)$; $D(-2|0)$; $E(-2|-1)$; $F(-1|-1)$.
Setze das Muster fort. Gib die Koordinaten der vier folgenden Punkte an.

5 Immer im Kreis

a) Mit welcher Startzahl zwischen −5 und 5 erhält man als Endergebnis −12?

b) Sollte man für ein positives Endergebnis eine positive oder eine negative Startzahl verwenden?

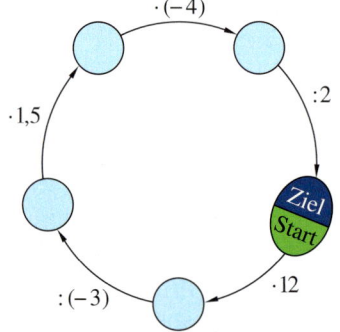

6 Schreibe in Kurzform und berechne.

a) $-\frac{7}{2} + \left(-\frac{3}{4}\right)$ b) $-\frac{2}{3} - \left(-\frac{1}{12}\right)$

c) $29 - (-13) + (-4)$ d) $-1,8 - 2,1 - (+5)$

e) $6 - \frac{1}{2} + (+12,5) - (-36)$

f) $75 + (-35) - (-12) + (-28)$

g) $1,25 - \frac{3}{4} - (-1,5) - \frac{1}{4} + 0,75$

h) $-\frac{1}{8} + \left(-\frac{3}{8}\right) - \left(+\frac{1}{2}\right) - \left(-\frac{7}{4}\right)$

7 Überprüfe, ob dies magische Quadrate der Addition sind.

a)

-2	-9	-4
-7	-5	-3
-6	-1	-8

b)

0	0,2	0,2
0,4	-0,1	-0,3
-0,4	0,3	0,1

7 Übertrage ins Heft und ergänze zu magischen Quadraten der Addition.

a)

-0,5		
	0,7	-0,9
		1,9

b)

0		1
	$\frac{1}{4}$	
$-\frac{1}{2}$		

> **ERINNERE DICH**
> In einem **magischen Quadrat der Addition** haben die Summen der Zahlen in jeder Zeile, in jeder Spalte und in jeder der Diagonalen den gleichen Wert. Dieser Wert heißt magische Zahl.

8 Herr Gärtner hat auf seinem Konto ein Guthaben von 840 €. Es werden nacheinander folgende Beträge gebucht:
+200 €; -600 €; +150 €; -550 €;
-280 €; -320 €; +120 €.

a) Wie lautet der Kontostand nach der letzten Buchung?

b) Wie viel Geld müsste eingezahlt werden, um das Konto auszugleichen?

8 Herr Zeitz kann auf seinem Kontoauszug eine Zeile nicht mehr lesen.

Kontoauszug		Sparkasse Kleckersdorf
Alter Kontostand:		-117,80 €
Datum:	Vorgang:	Betrag:
21.04.	Kartenzahlung	- 30,27 €
22.04.	Überweisung	- 262,23 €
23.04.	Zahlungseingang	+ 50,00 €
24.04.	XXXXXXXXXX	XXXXXX
Kontostand am 25.04.2013		-344,73 €

9 Würfelspiel: Es wird mit zwei verschiedenfarbigen Würfeln gespielt.
Die Augenzahl des grünen Würfels wird als positive Zahl aufgefasst,
die Augenzahl des roten Würfels als negative Zahl.
Die beiden geworfenen Zahlen werden addiert.
Beispiel $(+5) + (-2) = +3$

a) Spielt zu zweit oder in kleinen Gruppen einige Runden.

b) Mit welchen Augenzahlen erzielt man die höchste Punktzahl?

c) Mit welchen Augenzahlen erzielt man die niedrigste Punktzahl?

d) Mit welchen Würfen erzielt man die Punktzahl +3? Mit welchen Würfen erzielt man -1?

10 Finde die Fehler. Beschreibe sie unter Verwendung der Fachbegriffe und korrigiere.

a) $\frac{1}{\cancel{2}_1} \cdot \frac{3}{\cancel{2}_2} = \frac{3}{2} = 1$

b) $\frac{2}{3} : \frac{4}{5} = \frac{3}{\cancel{2}_1} \cdot \frac{\cancel{4}^2}{5} = \frac{6}{5} = 1\frac{1}{5}$

c) $\frac{7}{8} \cdot \frac{12}{21} \cdot \frac{74}{168} = \frac{37}{84}$

d) $\frac{7}{8} : 1\frac{3}{4} = \frac{7}{8} \cdot 1\frac{\cancel{4}^2}{3} = \frac{7}{8} \cdot \frac{7}{3} = \frac{49}{24} = 2\frac{21}{24}$

e) $\frac{3}{4} : \frac{1}{2} = \frac{3}{4} \cdot \frac{2}{4} = \frac{5}{4} = 1\frac{1}{4}$

f) $\frac{\cancel{8}^1}{\cancel{2}_1} : \frac{\cancel{9}^3}{\cancel{10}_5} = \frac{1}{1} \cdot \frac{5}{3} = \frac{5}{3} = 1\frac{2}{3}$

g) $\frac{5}{9} : \frac{3}{10} = \frac{\cancel{9}^3}{\cancel{9}_1} \cdot \frac{\cancel{10}^2}{\cancel{2}_1} = \frac{6}{1} = 6$

h) $\frac{2}{3} \cdot \frac{5}{6} = \frac{4}{6} \cdot \frac{5}{6} = \frac{20}{6} = \frac{10}{3} = 3\frac{1}{3}$

i) $\frac{2}{3} \cdot \frac{1}{\cancel{2}_2} \cdot \frac{5}{\cancel{8}_4} = \frac{5}{24}$

11 Spielt zu zweit oder zu mehreren:
Findet jeweils möglichst viele Zahlenpaare, deren Produkt die angegebene Zahl ergibt.

a) 32
b) -16
c) 0,36
d) -1,2

> **BEISPIEL**
> $32 = (-8) \cdot (-4)$

8   -16   -8   0,6   4   -0,6   -4   0,6   2   0,18   -2   -0,18   16   0,04

-0,04   0,12   9   -0,12   -9   3   0,4   -3   -0,4   0,3   0,9   -0,3   -0,9   -0,6

12 Setze im Heft passende Vorzeichen ein.

a) $8 : (-2) = \square\, 4$
b) $-15 : (\square\, 3) = 5$
c) $-24 : |-3| = \square\, 8$
d) $25 : (-5) = \square\, 5$
e) $\square\, 12 : (-6) = 2$
f) $\square\, 36 : 4 = |-9|$
g) $-1,8 : (-9) = \square\, 0,2$
h) $\square\, 2 : \left(-\frac{1}{2}\right) = -4$

12 Dividiere.

a) $84 : (-7)$
b) $78 : (-13)$
c) $115 : (-23)$
d) $-70 : (-5)$
e) $9,8 : (-7)$
f) $-7 : (-0,5)$
g) $8,4 : (-14)$
h) $-102 : (-1,7)$

13 Rechendomino: Bringe die ungeordneten Dominosteine in die richtige Reihenfolge.

| START | 1 · (−1) | | 0,04 | 0,04 · (−100) | | 6 | 6 · (−0,3) | | −1,44 | Ende |

| 1 | 1 · (−0,2) | | −0,25 | −0,25 · (−4) | | | −1,2 | −1,2 · (−5) |

| −1 | −1 · (−0,5) | | 0,5 | 0,5 · (−0,5) | | 3,6 | 3,6 · (−0,4) |

| 9 | 9 · 0,4 | | −4 | −4 · (0,3) | | −1,8 | −1,8 · (−5) | | −0,2 | −0,2 · (−0,2) |

14 Schreibe als Aufgabe und berechne.
a) Bilde das Produkt aus (−12) und (−6).
b) Bilde die Divisionsaufgabe aus −64 und der Gegenzahl von 8.
c) Dividiere die Summe von −8 und 12 durch −4.
d) Welche Zahl muss man mit −12 multiplizieren, um 72 zu erhalten?
e) Das Produkt einer Zahl und (−8) ergibt das Vierfache von 16.

14 Schreibe als Aufgabe und berechne.
a) Welche Zahl muss man durch 7 dividieren, um −6 zu erhalten?
b) Welche Zahl muss man durch −8 dividieren, um 11 zu erhalten?
c) Welche Zahl muss man durch −200 dividieren, um −5 zu erhalten?
d) Welche Zahl muss man durch −4 dividieren, um die Summe aus −14 und −18 zu erhalten?

ZU AUFGABE 15

$-3\frac{3}{4}$ E

$-\frac{14}{25}$ E

$7\frac{1}{5}$ R

$\frac{2}{5}$ T

$-\frac{4}{9}$ I

$1\frac{7}{8}$ U

2 A -3 H

-4 S

15 Berechne und schreibe das Ergebnis als ganze Zahl.
a) $\frac{-15}{5}$ b) $\frac{-6}{-3}$ c) $\frac{-24}{8}$ d) $\frac{-18}{9}$
e) $\frac{77}{-11}$ f) $\frac{-51}{17}$ g) $\frac{48}{-24}$ h) $\frac{-135}{-45}$
i) $\frac{720}{-60}$ j) $\frac{-170}{85}$ k) $\frac{-78}{-39}$ l) $\frac{-91}{-13}$

15 Berechne. Die Lösungen stehen in der Randspalte, sie ergeben ein Lösungswort.
a) $-\frac{1}{3} : \frac{1}{9}$ b) $-\frac{1}{2} : \left(-\frac{1}{4}\right)$ c) $-\frac{3}{4} : \left(-\frac{2}{5}\right)$
d) $\frac{2}{3} : \left(-\frac{1}{6}\right)$ e) $-\frac{1}{5} : \left(-\frac{1}{2}\right)$ f) $-\frac{1}{9} : \frac{1}{4}$
g) $\frac{2}{5} : \left(-\frac{5}{7}\right)$ h) $-\frac{1}{5} : \left(-\frac{1}{6}\right)$ i) $\frac{5}{8} : \left(-\frac{1}{6}\right)$

16 Dividiere schriftlich.
Runde das Ergebnis auf Zehntel.
a) 455 : 12   b) −445 : 12
c) −326 : (−18)   d) −268 : (−12)
e) 694 : (−14)   f) 478 : (−19)

16 Dividiere schriftlich.
Runde das Ergebnis auf Tausendstel.
a) −13 : 7   b) 56 : (−13)
c) −134 : (−18)   d) 457 : 51
e) −448 : 234   f) −568 : (−865)

17 Berichtige die falsch gelösten Aufgaben im Heft.
a) −12 · 3,5 = 42   b) 17 · (−3) = −51
c) −19 · (−8) = 152   d) −13 · 6 = 78
e) 15 · (−11) = −156   f) −14 · (−7) = 98
g) −63 : (−9) = −7   h) 84 : 12 = −7
i) 45 : (−5) = 4   j) −100 : 25 = −5

17 Hier wurden Fehler gemacht.
Prüfe nach und korrigiere im Heft.
a) −0,001 : 0,1 = −0,01
b) −6 793 : (−1) = 6 793
c) −6,47 : 6,47 = 1
d) 77 493 : (−1 000) = −77,4
e) −0,48 : 0,008 = −600

18 Berechne. Denke an die Vorrangregeln.
a) 3 · (−7) + 8 − 5 · 2
b) (4 + 8 · 2 − 36) : 2
c) 3 + 5 · 2 − 20 + 8 : 2 + 100
d) 15 · (−3) + 7 − 4 + 32 : 8 − 20
e) 23 + 7 · [7 − (3 + 6 : 2)]

18 Berechne. Denke an die Vorrangregeln.
a) 27 : 9 + 3 · 4 + 2 − 20
b) 5 · 7 + 2 · (10 − 20 + 8) + 5
c) 3 + 5 · (7 − 12) + 40 − 25 · 3 + 1
d) [42 : 4 + 0,5 − 3 · (8 + 17)] · 2 − 100
e) −3 : [(−7) : (10 + 12 : (−0,5))] + 6

19 Rechne vorteilhaft.
a) $112 + (-36) - 12$ b) $-27 \cdot 9 + 9 \cdot 17$
c) $-69 + 34 - 9$ d) $19 \cdot (-4) - 7 \cdot 19$
e) $63{,}5 \cdot (-5) - 13{,}1 \cdot (-5)$

19 Rechne vorteilhaft.
a) $\frac{1}{2} \cdot (-6) + \frac{1}{2} \cdot (-2)$ b) $0{,}8 \cdot 1{,}2 \cdot 10$
c) $-4 \cdot 0{,}8 - (-9) \cdot 0{,}8$ d) $\frac{7}{8} \cdot 2{,}56 \cdot \frac{8}{7}$
e) $7{,}6 \cdot (-6{,}7) - 5{,}6 \cdot (-6{,}7)$

20 Zahlbereiche

a) Sind folgende Aussagen richtig oder falsch? Begründe.
① Jede ganze Zahl ist positiv.
② Jede Dezimalzahl ist eine rationale Zahl.
③ Zwischen zwei rationalen Zahlen liegt immer eine ganze Zahl.
④ Jede natürliche Zahl ist auch eine rationale Zahl.
b) Überlege dir ähnliche wahre und falsche Aussagen. Gib sie einer Partnerin oder einem Partner zum Lösen.

c) Arbeitet zu zweit.
Erklärt auf einem Plakat den Unterschied zwischen der Menge der ganzen Zahlen, der Menge der rationalen Zahlen und der Menge der negativen Zahlen.
Stellt auch Beispiele aus dem Alltag dar.

21 Clara, Leni und Nils verkaufen auf einem Adventsbasar selbstgebastelte Dinge. Sie hatten Materialkosten von $17{,}70\,€$. Außerdem müssen sie noch $12{,}50\,€$ Standmiete bezahlen. Clara hat $9{,}40\,€$ eingenommen, Leni $7{,}70\,€$ und Nils $8{,}90\,€$. Der Gesamtbetrag wird gleichmäßig aufgeteilt.
a) Wie viel Gewinn oder Verlust bleibt für jeden?
b) Clara bemerkt, dass sie die Einnahmen aus ihrem Gewinnspiel noch gar nicht verteilt haben. Sie haben 27 Lose zu 20 ct verkauft.

21 Nathalie bekommt monatlich $15\,€$ Taschengeld. Davon bezahlt sie auch ihre Handykosten. Bei ihrem Tarif kostet eine SMS $0{,}14\,€$ und ein Telefonat $0{,}25\,€$ pro Minute.
a) Nathalie versendet täglich drei SMS und telefoniert monatlich 15 Minuten. Reicht Nathalies Taschengeld aus?
b) Hast du ein Handy? Was würde Nathalie bei deinem Tarif bezahlen?
c) Wie viele SMS und Telefonminuten kann sich Nathalie monatlich maximal leisten? Finde verschiedene Möglichkeiten.

22 Setze in die Kästchen alle Vorzeichenkombinationen ein, die möglich sind.
Löse die jeweils entstehenden vier Aufgaben. Was fällt dir auf?
a) $(\Box 3) + (\Box 7)$ b) $(\Box 3) - (\Box 7)$
c) $(\Box 9) + (\Box 9)$ d) $(\Box 57) - (\Box 34)$

22 Erfindet zu zweit eine Additionsmauer …
a) … mit der Zahl -87 an der Spitze.
b) … mit genau zwei Nullen.
c) … mit genau einer positiven Zahl.
d) … mit genau zwei negativen Zahlen.
Präsentiert eure Mauern in der Klasse.

23 Ein Radprofi trainiert in der Gegend des Toten Meeres.
Sein Trainer notiert das Streckenprofil.

Start: 200 m ü. NN;   3 km: 50 m u. NN;   10 km: 20 m u. NN;
20 km: 120 m u. NN;   40 km: 300 m ü. NN;   60 km: 30 m u. NN;
80 km: 10 m ü. NN

ü. NN = über Normalnull (über dem Meeresspiegel)
u. NN = unter Normalnull (unter dem Meeresspiegel)

a) Zeichne das Streckenprofil wie im Beispiel rechts in ein Koordinatensystem. (10 km $\hat{=}$ 1 cm auf der x-Achse; 40 Höhenmeter $\hat{=}$ 1 cm auf der y-Achse)
b) Berechne, wie viele Höhenmeter der Radprofi insgesamt bergauf gefahren ist.

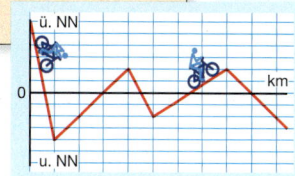

24 Tiere im Meer

Die Meeresbewohner halten sich in verschiedenen Tiefen auf. Auf der Suche nach Beute oder zum Atmen verändern sie ihre Tauchtiefe.

Tier	abgelesene Tiefe	Veränderung	neue Tiefe
Delfin	−100 m	150 m ⇓	

a) Erstelle eine Tabelle wie links gezeigt.

b) Betrachte die Meeresgrafik ganz unten: In welcher Tiefe befinden sich die Meerestiere in diesem Moment? Trage die Namen und Werte in die Tabelle ein.

c) Im Laufe der folgenden Stunde schwimmen manche Tiere weiter nach oben, manche tauchen noch tiefer. Berechne ihre neuen Tiefen und trage sie in die Tabelle ein.

150 m ⇓   50 m ⇑   750 m ⇓   250 m ⇓   1 050 m ⇑

d) Notiere für jedes Tier die Veränderung als Rechenaufgabe.

25 Die Forscher des Weißen Hais

In der Grafik sind auch drei Forschungs-U-Boote mit ihrer jeweiligen Tauchtiefe markiert. Die Forscher untersuchen, wie tief Weiße Haie tauchen. Sobald sie einen Hai sichten, notieren sie die Uhrzeit und den Höhenunterschied des Raubfisches zum Boot.

a) Betrachte die Beobachtungsprotokolle: Woran kann man ablesen, ob sich der Hai oberhalb oder unterhalb des jeweiligen Bootes befand?

b) Berechne zu jeder Beobachtung die ungefähre Tauchtiefe des Hais. Runde sinnvoll.

c) Gib Minimum, Maximum und Spannweite der beobachteten Tauchtiefen der Haie an.

d) Stelle die Tauchtiefen der Haie mit der Uhrzeit der Beobachtungen in einer geeigneten Grafik dar.

11:00
−185 m

12:00
+56 m

14:30
+175 m

17:00
−108 m

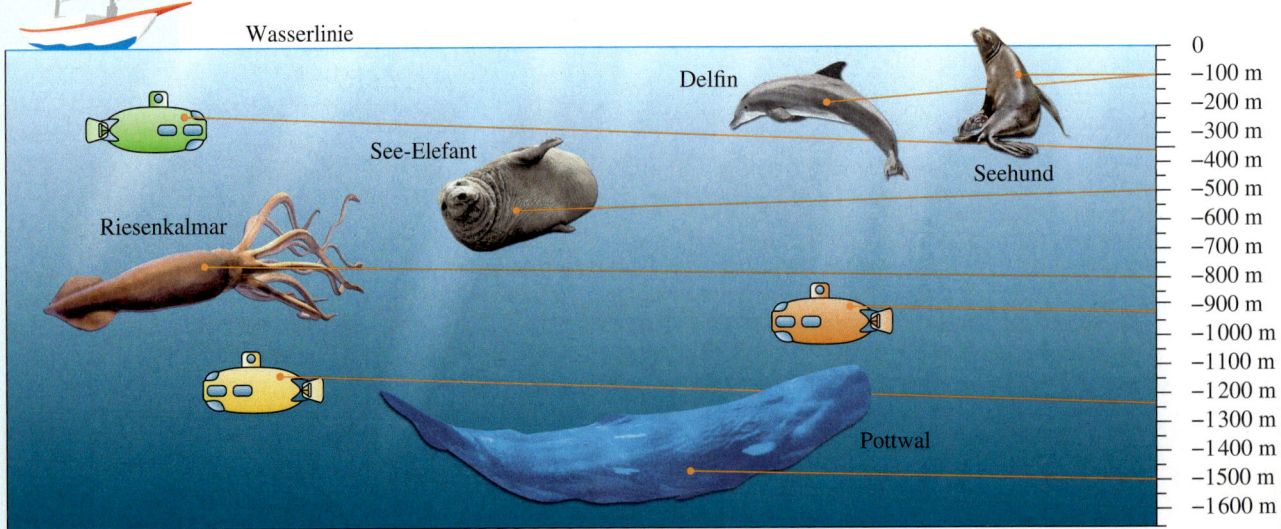

Zusammenfassung

→ Seite 8

Ganze Zahlen und rationale Zahlen

Die Menge der **ganzen Zahlen** ($\mathbb{Z}$) enthält alle natürlichen Zahlen und ihre negativen Gegenzahlen.

$$\mathbb{Z} = \{\ldots;\ -3;\ -2;\ -1;\ 0;\ 1;\ 2;\ 3;\ \ldots\}$$

Der Abstand einer Zahl zur Null heißt **Betrag**.

$|-3,5| = 3,5 \qquad |+132,13| = 132,13$

Die Menge der **rationalen Zahlen** ($\mathbb{Q}$) enthält alle ganzen Zahlen und alle positiven und negativen Bruchzahlen.

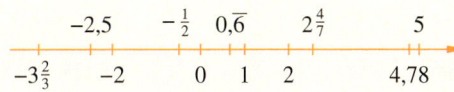

→ Seite 14

Rationale Zahlen addieren und subtrahieren

Addiere bei *gleichen* Vorzeichen die Beträge der Zahlen. Das Ergebnis bekommt das gemeinsame Vorzeichen.

$(+6) + (+2,7) = +8,7$
$(-16) + (-33) = -49$

Rechne so bei *verschiedenen* Vorzeichen: *größerer Betrag minus kleinerer Betrag*. Das Ergebnis bekommt das Vorzeichen der Zahl mit dem größeren Betrag.

$(-2) + (+12) = +10$
$(+5) + (-9,3) = -4,3$

Subtrahiere, indem du die Aufgabe umformst: addiere die Gegenzahl.

$(-14) - (+4) = (-14) + (-4)$
$(-2) - \left(-3\frac{1}{3}\right) = (-2) + \left(+3\frac{1}{3}\right)$

→ Seite 18

Rationale Zahlen multiplizieren und dividieren

Brüche werden **multipliziert**, indem man Zähler mit Zähler und Nenner mit Nenner multipliziert.

$$\frac{3}{5} \cdot \frac{2}{3} = \frac{3 \cdot 2}{5 \cdot 3} = \frac{6}{15} = \frac{2}{5}$$

Man **dividiert** durch einen **Bruch**, indem man mit seinem **Kehrbruch** multipliziert.

$$\frac{3}{2} : \frac{2}{5} = \frac{3}{2} \cdot \frac{5}{2} = \frac{15}{4} = 3\frac{3}{4}$$

Rationale Zahlen werden zuerst ohne Vorzeichen **multipliziert** (bzw. **dividiert**). Das Ergebnis ist positiv (+), wenn beide Faktoren das *gleiche* Vorzeichen haben, bei *verschiedenen* Vorzeichen ist das Ergebnis negativ (−).

$(+3) \cdot (-1,5) = -4,5 \qquad (-4) : (+8) = -0,5$
$(-3) \cdot (-1,5) = +4,5 \qquad (-4) : (-8) = +0,5$
$(-9) \cdot \left(-\frac{2}{3}\right) = +6 \qquad \left(-\frac{3}{2}\right) : \left(-\frac{2}{5}\right) = +3\frac{3}{4}$
$\left(-\frac{3}{5}\right) \cdot \frac{2}{3} = -\frac{2}{5} \qquad \frac{3}{2} : \left(-\frac{2}{5}\right) = -3\frac{3}{4}$

→ Seite 22

Vorrangregeln beachten und vorteilhaft rechnen

Die **Vorrangregeln** gelten auch bei negativen Zahlen:
1. Werte in Klammern werden zuerst berechnet.
2. Punkt- geht vor Strichrechnung.

Für Addition und Multiplikation gelten:
– **Vertauschungsgesetz** (Kommutativgesetz)
– **Verbindunggesetz** (Assoziativgesetz)
Außerdem gilt das **Verteilungsgesetz** (Distributivgesetz).

Methode: Lerne selbstständig für eine Klassenarbeit

Blättere einmal um, dann siehst du die *Teste-dich!*-Seite zu diesem Kapitel. Solch einen Test gibt es am Ende jedes Kapitels. Mit ihm kannst du dich auf eine Klassenarbeit vorbereiten. Zu jeder *Teste-dich!*-Seite gibt es eine Checkliste, wie du sie unten siehst.

Dabei kann die Checkliste dir helfen:

Bekomme einen Überblick.

Worum ging es im Mathe-Unterricht der letzten Wochen?
Bekomme einen Überblick über das gesamte Kapitel.

Schätze dich selbst ein.

Was kannst du schon gut?
Was noch nicht?
Sei ehrlich zu dir selbst. Denn je genauer du das weißt, desto leichter geht das Lernen.

Schließe Lücken.

Was genau musst du noch einmal nachlesen und üben?
Finde heraus, auf welcher Seite es im Buch steht.

So kannst du mit

Aufgabennummer und Kompetenz
Vorn steht die Aufgabennummer von der *Teste-dich!*-Seite.
Die zweite Spalte beschreibt, welche mathematische Fähigkeit (Kompetenz) du beim Lösen der Aufgabe einsetzt.

Schätze dich selbst ein
Hier schätzt du ein, wie gut du diese Aufgabe konntest:

☀ Ich konnte die ganze Aufgabe lösen.
⛅ Ich habe wenige Fehler gemacht.
☁ Ich habe viele Fehler gemacht.
🌧 Ich konnte die Aufgabe gar nicht lösen.

Setze für jede Aufgabe nur ein Kreuz.

Checkliste zum

Nr.	mathematische Fähigkeit (Kompetenz)	☀	⛅	☁	🌧
1	Ich kann rationale Zahlen von der Zahlengeraden ablesen und auf einer geeigneten Zahlengeraden markieren.		x		
2	Ich kann gegebene Punkte in ein Koordinatensystem eintragen, verbinden und die entstehende Figur benennen.	x			
3	Ich kann Additions- und Subtraktionsaufgaben zur Temperatur und zum Kontostand lösen.	x			
4	Ich kann leichte Aufgaben mit rationalen Zahlen im Kopf berechnen.		x		
5	Ich kann die Vorrangregeln auch bei rationalen Zahlen anwenden.			x	
6	Ich kann mit rationalen Zahlen rechnen und die Ergebnisse vergleichen.	x			

So kannst du dich selbstständig auf eine Klassenarbeit vorbereiten:

1 Bearbeite die Seite *Teste dich!*

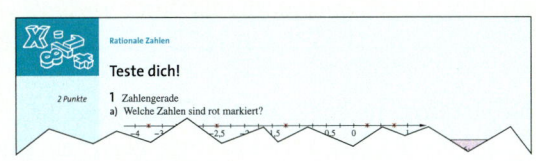

2 Überprüfe deine Ergebnisse mit den Lösungen im Anhang.

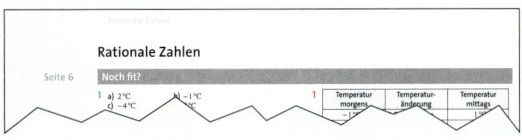

3 Fülle die Checkliste aus. Sie hilft dir zu erkennen, welche Themen du gut kannst und bei welchen Themen du noch etwas lernen musst.

4 Werte deine Checkliste aus. Wie es geht, wird unten beschrieben.

der Checkliste arbeiten

hema „Rationale Zahlen"

Was hast du falsch gemacht? Wo lag dein Fehler? Noch Fragen?	Verstehen-Seite im Buch
Die Einteilung der Zahlengeraden fällt mir noch schwer.	S. 8
	S. 10
Ich habe das an einer Zahlengeraden gemacht. Ist das ok??	S. 14/15
Subtraktion mit Brüchen ist so schwer! Wie geht das noch mal bei positiven Brüchen?	S. 14/15 S. 18
Ich finde nicht immer die Fehler in den Aufgaben. Ich muss mir die Rechenregeln nochmal anschauen.	S. 22
	S. 14/15 S. 18 S. 22

Noch Fragen?
Hast du einen Fehler gemacht?
Hast du etwas noch nicht verstanden?
Notiere hier deine Fragen zu diesem Thema oder zu der Aufgabe.

Auswertung deiner Checkliste
Hast du ein Kreuz bei ☁ oder ☄?
Hier steht die Seitenzahl der *Verstehen*-Seite, auf der du das Thema nachlesen kannst.

Lies gründlich die passende *Verstehen*-Seite.

Löse auch einige Aufgaben auf den folgenden *Üben-und-anwenden*-Seiten, die genau zu dem Thema passen.

TIPP
Beobachte dich beim Lernen:
– Bei welchen Aufgaben stößt du auf Schwierigkeiten?
– Was hat dir schon einmal dabei geholfen, eine schwierige Aufgabe zu verstehen?
– Sammle die Checklisten in deinem Hefter. Hast du dich im Laufe der Zeit verbessert?

Teste dich!

2 Punkte

1 Zahlengerade

a) Welche Zahlen sind rot markiert?

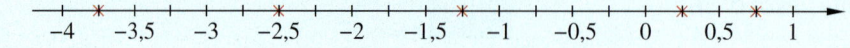

b) Markiere die angegebenen Zahlen *und* ihre Gegenzahlen auf einer Zahlengeraden. Verwende eine geeignete Einteilung.

> 0,7; −1,6; 0,1; −0,8; −0,25; $1\frac{1}{2}$

3 Punkte

2 Zeichne ein Koordinatensystem.
Trage die Punkte $A(-1,5|-2)$; $B(3,5|-2)$; $C(3,5|3)$ in das Koordinatensystem ein.
Verbinde A–B–C–A. Was für eine Figur entsteht?

8 Punkte

3 Übertrage die Tabellen ins Heft und löse die Aufgaben mithilfe einer Zahlengerade.
Zeichne bei a) eine Zahlengerade von −12 bis +12.

a)

alte Temperatur	Temperatur-änderung	neue Temperatur
4 °C	6 Grad kälter	
	9 Grad wärmer	6 °C
−6 °C		−11 °C
	8 Grad kälter	−2 °C

b)

Kontostand alt	Kontostand neu	Bewegung
−17 €	+36 €	
−156 €		+39 €
	−44 €	−67 €
	−18 €	+55 €

8 Punkte

4 Berechne im Kopf.

a) $-68 + 9$
b) $-34 - 70$
c) $15 \cdot (-8)$
d) $-99 : (-3)$
e) $-1,25 \cdot 4$
f) $-0,75 : (-0,25)$
g) $-\frac{3}{4} + \frac{1}{2}$
h) $-1\frac{1}{4} - \frac{3}{8}$

6 Punkte

5 Berichtige falsch gelöste Aufgaben im Heft.

a) $12 - 7 \cdot 4 = 20$
b) $12 - (8 - 25) = 29$
c) $12 : (-4) - 121 : (-11) = 14$
d) $-7 \cdot (100 + 9) = -637$
e) $(98 - 120) : \left(-\frac{1}{2}\right) = -11$
f) $\left(-\frac{1}{4} - \frac{1}{8}\right) : \left(-\frac{1}{8}\right) = 3$

6 Punkte

6 Setze > oder < richtig ein.

a) $3 \cdot (-7) \ \blacksquare \ -20$
b) $-8 + 15 \ \blacksquare \ -22$
c) $-4 \cdot (-8) \ \blacksquare \ -7 \cdot (-5)$
d) $3 \cdot (-8) \ \blacksquare \ (-7) \cdot 6 - (-5) \cdot 6$
e) $27 : (-3) \ \blacksquare \ -19 \cdot (-8 + 7)$
f) $-4 \cdot (-4) \ \blacksquare \ 28 : (-2)^2$

4 Punkte

7 Der Wasserspiegel des Toten Meeres liegt bei −423 m (423 m unter Normalnull).

a) Sam wandert mit seinem Vater vom Ufer des Toten Meeres auf den Gipfel des Har Meron. Wie groß ist der Höhenunterschied, den sie dabei bewältigen?

b) Das Tote Meer ist bis zu 381 m tief. Wie viel Meter unter Normalnull liegt die tiefste Stelle des Sees?

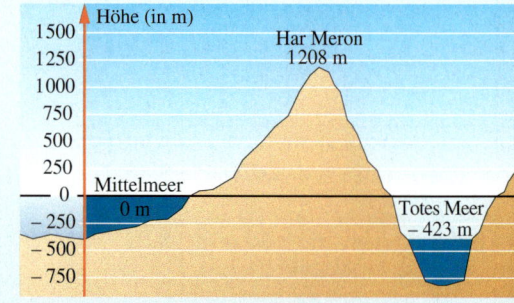

3 Punkte

8 Gib jeweils zwei passende Beispiele an.

a) positive rationale Zahlen
b) negative ganze Zahlen
c) Zahlen mit demselben Betrag

Gold: 38–40 Punkte, Silber: 31–37 Punkte, Bronze: 24–30 Punkte

Lösungen ab Seite 182

Zuordnungen

Zuordnungen findest du überall in deiner Umwelt.
Auf diesem Bild siehst du nummerierte, amerikanische Briefkästen.
Die Nummern werden benötigt, damit jeder Briefträger genau weiß,
welcher Briefkasten zu welchem Haushalt gehört.
Somit kann jedem Briefkasten ein Haushalt zugeordnet werden.

Noch fit?

Einstieg

1 Zahlenreihen

Ergänze die Zahlenreihen um sechs Zahlen.

a) 2; 4; 6; 8; …
b) 7; 14; 21; 28; …
c) 3; 7; 11; 15; …
d) 105; 99; 93; 87; …

2 Paare von Werten ablesen

Erkläre die Einträge in der Tabelle.

a) Mathematikbücher wurden zu einem Turm gestapelt. Die Höhe des Turmes wurde mehrmals gemessen.

Anzahl der Bücher	0	1	10	20
Turmhöhe (in cm)	0	1,2	12	24

b) Nach der Geburt eines Babys wurde die durchschnittliche Schlafzeit pro Tag in einer Tabelle notiert.

Alter (in Monaten)	0	1	3	6
Schlafzeit (in Stunden)	18	17	15	12

3 Sachaufgaben

Berechne und schreibe einen Antwortsatz.

a) Ein Stück Kuchen kostet 1,20 €.
Wie viel kosten drei Stücke Kuchen?
b) An der Kinokasse zahlen drei Schüler zusammen 13,50 €.
Wie viel müssen vier Schüler bezahlen?
c) 5 € pro Monat sind so viel wie ■ pro Jahr.
d) Ein Paket wiegt 450 g. Die Verpackung wiegt 55 g. Wie schwer ist der Inhalt?

4 Punkte im Koordinatensystem

a) Lies jeweils den Mittelpunkt der beiden Kreise ab.
Gib die Koordinaten der Punkte an.
b) Übertrage das Koordinatensystem ins Heft.
Zeichne die Punkte ein und verbinde sie der Reihe nach.
(0|7); (2|8); (9|8); (8|7); (5|7);
(5|5); (7|4); (8|2); (7|1,5); (6|4);
(6|0); (5|0); (5|4); (3|4); (3|5);
(2|7); (1|6); (1|4); (0|4)

Aufstieg

1 Zahlenreihen

Ergänze die Zahlenreihen um sechs Zahlen.

a) 8; 16; ■; 32; 40; ■; 56; …
b) ■; 74; 67; 60; ■; 46; …

2 Paare von Werten ablesen

In dem Diagramm sind Gewicht und Preis von Apfelsinen dargestellt. Lies die Preise für 1 kg, 2 kg, 3 kg, 4 kg und 5 kg ab.

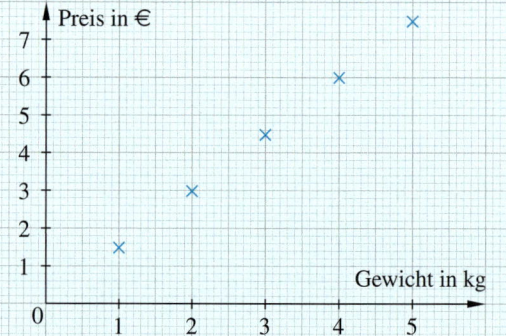

3 Sachaufgaben

Berechne und beantworte die Frage.

a) Marvin fährt 3 km bis zur Schule. Die Fahrt dauert 20 Minuten. Wie lange ist er unterwegs, wenn er 9 km weit fährt?
b) Ein Gärtner pflanzt pro Stunde zehn Sträucher. Wie viele Sträucher pflanzen zwei Gärtner in einer Stunde?
c) Ein Foto kostet 19 ct, der Versand 2,50 €. Wie teuer sind 12 Fotos mit Versand?

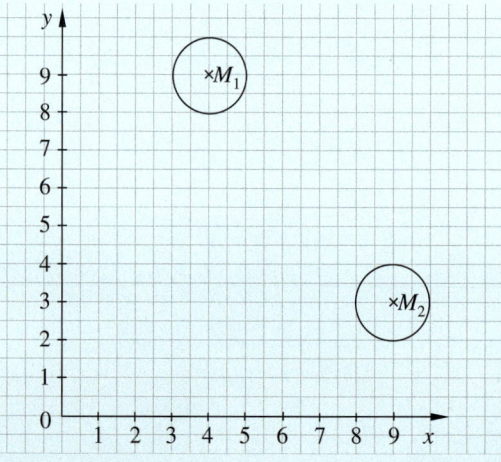

Lösungen ab Seite 182

Zuordnungen erkennen und beschreiben

Entdecken

1 Hier sind unterschiedliche Situationen beschrieben. Zu jeder Situation gibt es einen Text, eine Wertetabelle und ein Diagramm.
Arbeitet in Kleingruppen zusammen.

Ⓐ Anette erstellt eine Übersicht für Briefporto (0,60 € pro Brief) für bis zu 5 Briefe.

Ⓑ Ein Straßenreinigungsmeister überlegt, wie er seine 60 Arbeiter zur Reinigung einer langen Straße einsetzen kann.

Ⓔ Zu einer Wertetabelle und einem Diagramm fehlt die Situation. Findet dazu eine passende Aufgabe.

Ⓒ Die Körpergröße eines Kindes wird ab der Geburt in unregelmäßigen Abschnitten gemessen.

Ⓓ Eine Badewanne wird in 5 Minuten durch gleichmäßig zufließendes Wasser gefüllt.

a) Ordnet den Texten die Wertetabellen ① bis ⑤ und die Diagramme I bis V zu.

①
x	0	1	6	12	15
y	53	54	67	77	82

②
x	0	1	2	3	4	5
y	0	0,60	1,20	1,80	2,40	3,00

③
x	0	1	2	3	4	5
y	0	20	40	60	80	100

④
x	1	2	3	4	5	6
y	60	30	20	15	12	10

⑤
x	0	5	10	20	40	80
y	0	10	18	32	64	110

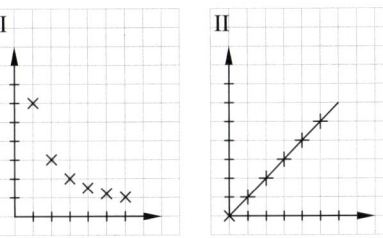

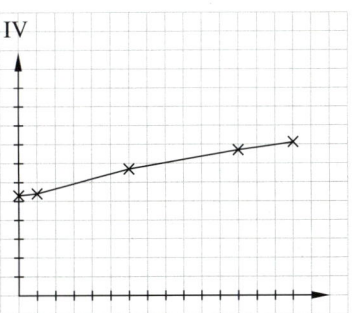

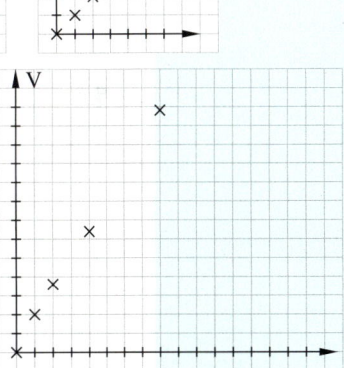

b) Wählt aus folgenden Zuordnungen die zutreffende aus.
Beschriftet im Diagramm die Achsen.

Alter → Körpergröße (cm)

Arbeiter → Arbeitszeit (h)

Anzahl → Porto (€)

Minuten → Füllmenge (l)

Wie lautet eine mögliche Zuordnung?

2 Einige Diagramme bestehen aus Punkten, andere aus durchgezogenen Linien. Begründet.

3 In der Mathematik unterscheidet man zwischen steigenden und fallenden Zuordnungen. Welche der abgebildeten Zuordnungen in Aufgabe 1 kann man als steigend und welche als fallend bezeichnen. Begründet.

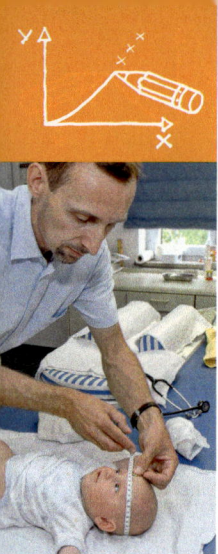

Verstehen

Für Säuglinge und Kleinkinder werden Untersuchungshefte geführt. Darin wird unter anderem der gemessene Kopfumfang notiert.
Franziskas Kopfumfang wurde nach der Geburt und im Alter von einem, drei und sechs Monaten gemessen und aufgeschrieben.

Dem Alter von Franziska ist ihr Kopfumfang zugeordnet: *Alter → Kopfumfang*

Beispiel 1

Alter (in Monaten)	0	1	3	6
Kopfumfang (in cm)	33	37	39	43

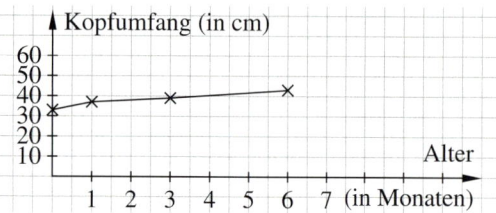

HINWEIS
Die beiden einander zugeordneten Werte nennt man ein
Wertepaar.
Beispiele:
(0|33); (3|39)

> **Merke** **Zuordnungen** weisen Werten aus einem vorgegebenen Bereich einen oder mehrere Werte aus einem anderen Bereich zu. Wenn die Vergrößerung des Wertes aus dem ersten Bereich (hier: Alter) zu einer Vergrößerung des Wertes aus dem zweiten Bereich (hier: Kopfumfang) führt, nennt man diesen Zusammenhang eine **steigende Zuordnung**.

Franziskas durchschnittliche Schlafzeit pro Tag verändert sich auch. Ihre Schlafzeit wurde nach der Geburt und im Alter von einem, drei und sechs Monaten gemessen und festgehalten.

Dem Alter von Franziska ist die Schlafzeit zugeordnet: *Alter → Schlafzeit*

Beispiel 2

Alter (in Monaten)	0	1	3	6
Schlafzeit (in h)	18	17	15	12

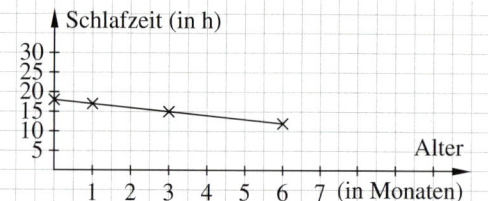

> **Merke** Wenn die Vergrößerung des einen Wertes (Alter) zur Verkleinerung des anderen Wertes (Schlafzeit) führt, nennt man diese Zuordnung eine **fallende Zuordnung**.

Zuordnungen können in verschiedenen Formen dargestellt werden.

Beispiel 3

Wortvorschrift
Dem Alter eines Kindes wird die Schlafzeit zugeordnet.

Wertetabelle

Alter (in Monaten)	0	1	3	6
Schlafzeit (in h)	18	17	15	12

Koordinatensystem

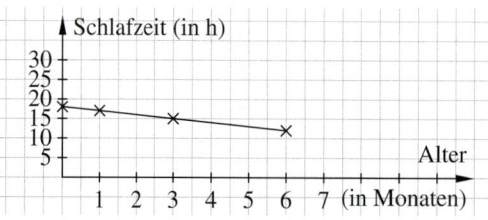

Diagramm, z. B. Säulendiagramm

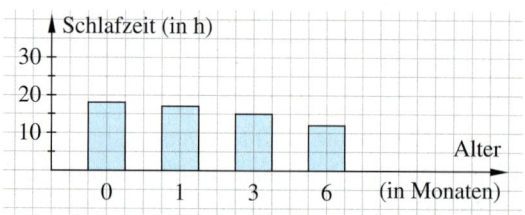

Üben und Anwenden

1 Ergänze die folgenden Aussagen.
Findest du mehrere Lösungen?
Notiere mithilfe eines Pfeils wie im Beispiel.

Beispiel Jedem T-Shirt kann … zugeordnet
werden: *T-Shirt → Preis*

a) Jedem Kind kann … zugeordnet werden.
b) Jedem Tag kann … zugeordnet werden.
c) Jedem … kann seine Einwohnerzahl
   zugeordnet werden.
d) Jedem Auto kann … zugeordnet werden.
e) Jedem … kann seine Höhe zugeordnet
   werden.
f) Erfinde eigene Aussagen zu Zuordnungen
   und lass sie von deinem Lernpartner lösen.

2 Handelt es sich um steigende oder fallende
Zuordnungen. Begründe.
a) *Länge des Fußes → Schuhgröße*
b) *Charts-Platzierung → verkaufte CDs*
c) *Anzahl gekaufter CDs → Preis*
d) *Anzahl der Schüler an einer Schule
   → Anzahl der Lehrer*
e) *Punkte in der Mathematikarbeit → Note*

3 Welche Größen sind einander bei der Wetter-
vorhersage zugeordnet?

4 Die 7b verkauft auf dem Schulfest Waffeln
und notiert jede Stunde den Kassenbestand.

a) Schreibe eine Zuordnungstabelle für die
   Zuordnung *Uhrzeit → Kassenbestand*.
b) Berechne, wie viel in jeder Stunde eingenommen wurde.
c) Ist die Zuordnung fallend oder steigend?
   Begründe.

1 Lies ab und ergänze die Tabelle im Heft.

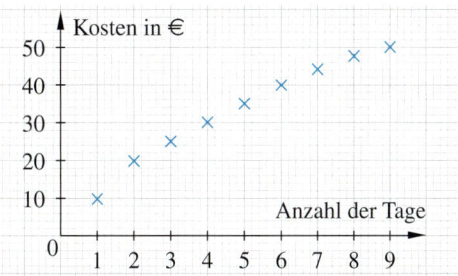

a)

Tage	2	4	6	7
Kosten (in €)				

b)

Tage				
Kosten (in €)	10	30	48	50

2 Handelt es sich bei den Beispielen aus dem
Autorennen der „Formel 1" um steigende oder
fallende Zuordnungen. Begründe.
a) *Anzahl der Runden → gefahrene Strecke*
b) *Platzierung im Rennen → Punkte*
c) *Geschwindigkeit → Rundenzeit*
d) *Rundenzeit im Qualifying → Platz in der
   Startaufstellung*

4 Das Diagramm zeigt den Zusammenhang
zwischen Volumen und Füllhöhe einer Vase.

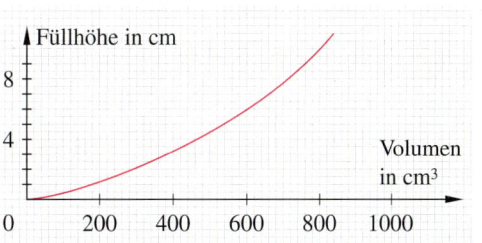

a) Ergänze die fehlenden Werte im Heft.

Volumen (in cm³)	200	400	600	800
Füllhöhe (in cm)				

b) Ist die Zuordnung fallend oder steigend?
   Begründet.
c) Überlegt zu zweit, welche Form die Vase
   haben könnte. Begründet.

ZU AUFGABE **4**

①

②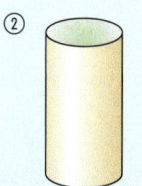

③

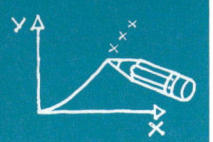

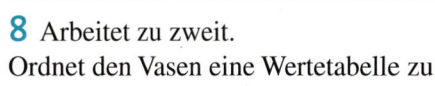

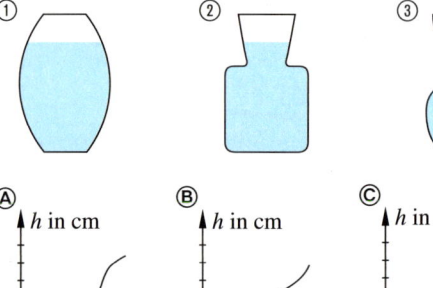

5 Die Tabelle zeigt die durchschnittlichen Monatstemperaturen in Aachen.
Zeichne ein Temperaturdiagramm.

Monat	Jan	Feb	Mär	Apr	Mai	Jun
Temperatur (in °C)	4,5	7,4	9,7	12,9	20,5	22,7

Monat	Jul	Aug	Sep	Okt	Nov	Dez
Temperatur (in °C)	22,0	23,8	17,6	11,7	4,9	4,4

5 Was meinst du dazu? Begründe.
a) Bei Zuordnungen werden die Werte der zugeordneten Größe immer größer.
b) Handynummern sind eine Zuordnung.
c) In der Punktetabelle der Bundesjugendspiele findet man Zuordnungen.
d) Hinter jeder Währungstabelle verbirgt sich eine Zuordnung.

6 Schuhgrößen
a) Stelle die Zuordnung *Fußlänge → Schuhgröße* in einer Tabelle dar (von 20 bis 30 cm Fußlänge).
b) Berechne deine Schuhgröße. Stimmt sie mit deiner tatsächlichen Schuhgröße überein?

> **Berechnung der Schuhgröße**
> Zur exakten in cm gemessenen Fußlänge werden 1,5 cm addiert. Die Summe wird dann mit 1,5 multipliziert.

6 Arbeite mit einer Tabelle.
a) Welche Schuhgröße entspricht einer Fußlänge von 25,5 cm?
b) Der Amerikaner Matthew McGrory hält mit Schuhgröße 63 bislang den Weltrekord. Wie lang sind seine Füße?

7 Mit einer Kerze, die gleichmäßig Wachs verbrennt, kann man Zeitspannen messen. Die Kerze wurde jeweils im Abstand von 30 Minuten fotografiert.

a) Miss die Kerzenlängen und notiere sie zusammen mit der Brenndauer in einer Tabelle.
b) Gib die Wortvorschrift der Zuordnung an.
c) Stelle die Zuordnung im Koordinatensystem dar.
   Kannst du vorhersagen, wann die Kerze heruntergebrannt sein wird? Begründe.

8 Arbeitet zu zweit.
Ordnet den Vasen eine Wertetabelle zu.

Ⓐ
Füllmenge (in ml)	0	100	200	300	400	500
Füllhöhe (in cm)	0	3	7	12	18	23

Ⓑ
Füllmenge (in ml)	0	100	200	300	400	500
Füllhöhe (in cm)	0	5	10	15	20	25

Ⓒ
Füllmenge (in ml)	0	100	200	300	400	500
Füllhöhe (in cm)	0	6	11	15	18	20

8 Drei Vasen wurden mit Wasser gefüllt.
Ordne den Vasen jeweils das richtige Diagramm zu.

Proportionale Zuordnungen und Dreisatz

Entdecken

1 Für den folgenden Versuch benötigt ihr
eine Brief- oder Haushaltswaage und Schokolinsen.
Wie kann man die Anzahl der Schokolinsen
in einer Packung ermitteln, ohne alle Schokolinsen abzuzählen?

a) Entwickelt ein Verfahren, wie man mithilfe
   der Waage die Anzahl der Schokolinsen
   in der Tüte möglichst genau ermitteln kann.
b) Berechnet mithilfe des entwickelten
   Verfahrens die Anzahl der Schokolinsen
   in der Verpackung und vergleicht eure
   Ergebnisse mit denen eurer Mitschüler.

2 Arbeitet zu zweit.
Familie Hansen möchte ihren Urlaub in London verbringen.
In Großbritannien bezahlt man mit britischen Pfund (£).
1 £ hat zurzeit einen Wert von 1,20 €.
Um beim Einkaufen schneller umrechnen zu können, hilft eine Umrechnungstabelle:

£	1	2	3	4	5	6	7	8	9	10	11	12	13	14
€	1,20				6,00									

a) Übertragt die Tabelle in euer Heft und vervollständigt sie.
b) Wie könnt ihr mithilfe des Graphen die Werte für 3,5 £; 8,5 £
   und 0,5 £ bestimmen?
   Erklärt euch gegenseitig, wie ihr dabei vorgeht.
   Wählt gemeinsam vier weitere Werte aus und rechnet in Euro um.

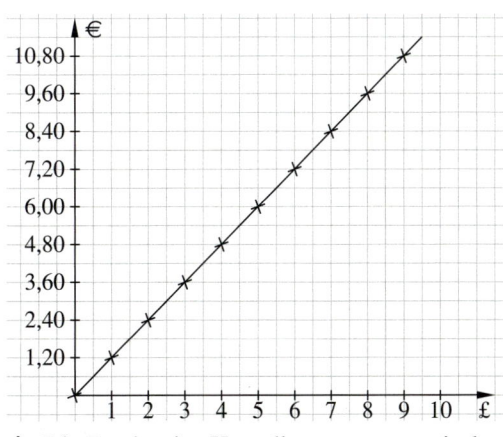

c) Die Punkte im Koordinatensystem sind verbunden. Begründet, warum das in diesem Fall
   möglich ist.
d) Eine Jeanshose kostet in England 52 £. Gib den Preis in Euro an.
e) Gebt die folgenden Beträge in Euro an: 60 £; 36 £; 108 £; 264 £.
   Erklärt, wie ihr vorgegangen seid. Vergleicht eure Ergebnisse.

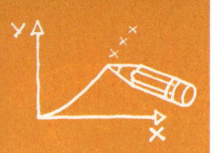
Verstehen

Natascha hat ihren Handy-Provider gewechselt. Sie hat jetzt einen Prepaid-Tarif und zahlt 15 Cent pro Minute für Telefonate in alle Handy-Netze und ins Festnetz.
Um eine übersichtliche Zeit-Kosten-Zuordnung zu erhalten, hat sie für sich eine Tabelle erstellt. In der Tabelle hat sie den *Kosten für das Telefonieren* die *Zeit* zugeordnet.

Kosten (in €)	0,15	0,30	0,45	0,60	0,75	0,90	1,05	1,20	1,35	1,50
Zeit (in min)	1	2	3	4	5	6	7	8	9	10

Merke Jedes Wertepaar der Tabelle bildet einen gleichwertigen Bruch:
$\frac{0,15}{1} = \frac{0,30}{2} = \frac{0,45}{3} = \frac{0,60}{4} = 0,15$. Da alle Quotienten gleich sind, nennt man die Wertepaare bei einer **proportionalen Zuordnung quotientengleich**.

Die Werte aus der Tabelle lassen sich im Koordinatensystem durch einen **Strahl**, der im Nullpunkt $(0|0)$ beginnt, darstellen.

Man sagt, Kosten und Zeit sind zueinander proportional. Eine proportionale Zuordnung liegt vor, wenn gilt:
– Zum Doppelten (Dreifachen usw.) der einen Größe gehört das Doppelte (Dreifache usw.) der anderen Größe.
– Zur Hälfte (zum Drittel usw.) der einen Größe gehört die Hälfte (das Drittel usw.) der anderen Größe.

Natascha berechnet ihre Kosten für das Versenden von SMS für den Monat Mai.
Im Monat April hatte sie 16 SMS versendet. Auf ihrer Rechnung stand für die 16 SMS ein Betrag von 2,88 €. Im Monat Mai hat sie 10 SMS mehr verschickt als im April.
Welcher Betrag wird auf ihrer Rechnung für den Monat Mai stehen?

HINWEIS
Die gesuchte Größe steht rechts in der Tabelle.

① Einander zugeordnete Größen erkennen:
   16 SMS kosten 2,88 €
② Berechnen der Einheit (1 SMS):
   1 SMS kostet = 0,18 €.
③ Berechnen der gesuchten Größe:
   26 SMS kosten 0,18 € · 26 = 4,68 €.
   Natascha bezahlt im Mai 4,68 € für SMS.

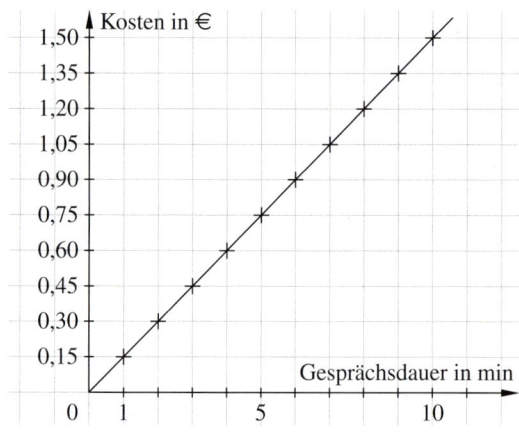

SMS (Anzahl)	Kosten (€)
16	2,88
1	$\frac{2,88}{16} = 0,18$
26	0,18 · 26 = 4,68

Merke Bei einer proportionalen Zuordnung kann die gesuchte Größe nach dem **Dreisatzschema** berechnet werden:
① Einander zugeordnete Größen aufschreiben
② Einheit berechnen (Division)
③ Gesuchte Größe berechnen (Multiplikation)

Üben und anwenden

1 Welche der folgenden Zuordnungen können proportional sein? Begründe.
a) *Alter → Körpergröße*
b) *Anzahl der Eiskugeln → Preis*
c) *Seitenlänge eines Quadrats → Umfang*
d) *Kantenlänge eines Würfels → Volumen*

1 Unter welchen Bedingungen sind die Zuordnungen proportional?
a) *Größe der Pizza → Preis*
b) *Anzahl der Bananen → Gewicht*
c) *Zeit im Internet → Kosten*
d) *Anzahl der Bäume → Waldgröße*

2 Prüfe, ob folgende Zuordnungen proportional sein können. Begründe.
a) Fünf Eintrittskarten kosten 40 €, zehn kosten 80 €.
b) 3 kg Äpfel kosten 6 €. 9 kg kosten 18 €.
c) Eine CD-ROM kostet 49 Cent. Zehn CD-ROMs werden für 4,95 € verkauft.
d) Ein Autofahrer fährt in einer Stunde 96 km. In einer halben Stunde fährt er 48 km.
e) Aus 10 kg (2 kg) Beeren kann man 5 l (1,5 l) Johannisbeersaft gewinnen.

2 Angebote für losen Tee:

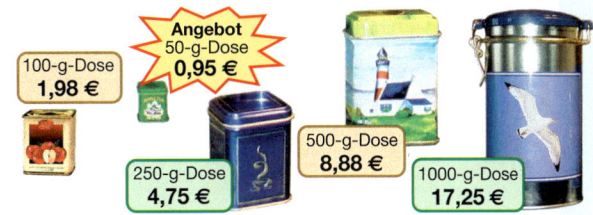

a) Ist die Zuordnung *Teemenge → Preis* proportional? Begründe.
b) Verändere die Preise so, dass eine proportionale Zuordnung vorliegt.

3 Übertrage ins Heft und ergänze die Tabellen so, dass eine proportionale Zuordnung entsteht.

a)

kg	1	2	3	4	5	6
€	1,90	3,80				

b)

Anzahl	1	2	3	4	5	6
€	2,30	4,60				

c)

€	1	2	3	6	10	12
Anzahl	3	6				

3 Übertrage ins Heft und ergänze die Tabellen so, dass eine proportionale Zuordnung entsteht.

a)

Füllmenge (l)	1	5	10	20	30
Preis (€)			12		

b)

Zeit (h)	1	4	7	8	10
Lohn (€)				248	

c)

Anzahl	1	2	3	4	5
Preis (€)				2,20	

NACHGEDACHT
Denke dir zu den Tabellen in Aufgabe 3 jeweils eine passende Situation aus.

4 Übertrage die folgenden Koordinatensysteme in dein Heft.
Ergänze sie um mindestens drei Punkte, sodass eine proportionale Zuordnung entsteht.

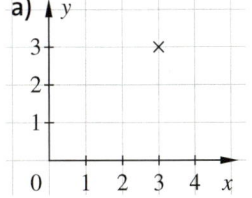
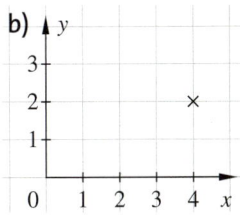
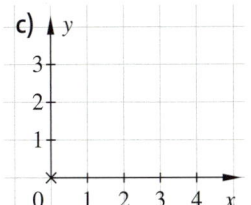
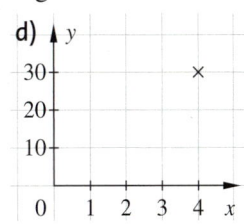

5 Beachte das Bild in der Randspalte. Ist die Zuordnung *Anzahl der Brötchen → Preis* proportional?
Beschreibe, wie du bei der Beantwortung der Frage vorgegangen bist.

5 Ergänze die Aussagen für proportionale Zuordnungen.
a) Verdoppelung des einen Wertes führt zu …
b) Jeder Graph ist …
c) Ich prüfe auf Proportionalität, indem …

6 Übertrage die Tabellen in dein Heft und vervollständige sie.
Die Zuordnungen sind proportional.

a)

Gewicht (in kg)	Preis (in €)
2	4
1	2
5	

b)

Anzahl	Preis (in €)
3	4,50
1	
10	

c)

Länge (in m)	Preis (in €)
3	24
1	
5	

6 Übertrage die Tabellen in dein Heft und ergänze sie. Die Zuordnungen sind proportional.

a)

Fahrstrecke (in km)	Verbrauch (in l)
100	8
1	
750	

b)

Anzahl	Masse (in g)
7	245
1	
5	

c)

Fahrdauer (in h)	Strecke (in km)
$\frac{1}{2}$	46
1	
$2\frac{1}{2}$	

7 Berechne. Erkläre jeweils, wie du vorgegangen bist.
a) Ein Heft kostet 0,24 €.
Wie viel kosten acht Hefte?
b) Eine Tube Klebstoff kostet 1,53 €.
Wie viel kosten drei Tuben?
c) Eine Packung Bleitstifte kostet 1,75 €.
Wie viel kosten drei Packungen? Wie viele Packungen bekommt man für 7 €?
d) Ein Radiergummi kostet 0,89 €.
Wie viel kosten zehn (fünf) Radiergummis?

7 Übertrage die Tabelle in dein Heft und ergänze so, dass eine proportionale Zuordnung vorliegt. Erkläre dein Vorgehen.

a)

x	2	4	10	14	20
y	3,50				

b)

x	4	5	9	13	14
y	9	11,25			

c)

x	3	7	10	13	14
y		$16\frac{1}{3}$	$23\frac{1}{3}$		

8 Eine Fabrik stellt in drei Stunden 105 Volleybälle her. Wie viele Bälle werden in fünf Stunden, acht Stunden und zehn Stunden hergestellt?
a) Löse mithilfe einer grafischen Darstellung.
b) Überprüfe mit dem Dreisatz.
c) Ist die Zuordnung fallend oder steigend? Begründe.

RÜCKBLICK
Überschlage zunächst und achte beim Rechnen auf die Klammern.
a) 100
− (12,909 − 12,8)
+ 34,785
b) 546,67
− 18,563
− (234,8 − 34,34)
c) 67,3475
− 26,076
− (25 − 0,009)

9 Arbeitet zu zweit.
Gebt Beispiele aus dem Alltag an und entscheidet jeweils, ob es sich um eine proportionale Zuordnung handelt.
Begründet eure Entscheidung.
a) Je größer …, desto größer …
b) Je größer …, desto kleiner …
c) Verdoppelt sich …, so verdoppelt sich … .
d) Halbiert sich …, so verdoppelt sich … .
e) Finde weitere Beispiele: je höher …; je schneller …; usw.

9 Formuliere selbst Aufgaben, die mit dem Dreisatz gelöst werden können. Stellt sie euch gegenseitig.

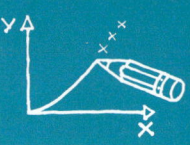

Antiproportionale Zuordnungen und Dreisatz

Entdecken

1 In die 7 a gehen 23 Schülerinnen und Schüler. Ihr Klassenraum soll gestrichen werden. Die Klassenlehrerin meint, dass sie ungefähr 12 Stunden benötigt, wenn sie den Raum alleine streicht.

a) Erstelle für die Zuordnung *Anzahl* der *Personen* → *Zeit* eine Wertetabelle.
b) Unter welchen Voraussetzungen hat deine Tabelle aus Aufgabenteil a) nur Gültigkeit?
c) Stelle die Zuordnung grafisch dar. Dürfen die Punkte miteinander verbunden werden? Begründe.
d) Wie stehst du zu dem Vorschlag, dass die ganze Klasse beim Streichen helfen sollte?

2 Züge erreichen immer höhere Geschwindigkeiten und ermöglichen dadurch immer kürzere Reisezeiten.
Für die 80 km lange Strecke von Dortmund nach Düsseldorf benötigt ein Zug, der mit einer durchschnittlichen Geschwindigkeit von 80 $\frac{km}{h}$ fährt, eine Stunde.

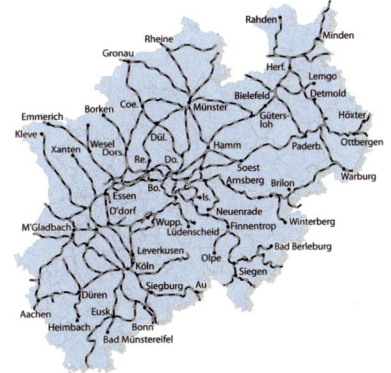

a) Die Tabelle zeigt den Zusammenhang zwischen der Geschwindigkeit des Zuges und der benötigten Zeit für die Strecke von Dortmund nach Düsseldorf. Vervollständige.

Geschwindigkeit (in $\frac{km}{h}$)	80	10	40	120	160	240	300
Zeit (in min)	60	480					

b) Hochgeschwindigkeitszüge fahren mit einer Geschwindigkeit von bis zu 300 $\frac{km}{h}$, Flugzeuge verbinden Städte mit einer Geschwindigkeit von ca. 800 $\frac{km}{h}$.
Der Transrapid, eine Magnetschwebebahn, erreicht Geschwindigkeiten bis zu 500 $\frac{km}{h}$.
Stimmst du für oder gegen den Bau einer Transrapid-Trasse zwischen Dortmund und Düsseldorf (Hamburg und Berlin; Entfernung ca. 300 km)? Begründe.

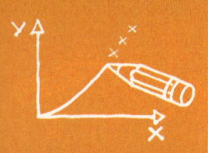

Verstehen

Bei einem Schulfest der Franziskus-Mayer-Schule wurde ein Gewinn von 600 € erzielt. Dieser Gewinn soll gespendet werden. Die Schülervertretung überlegt, wie viel Geld für einzelne Projekte zur Verfügung steht, wenn das Geld an mehrere Projekte gleichmäßig gespendet wird.

Beispiel 1

Die Schülervertretung erstellt eine Tabelle:

Anzahl der Projekte	1	2	3	4	5	6
Geld pro Projekt (in €)	600	300	200	150	120	100

Jedes Wertepaar der Tabelle hat das gleiche Produkt: $1 \cdot 600 = 2 \cdot 300 = 3 \cdot 200 = ... = 600$. Da alle Produkte gleich sind, nennt man die Wertepaare **produktgleich**.

Die Werte aus der Tabelle lassen sich in einem Koordinatensystem darstellen.

Steigt die Anzahl der Projekte, dann *verringert* sich das Geld pro Projekt.
Die beiden Größen *Anzahl der Projekte* und *Geld pro Projekt* ändern sich im **umgekehrten** Maß. Man sagt, die Größen sind **antiproportional** zueinander.

ERINNERE DICH
*Bei einer proportionalen Zuordnung ändern sich die beiden Größen im **selben** Maß.*

Eine antiproportionale Zuordnung liegt vor, wenn gilt:
– Zum Doppelten (Dreifachen, Vierfachen usw.) der einen Größe gehört die Hälfte (das Drittel, das Viertel usw.) der anderen Größe.
– Zur Hälfte (zum Drittel, Viertel usw.) der einen Größe gehört das Doppelte (das Dreifache, das Vierfache usw.) der anderen Größe.

> **Merke** Bei einer **antiproportionalen Zuordnung** ändern sich die einander zugeordneten Größen im umgekehrten Maß. Die Wertepaare sind **produktgleich**.
> Bei der grafischen Darstellung einer antiproportionalen Zuordnung liegen alle Punkte auf einer fallenden Kurve. Diese Art einer Kurve nennt man **Hyperbel**.

Beispiel 2

Die Schülervertretung möchte gern insgesamt acht Projekte unterstüzen.

HINWEIS
Die gesuchte Größe steht rechts in der Tabelle.

① Einander zugeordnete Größen erkennen:
   6 Projekte erhalten jeweils 100 €.
② Berechnen der Einheit:
   1 Projekt erhält 600 €.
③ Berechnen der gesuchten Größe:
   8 Projekte erhalten jeweils 75 €.

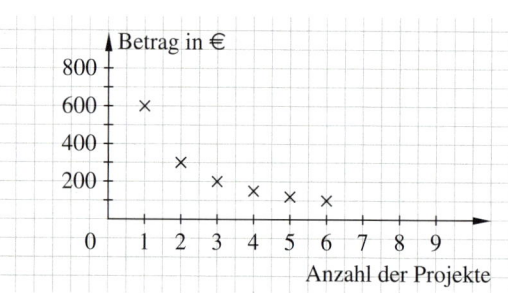

ERINNERE DICH
Bei proportionalen Zuordnungen sind die Rechenoperationen für beide Größen gleich.

> **Merke** Auch bei einer antiproportionalen Zuordnung kann die gesuchte Größe nach dem **Dreisatzschema** berechnet werden.
> Dabei ist die Rechenoperation für die gesuchte Größe jeweils die Umkehroperation zur Rechenoperation der ersten Größe: Wird bei einer Größe multipliziert, so wird bei der anderen Größe dividiert und umgekehrt.

Üben und anwenden

1 Entscheide, ob eine antiporportionale Zuordnung vorliegen kann.
a) Je größer die Fluggeschwindigkeit, desto geringer die Flugzeit.
b) Je mehr Helfer bei der Ernte, desto schneller ist das Feld abgeerntet.
c) Je kürzer der Tag, desto länger die Nacht.
d) Je mehr Essensteilnehmer, um so kleiner die Portionen.
e) Je mehr Angler am Teich sitzen, um so weniger Fische fängt jeder.

1 Welche Zuordnungen können antiproportional sein? Begründe und gib gegebenenfalls notwendige Bedingungen an.
a) *Futtermenge → Anzahl der Tiere, die davon ernährt werden können*
b) *Anzahl der Teilnehmer an einem Wettkampf → Anzahl der Medaillen*
c) *Anzahl der Ampeln in einer Stadt → Anzahl der Unfälle*
d) *Geschwindigkeit beim Durchfahren eines Tunnels → Durchfahrzeit*

2 Überprüfe, ob folgende Zuordnungen antiproportional sind. Begründe deine Antwort.

a)
x	1	2	3	4	5
y	60	30	20	15	12

b)
x	1	2	3	4	5
y	60	50	40	30	20

c)
x	0	1	2	3	4
y	15	11	8	6	5

2 Übertrage die Tabellen in dein Heft und ergänze zu einer antiproportionalen Zuordnung.

a)
x	1	2	3	4	5
y	36	18			

b)
x	1	2	3	4	5
y	60				

c)
x	1	2	4	5	8
y				16	

3 Ein Flughafen wird ausgebaut.

Setzt man sechs Walzen an den Landebahnen ein, können die Arbeiten in 30 Tagen abgeschlossen sein.

a) Die Landebahn kann mit weniger Walzen erst später fertig werden.
Ergänze die Tabelle im Heft.

Anzahl der Walzen	6	3	2	1	5	4
Anzahl der Tage	30					

b) Gibt es so viele Walzen, dass die Landebahn in 0 Stunden fertig werden kann?

3 Je höher der Benzinverbrauch, desto kürzer die Fahrstrecke mit einer Tankfüllung.

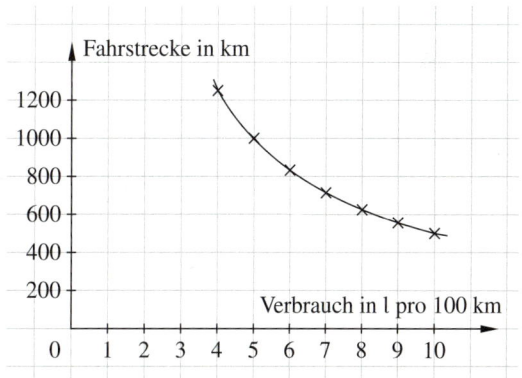

Erstelle eine Wertetabelle und überprüfe, ob die Zuordnung *Verbrauch → Streckenlänge* antiproportional ist.

4 Ist die Zuordnung antiproportional? Prüfe, ob die Wertepaare produktgleich sind. Berichtige gegebenenfalls.

x	1	2	3	4	5	6
y	30	15	10	6	5	5
x · y						

4 Sind die Zuordnungen antiproportional?

a)
x	1	2	3	4	5
y	180	90	60	45	36

b)
x	1	2	3	4	5
y	50	25	$16\frac{2}{3}$	12,5	10

RÜCKBLICK
Wandle in die größte der gegebenen Einheiten um und berechne.

a) 2 t 500 kg
  + 106 t 34 kg
  − 35 t 67 kg
b) 33 km 700 m
  − 21 km 44 m
  + 3 456 m
c) 24 g 105 mg
  + 17 g 22 mg
  + 29 g 934 mg

5 Vervollständige die Tabellen in deinem Heft. Die Zuordnungen sind antiproportional.

a)

Anzahl der Lkws	Zeit (in h)
1	220
4	

b)

Zeit (in h)	Anzahl der Lkws
4	3
1	

c)

Anzahl der Arbeiter	Zeit (in h)
5	8
1	

d)

Zeit (in h)	Anzahl der Arbeiter
8	2
1	
4	

5 Übertrage die Tabellen in dein Heft und vervollständige sie so, dass eine antiproportionale Zuordnung vorliegt.
Kannst du die Tabellen ergänzen, ohne zunächst die Einheit zu berechnen? Begründe.

a)

x	2	4	6	16	24
y	96				

b)

x	1	4	5	8	10
y		$2\frac{1}{2}$			

c)

x	$1\frac{1}{4}$	$2\frac{1}{2}$	5	10	50
y			20		

d)

x	$\frac{1}{4}$	$\frac{3}{4}$	$1\frac{1}{2}$	3	6
y					3

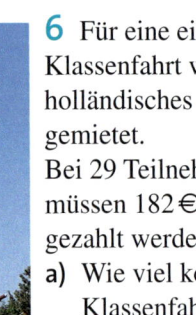

6 Für eine einwöchige Klassenfahrt wird ein holländisches Segelschiff gemietet.
Bei 29 Teilnehmern müssen 182 € pro Person gezahlt werden.
a) Wie viel kostet die Klassenfahrt insgesamt?
b) Wie verändert sich der Preis pro Person, wenn nur 24 Schülerinnen und Schüler sowie ein Lehrer den Mietpreis aufbringen müssen?
Berechne mithilfe des Dreisatzschemas.

6 In den Parallelklassen 7 a und 7 b sind zusammen 56 Schülerinnen und Schüler. Sie planen gemeinsam eine Fahrt mit dem Bus. Die Klassenlehrer holen dazu folgende Angebote ein:

1. Angebot	2240 €
2. Angebot	2380 €
3. Angebot	2100 €

a) Berechne den Fahrpreis pro Person für jedes Angebot.
b) Wie verändert sich der Fahrpreis pro Person bei jedem Angebot, wenn 6 Teilnehmer ausfallen, sodass nur noch 50 Schülerinnen und Schüler mitfahren?

7 Der Fußboden eines Zimmers soll mit Teppichboden ausgelegt werden. Wählt man Teppichboden von 2 m Breite, braucht man 22,5 m. Wie viel Meter braucht man, wenn der Teppichboden nur 1,5 m breit ist und zerschnitten werden darf?

7 Frau Hansen möchte in ihrem Haus eine Wand mit Holz verkleiden.
Dazu benötigt sie insgesamt 28 Bretter mit einer Breite von 15 cm. Im Baumarkt gibt es nur 21 cm breite Bretter.
Wie viele Bretter benötigt sie davon?

8 Bauunternehmer Reichelt plant für den Ausbau einer Straße die Arbeitszeit: 18 Arbeiter brauchen 30 Tage.
Zu Beginn des Ausbaus werden 3 Arbeiter auf einer anderen Baustelle gebraucht. Wie viel Zeit benötigen die verbleibenden Arbeiter?

8 Um Bauschutt von einer Baustelle abzufahren, müssen 8 Lkws fünfmal fahren. Wie oft müssen 5 Lkws bei gleicher Ladung fahren?
Wie oft müssen 5 Lkws fahren, die doppelt so viel Bauschutt transportieren können?

Methode: Zuordnungen untersuchen

Um bei einer Zuordnung Werte zu berechnen, musst du zuerst prüfen, welche Art von Zuordnung für die vorgegebene Aufgabe vorliegt.

Wenn mehrere Wertepaare gegeben sind, wird zuerst geprüft, ob es sich um eine steigende oder eine fallende Zuordnung handelt. Das weitere Verfahren kannst du dem Diagramm entnehmen.

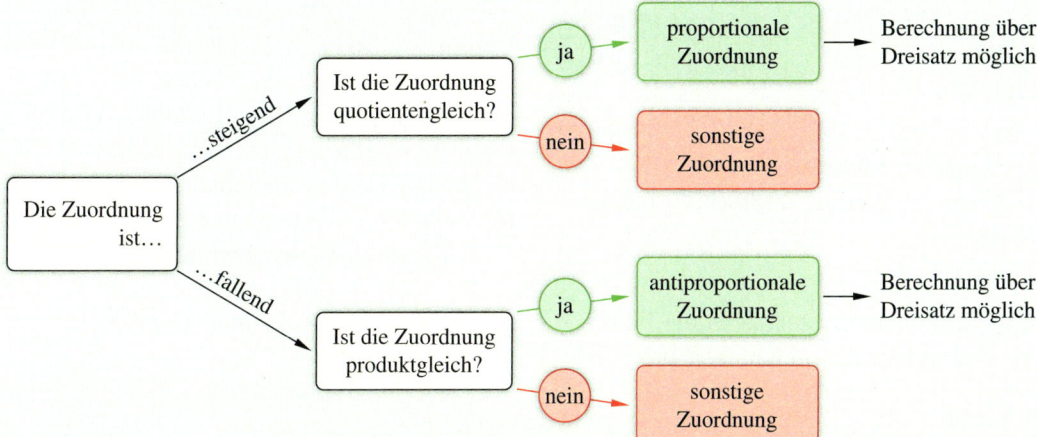

Arbeitet zu zweit. Untersucht die folgenden Aufgaben und prüft, ob es sich um eine proportionale Zuordnung, eine antiproportionale Zuordnung oder eine sonstige Zuordnung handelt.

1 In der Aula wird eine Theateraufführung veranstaltet. Dazu sollen insgesamt 300 Stühle aufgestellt werden.
Der Hausmeister kann folgende Anordnungen wählen:

Anzahl der Reihen	Anzahl der Stühle pro Reihe
30	10
15	20
10	30

3 Eine Libelle kann bei einer Geschwindigkeit von $30 \frac{km}{h}$ eine Strecke in 6 s überwinden.
Ein Wolf schafft sie mit $60 \frac{km}{h}$ in 3 s.
Ein Gepard läuft sie mit $120 \frac{km}{h}$ in 1,5 s.

2 Im Supermarkt
a) Acht Kiwis kosten 2,80 €.

Preis in €	1,40	0,70	0,35
Anzahl	4	2	1

b) Vier Honigmelonen kosten 10,36 €.

Preis in €	7,77	5,18	2,59
Anzahl	3	2	1

c) 2,5 kg Kartoffeln kosten 1,45 €.

Preis in €	5	7,5	25
Kilogramm	2,78	3,98	12,98

4 Julians Vater hat jedes Jahr gemessen, wie groß Julian an seinem Geburtstag war.
Die Messergebnisse hat er in einem Diagramm notiert.

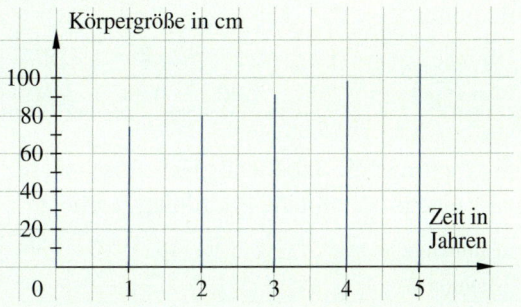

ZUM WEITERARBEITEN
Ergänze weitere Wertepaare, falls eine porportionale oder eine antiproportionale Zuordnung vorliegt.

51

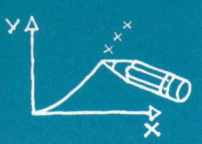

Klar so weit?

→ Seite 40

Zuordnungen erkennen und beschreiben

1 Stefanie hat eine Woche lang jeden Tag um 14 Uhr die Temperatur gemessen.

Tag	10.6.	11.6.	12.6.	13.6.	14.6.	15.6.	16.6.
Temperatur (in °C)	25	23	22	18	17	19	23

a) Welche Größen sind einander zugeordnet?
b) Zeichne ein Säulendiagramm.
c) Zeichne die Wertepaare in ein Koordinatensystem.

1 Frau Rastinowski hat sich in einem Reisebüro über Flugpreise für eine Wochenendreise informiert:

Dublin: 269 €   Rom: 245 €
Madrid: 199 €   Wien: 187 €
Venedig: 289 €   London: 175 €
Paris: 186 €   Amsterdam: 215 €

a) Welche Größen sind einander zugeordnet?
b) Stelle die Zuordnung in einer Tabelle dar.
c) Zeichne ein Säulendiagramm.

2 Das Koordinatensystem zeigt die Fieberkurve eines Patienten im Krankenhaus.

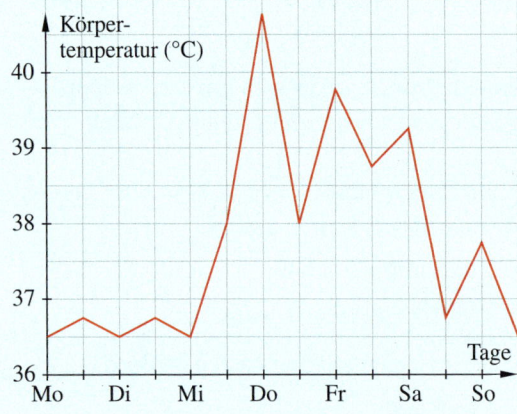

a) Welche Größen sind einander zugeordnet?
b) Lies jeweils die Körpertemperaturen an jedem Tag ab.
c) Erstelle eine Wertetabelle.
d) An welchen Tagen hat der Patient eine höhere Temperatur als 37 °C?

2 Die Vase wird gleichmäßig mit Wasser gefüllt. Welchen Füllgraphen erwartest du für die Zuordnung *Füllmenge → Füllhöhe*?

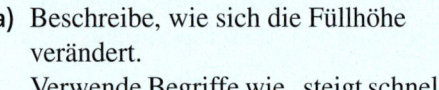

a) Beschreibe, wie sich die Füllhöhe verändert.
Verwende Begriffe wie „steigt schneller an" oder „steigt langsamer an".
b) Überprüfe für beide Graphen, ob er zu der abgebildeten Vase passen kann. Begründe.

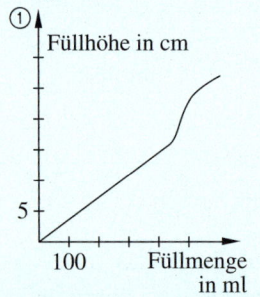

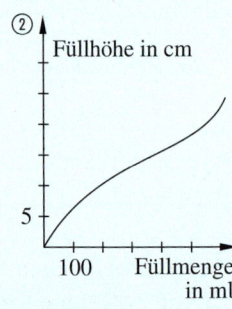

→ Seite 44

Proportionale Zuordnungen und Dreisatz

3 Ist die Zuordnung proportional? Begründe.

Anzahl	1	2	4	8
Preis (in €)	1,20	2,40	4,80	9,60

3 Ist die Zuordnung proportional? Begründe.

Anzahl	5	8	20	3	11	17
Preis (in €)	30	48	120	18	66	102

4 Übertrage die Tabelle ins Heft. Ergänze so, dass eine proportionale Zuordnung vorliegt.

Füllmenge (in l)	1	5	10	20	30
Preis (in €)	2,5				

4 Übertrage die Tabelle ins Heft. Ergänze so, dass eine proportionale Zuordnung vorliegt.

Füllmenge (in l)	1	5	10	20	30
Preis (in €)			13,20		

5 Kartoffelpreise

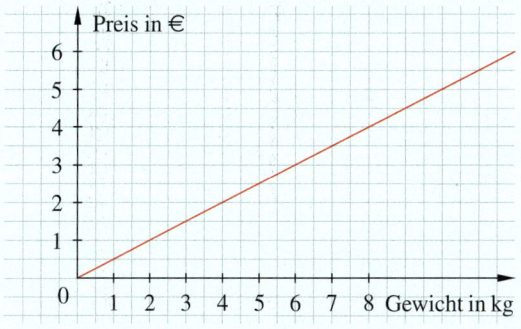

a) Wie teuer sind 2,5 kg Kartoffeln?
   Wie teuer sind 10 kg Kartoffeln?
b) Wie viel kg Kartoffeln kann man für 2 €
   kaufen?
   Wie viel kg Kartoffeln kann man für
   3,50 € kaufen?
c) Stelle eine Zuordnungstabelle für zehn
   Wertepaare auf.

5 Flugdauer

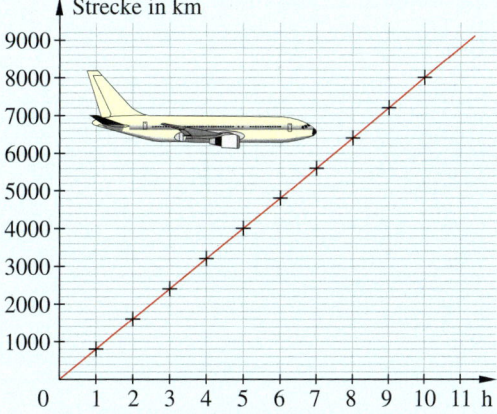

a) Begründe, warum die Zuordnung
   Flugdauer → Strecke proportional ist.
b) Wie viel km legt das Flugzeug in 6 Stunden (3,5 Stunden) zurück?
c) Gib die Dauer für 2 000 km (7 200 km) an.

Antiproportionale Zuordnungen und Dreisatz

→ Seite 48

6 Ist die Zuordnung antiproportional?
Ersetze x und y durch Größen und begründe.

x	1	2	3	4	5
y	24	12	8	6	4

6 Ändere Werte, sodass die Zuordnung antiproportional wird. Gib für x und y Größen an.

x	1	2	3	4	5
y	60	30	20	15	10

7 Ergänze die Tabelle im Heft so, dass eine
antiproportionale Zuordnung vorliegt.

x	1	2	3	4	5
y	1 200				

7 Ergänze die Tabelle im Heft so, dass eine
antiproportionale Zuordnung vorliegt.

x	1	2	3	4	5
y	$\frac{1}{2}$				

8 Ein Springbrunnen wirft in sechs Minuten
48 Liter Wasser aus.
Wie viel Liter Wasser sind es in 13 Minuten?

8 Ein Handwerker berechnet für 8 Arbeitsstunden 336 € Lohnkosten.
Wie teuer sind 17 (28) Arbeitsstunden?

9 Tippgemeinschaften bekommen ihren Lottogewinn gemeinsam ausgezahlt.
Die Gewinnsumme einer Tippgemeinschaft
beträgt 18 144 €.
Ergänze die Tabelle in deinem Heft.

Anzahl der Mitglieder	4	7	9	15
Gewinn pro Mitglied (in €)				

10 Ein Lexikon besteht aus 20 Bänden mit
jeweils 1 000 Seiten.
Wie viele Bände sind für den gleichen Inhalt
erforderlich, wenn jeder Band 800 Seiten hat?

10 Die Ballonfahrer Piccard und Jones um-
rundeten 1999 die Erde in 20 Tagen mit einer
Durchschnittsgeschwindigkeit von 97 $\frac{km}{h}$.
Wie lange benötigt ein Flugzeug mit 900 $\frac{km}{h}$?

Vermischte Übungen

1 Stelle fest, welche der Zuordnungen proportional sind. Begründe.

a)

x	1	2	6	9	10
y	90	45	15	10	9

b)

x	1	2	3	4	5
y	4	8	12	16	20

c)

x	2	1	5	8	10
y	40	80	16	10	8

d)

x	3	1	7	4	10
y	9	3	21	12	30

1 Ergänze die Tabellen im Heft, falls die Zuordnung proportional ist. Begründe

a)

x	4	6	8	10	
y	14	21			56

b)

x	2	3	6	8	9
y		2,4	1,2		

c)

x	6	2	8		16
y	180	60		15	

d)

x		60	15	5	12
y	1		2	6	

2 Erstelle eine Zuordnungstabelle, in der man den Preis für eine bis zehn Eintrittskarten ablesen kann.

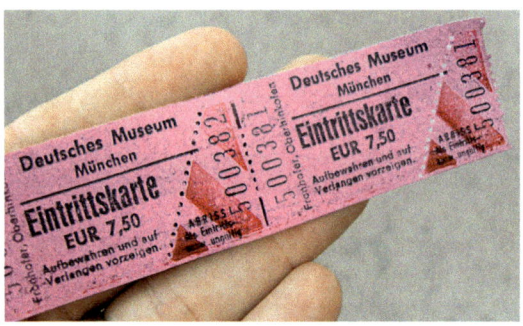

2 Zutaten für Pilzpfannkuchen
Berechne die Mengen, wenn 10 (15; 2; 8; 12) Pfannkuchen gebacken werden sollen.

Für fünf Pfannkuchen brauchst du:
- 4 Eier
- $\frac{1}{8}$ l Milch
- 100 g Mehl
- 500 g Champignons
- eine Zwiebel
- 150 g Schinken

(außerdem Salz, Pfeffer, Butter und Öl).

3 Ordne die folgenden Eigenschaften und Beispiele und erstelle daraus ein Lernplakat zum Thema „Proportionale und antiproportionale Zuordnungen".
Präsentiere dein Lernplakat vor der Klasse.

Punkte auf einer Kurve

Dem Doppelten der Ausgangsgröße wird das Doppelte der zugeordneten Größe zugeordnet.

20 Pflücker benötigen zusammen 8 Stunden, um ein Erdbeerfeld abzuernten.

Dem Doppelten der Ausgangsgröße wird die Hälfte der zugeordneten Größe zugeordnet.

quotientengleich

Strahl durch Ursprung

produktgleich

500 g Erdbeeren kosten 1,95 €.

x	1	2	5
y	10	5	2

x	1	2	5
y	2	4	10

4 Berechne.
a) Fünf Flaschen Saft kosten 3,95 €.
   Wie viel kostet eine Flasche Saft?
b) 1,5 kg Äpfel kosten 2,97 €.
   Wie viel kostet 1 kg Äpfel?
c) 2,5 m Stoff kosten 12,45 €.
   Wie viel kostet 1 m Stoff?
d) 750 g Tomaten kosten 1,35 €.
   Wie viel kosten 100 g?

4 Zu Schuljahresbeginn kauft Familie Becker neue Hefte und Stifte. Wie viel Geld hat jedes der Kinder ausgegeben, wenn 3 Hefte 0,57 € und 5 Stifte 2,75 € kosten?

Name	Anzahl der Hefte	Anzahl der Stifte
Lisa	4	3
Tim	2	4
Nico	5	6

5 Prüfe, ob die Zuordnungen proportional sind. Korrigiere die Werte falls nötig, sodass eine proportionale Zuordnung vorliegt.

a) Zwei Eier kosten 34 Cent.
   Zehn Eier werden für 1,70 € verkauft.
b) 4 Schachteln Pralinen wiegen 500 g.
   20 Schachteln Pralinen sind 2 kg schwer.
c) Ein Inlineskater fährt in einer Stunde 36 km. In den ersten 20 Minuten hat er 15 km geschafft.

5 Welche Zuordnung ist proportional? Begründe deine Antwort.

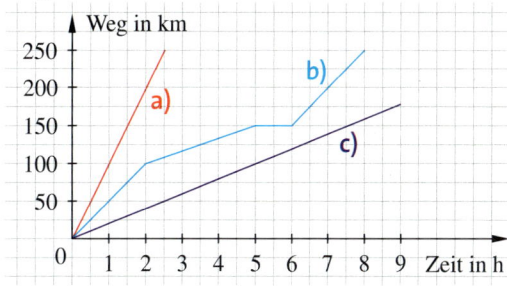

6 Arbeitet zu zweit.

Gebt Beispiele aus dem Alltag an und entscheidet jeweils, um welche Art von Zuordnung es sich handelt. Begründet eure Entscheidung.

a) Je mehr …, desto teurer …
b) Je größer …, desto kleiner …
c) Verdoppelt sich …, so verdoppelt sich … .
d) Viertelt sich …, so vervierfacht sich … .

ZUM WEITERARBEITEN
Findet weitere Beispiele:
je höher …;
je schneller …;
usw.

7 Tee wird zu 1,75 € je 100 g verkauft.

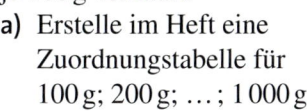

a) Erstelle im Heft eine Zuordnungstabelle für 100 g; 200 g; …; 1000 g.
b) Stelle die Zuordnung in einem Koordinatensystem dar und verbinde die Punkte.
c) Lies die Preise für 150 g; 250 g; …; 950 g im Koordinatensystem ab.
d) Was kosten 2,3 kg Tee? Berechne.

7 An zwei benachbarten Ständen auf einem Markt werden rechteckige Pizzaschnitten vom Blech verkauft.

a) Welche Pizzaschnitte ist preiswerter?
b) Was würde Pizza *Tutti* kosten, wenn sie die Größe von Pizza *Forte* hätte?

Pizza Tutti 9,00 €

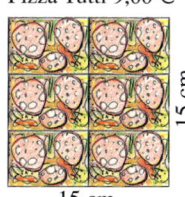

Pizza Forte 9,60 €

8 Ordne den Graphen Ⓐ–Ⓓ einen der Texte ① bis ③ zu. Finde für den übrig gebliebenen Graphen selbst eine Geschichte.

① Zunächst kamen wir sehr gut voran. Aber in Hamm überraschte uns zähfließender Verkehr.

② Matthias lief den ersten Streckenabschnitt recht langsam, setzte dann aber zu einem Spurt an.

③ Kevin rannte los wie die Feuerwehr, bis ihm die Puste ausging und er stehen blieb.

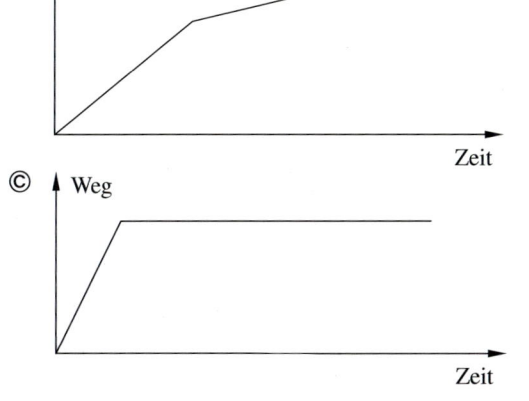

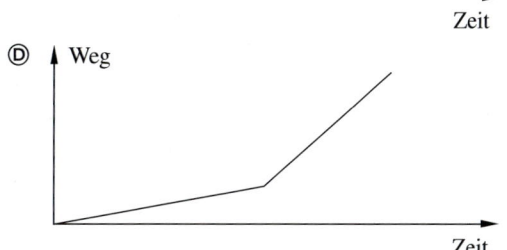

9 Butter wird aus Milch hergestellt.
Hier ist dargestellt, wie viel Milch für die
Herstellung von Butter benötigt wird.

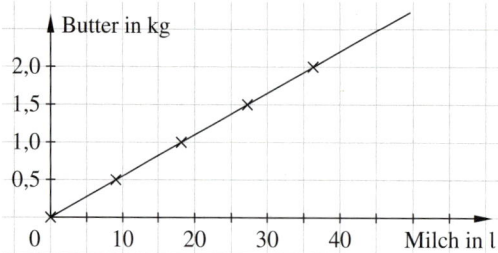

a) Erstelle eine Zuordnungstabelle mit fünf
Wertepaaren.
b) Ist die Zuordnung proportional? Begründe.
c) Wie viel Milch braucht man für die Herstellung von 4 kg Butter?

10 Übertrage und ergänze die Tabelle im Heft.

a)

Fahrtdauer (in min)	Strecke (in km)
30	12
1	
80	

b)

Anzahl	Preis (in €)
25	120
1	
15	

11 Beantworte die Fragen mithilfe des Drei-
satzverfahrens.
a) Eine Gießmaschine in einer Kerzenfabrik
stellt in drei Stunden 30 000 Kerzen her.
Wie viele Kerzen stellt sie in einer Schicht
von acht Stunden her?
b) Eine Eismaschine stellt in drei Stunden
108 000 Portionen her. Wie viel Eis wird in
einer Woche (38 Stunden) hergestellt?
c) Zuckerwattemaschinen können in drei
Stunden 1 110 Portionen herstellen.
Wie viel Portionen Zuckerwatte sind das in
einem Monat (160 Stunden)?

12 In der belgischen Stadt Malmedy wird
jedes Jahr ein Riesenomelett gebacken.
Dabei werden 10 000 Eier verbraucht.
Wie viele Personen können davon essen, wenn
acht Eier für ein Omelett für vier Personen
reichen?

9 Tanja fährt mit dem Fahrrad zur 10 km
entfernten Schule. Ihre Fahrt ist dargestellt.

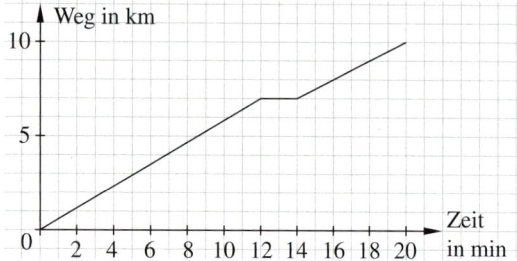

a) Denke dir eine Geschichte aus, die zur
Grafik passt.
b) Wie lange braucht Tanja für den Weg?
c) Verändere die Geschichte und den Graphen, damit die Zuordnung *Zeit* → *Weg*
proportional wird.

10 Jana hat auf der Klassenfahrt Fotos gemacht. Für 36 Abzüge hat sie 2,88 € bezahlt.
Was kosten die Fotos für ihre Mitschüler?

Name	Anzahl der Fotos	Preis in €
Martin	13	
Tim	7	
Hanna	10	
Nils	4	
Leni	14	

11 Familie Hansen
renoviert ihre Woh-
nung. Es werden drei
verschiedene Tapeten
gekauft.

a) Drei Rollen von Tapete A kosten 40,80 €.
Es werden fünf Rollen benötigt.
b) Acht Rollen von Tapete B haben 79,20 €
gekostet. Eine Rolle wird zurückgegeben.
c) Tapete C kostet 6 € mehr als Tapete A.
Es werden sieben Rollen benötigt.
d) Wie viel Geld gibt Familie Hansen insgesamt für die 19 Rollen Tapete aus?

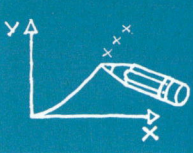

13 Alexander und Kira joggen mit einem Schrittzähler, an dem die gelaufene Strecke in Schritten, in Metern und in Kilometern abgelesen werden kann.

a) Alexander hat eine Schrittweite von 0,75 m eingegeben. Wie viele Meter ergeben sich nach 1 000 (2 000; 3 000) Schritten?

b) Welche Strecke hat Kira nach 1 000 (2 000; 3 000) Schritten zurückgelegt, wenn ihre Schrittweite 0,70 m beträgt?

14 Das Bild zeigt die Kosten für ein Fahrgeschäft auf einer Kirmes.
Für 4 € erhält man vier Chips, für 1,20 € einen Chip.

a) Du erhältst von deinen Eltern 8 € (10 €, 11 €, 12 €).
Wie oft kannst du maximal fahren?

b) Deine Eltern erlauben dir, fünfmal zu fahren. Kannst du sie davon überzeugen, dich öfter fahren zu lassen?

c) Bewerte die Preisgestaltung. Würdest du etwas verbessern?

15 Bei einem Löschfahrzeug der Feuerwehr wird die Spritzdüse so eingestellt, dass pro Minute 100 Liter Wasser durch das Löschrohr strömen. So kann aus dem Wassertank 24 Minuten lang gelöscht werden.
Wie lange reicht der Wasservorrat, wenn die Spritzdüse auf 124 Liter pro Minute eingestellt ist?

13 Am 25. Juli 1909 überflog der Franzose Louis Bleriot als Erster den Ärmelkanal.

Für die Strecke von Calais nach Dover benötigte er mit seinem Flugzeug rund 28 Minuten bei einer Geschwindigkeit von $85 \frac{km}{h}$.
In welcher Zeit würde ein Hubschrauber dieselbe Strecke mit einer Durchschnittsgeschwindigkeit von $160 \frac{km}{h}$ zurücklegen?

14 Alte Elektrogeräte haben oftmals einen hohen Stromverbrauch.

a) Ein alter Kühlschrank hat pro Jahr einen Energieverbrauch von 370 kWh. Dadurch entstehen Stromkosten von 66,60 €. Neugeräte verbrauchen nur 240 kWh. Berechne die Stromkosten für das Neugerät.

b) Wie viel Stromkosten können pro Jahr durch einen neuen Kühlschrank eingespart werden? Finde verschiedene Rechenwege und präsentiere sie.

c) Ein alter Fernseher hat einen Energieverbrauch von 170 kWh, ein neuer Fernseher benötigt lediglich 100 kWh. Wie groß sind die Einsparmöglichkeiten pro Jahr?

d) Recherchiere den Energieverbrauch von fünf Elektrogeräten. Wie hoch sind die jährlichen Energiekosten für die Geräte?

15 Max unternimmt eine Radreise.
Er überlegt, wie er sein Taschengeld so einteilen kann, dass er jeden Tag den gleichen Betrag zur Verfügung hat.
Ist er 12 Tage unterwegs, kann er 11 € pro Tag ausgeben.

a) Wie viel Taschengeld hat Max?

b) Vervollständige die Tabelle im Heft.

Anzahl der Tage	12	10	15	6	8	16
Geld pro Tag (in €)	11					

16 Mogelpackungen

Häufig geht man beim Einkaufen davon aus, dass große Packungen günstiger sind als kleine. Die Tabelle zeigt die Preise für verschiedene Packungsgrößen einiger Produkte.

a) Bei welchen Produkten lassen sich die Preise leicht vergleichen? Begründe.

b) Verändere die Preise für die Groß-packungen, sodass die Zuordnung *Packungsgröße → Preis* proportional ist.

c) Berechne für jedes Produkt die Mehrkosten für die Großpackung.

d) Vergleiche in einem Supermarkt die Preise.

Produkte	Packungsgröße	Preis (in €)
Duschgel	250 ml 2 × 250 ml	1,25 2,65
Lollipop	1 Stück 6 Stück	0,55 3,79
Schokolade	100 g 4 × 100 g	0,75 3,48
Pralinen	200 g 250 g	2,59 3,49
Bonbons	125 g 400 g	0,93 2,99
DVD-Rohlinge	25 Stück 50 Stück	16,99 34,99
Kekse	237 g 310 g	1,80 2,69

HINWEIS
Manchmal müssen in der Tabelle Zwischenwerte bestimmt werden.
Beispiel:
Lena hat 30,5 m weit geworfen. Sie bekommt dafür 400 Punkte.

17 Bundesjugendspiele

Bei den Sommer-Bundesjugendspielen der 11- bis 12-jähigen Mädchen und Jungen wird ein Dreikampf aus 50-m-Lauf, Weitsprung und Schlagballwurf (80 g) durchgeführt. Jede Disziplin wird mit Punkten bewertet, die zur Gesamtpunktzahl zusammengefasst werden.
Die Tabelle zeigt einen Ausschnitt aus den Wettkampflisten der 11- bis 12-Jährigen:

50-m-Lauf																
Zeit in s	10,0	9,9	9,8	9,7	9,6	9,5	9,4	9,3	9,2	9,1	9,0	8,9	8,8	8,7	8,6	8,5
Mädchen	187	194	201	209	217	225	233	241	249	258	267	276	285	294	304	314
Jungen	158	165	172	179	187	194	202	210	218	226	234	243	252	261	270	279

Weitsprung																
Weite in m	2,89	3,01	3,13	3,25	3,37	3,49	3,61	3,73	3,85	3,97	4,09	4,21	4,33	4,45	4,57	4,69
Mädchen	291	308	324	340	356	372	387	402	417	432	446	460	474	488	502	515
Jungen	251	266	282	297	313	327	342	356	370	384	398	411	424	438	450	463

Schlagballwurf																
Weite in m	20	21	22	23	24	25	26	27	28	29	30	31	32	33	34	35
Mädchen	280	292	305	317	329	340	351	363	373	384	395	405	415	425	435	445
Jungen	152	162	171	181	190	200	209	217	226	235	243	251	259	267	275	283

a) Was wird in den Tabellen jeweils einander zugeordnet?

b) Es gibt eine Sieger- oder eine Ehrenurkunde, wenn insgesamt die Mindestpunktzahlen der linken Tabelle erreicht werden.
Betrachte die rechte Tabelle. Wer erhält welche Urkunde?

	Jungen		Mädchen	
Alter	Sieger-urkunde	Ehren-urkunde	Sieger-urkunde	Ehren-urkunde
11	675	875	700	900
12	750	975	775	975

	Anne	Kai	Jana	Deniz
Alter	11	11	12	12
50-m-Lauf	10,0 s	9,5 s	9,7 s	9,0 s
Weitsprung	3,85 m	4,44 m	3,71 m	3,09 m
Ballwurf	32 m	24,5 m	22 m	35,5 m

c) Gib mögliche Ergebnisse an, mit denen ein 11-jähriger Junge (ein 12-jähriges Mädchen) eine Ehrenurkunde erreicht.

d) Leo ist 12 Jahre alt und hat beim 50-m-Lauf 9,2 s gebraucht. Kann er laut Tabelle noch eine Ehrenurkunde erreichen? Begründe.

Zusammenfassung

→ Seite 40

Zuordnungen erkennen und beschreiben

Zuordnungen weisen Werten aus einem Bereich einen oder mehre Werte aus einem anderen Bereich zu (**Wertepaar**).

Zuordnungen sind **steigend** oder **fallend** und werden in verschiedenen Formen dargestellt: **Wortvorschrift**, **Wertetabelle**, **Koordinatensystem**, **Diagramm**.

→ Seite 44

Proportionale Zuordnungen und Dreisatz

Eine Zuordnung ist **proportional**, wenn gilt:
– Zum Doppelten usw. der einen Größe gehört das Doppelte usw. der anderen Größe.
– Zur Hälfte usw. der einen Größe gehört die Hälfte usw. der anderen Größe.

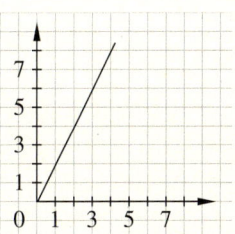

x	0	1	2	3	4
y	0	2	4	6	8

Proportionale Zuordnungen sind **quotientengleich**: $\frac{1}{2} = \frac{2}{4} = \frac{3}{6} = \frac{4}{8} = 0{,}5$

Alle Punkte liegen auf einem **Strahl**, der im Nullpunkt $(0|0)$ beginnt.

Dreisatzschema:
① Wertepaar aufschreiben
② Schluss auf die Einheit
③ Schluss auf das Gesuchte

Anzahl der CDs	Preis (in €)
5	64,95
1	12,99
6	77,94

$:5$ $:5$
$\cdot 6$ $\cdot 6$

→ Seite 48

Antiproportionale Zuordnungen und Dreisatz

Für **antiproportionale** Zuordnungen gilt:
– Zum Doppelten usw. der einen Größe gehört die Hälfte usw. der anderen Größe.
– Zur Hälfte usw. der einen Größe gehört das Doppelte usw. der anderen Größe

x	1	2	3	4
y	6	3	2	1,5

Antiproportionale Zuordnungen sind **produktgleich**: $1 \cdot 6 = 2 \cdot 3 = 3 \cdot 2 = 4 \cdot 1{,}5 = 6$

Alle Punkte liegen auf einer **Hyperbel**.

Dreisatzschema:
① Wertepaar aufschreiben
② Schluss auf die Einheit
③ Schluss auf das Gesuchte

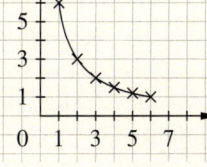

Anzahl der Arbeiter	Zeit (in h)
3	16
1	48
4	12

$:3$ $\cdot 3$
$\cdot 4$ $:4$

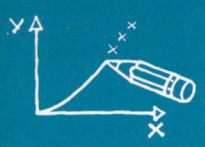

Teste dich!

2 Punkte

1 Nenne jeweils ein Beispiel für eine …
a) … proportionale Zuordnung.
b) … antiproportionale Zuordnung.

3 Punkte

2 Im Fußballstadion soll neuer Rasen verlegt werden.
Die grafische Darstellung zeigt, wie viele m² Rasenfläche in der Zeit von einer Stunde bis 5 Stunden verlegt werden können.
a) Welche Größen werden einander zugeordnet?
b) Ergänze die Tabelle im Heft. Lies die fehlenden Werte ab.

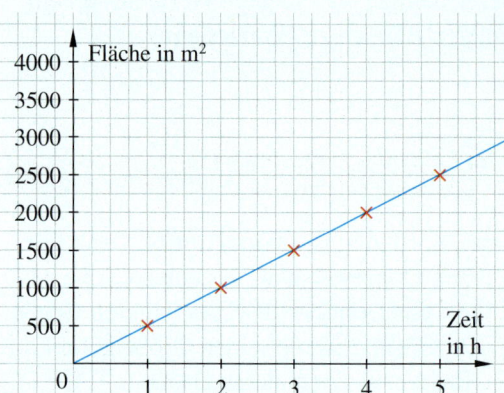

Zeit (in h)	1	2	3	4	5
Fläche (in m²)	500				

c) Handelt es sich um eine proportionale Zuordnung? Begründe deine Antwort.

2 Punkte

3 Ergänze in deinem Heft so, dass die Zuordnung proportional ist.

a)

x	1	2	3	4	5
y	1,40				

b)

x	1	2	3	5	7
y		$4\frac{1}{2}$			

4 Punkte

4 Welche der grafischen Darstellungen ist proportional? Begründe deine Antwort.

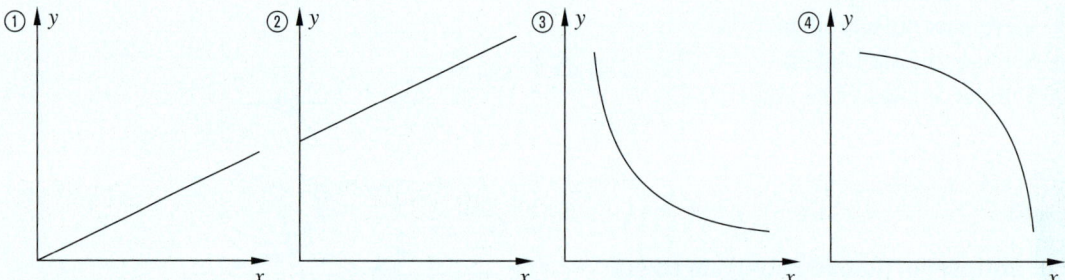

2 Punkte

5 Familie Bohm und Familie Berger sind mit ihren Autos jeweils 720 km in den Urlaub gefahren. Familie Bohm hat 54 l Benzin verbraucht, Familie Berger sogar 63 l.
Berechne für beide Autos den Benzinverbrauch auf 100 km.

2 Punkte

6 Birgül und Aylin machen eine Radtour. Wenn sie 12 Tage unterwegs sind, können sie täglich 20 € ausgeben. Sie wollen aber 16 Tage fahren. Wie viel Geld können sie täglich ausgeben?

7 Punkte

7 Sofie hat bei einem Gewinnspiel 2,5 kg Gummibärchen gewonnen. Sie teilt ihren Gewinn gleichmäßig mit ihren Freundinnen.
a) Wie viel Gummibärchen bekommt jede? Ergänze die Tabelle im Heft.

Anzahl der Personen	1	2	4	5	8	10	25
Gummibärchen (in g)	2 500						

b) Ist diese Zuordnung proportional oder antiproportional? Begründe.

Gold: 21–22 Punkte, Silber: 18–20 Punkte, Bronze: 13–17 Punkte   Lösungen ab Seite 182

Dreiecke

Obwohl das Dreieck eine der einfachsten geometrischen Flächen darstellt, ist die Formvielfalt erstaunlich groß. Dieses abstrakte Bild weist jede Menge unterschiedlicher Dreiecke auf. Du kannst sie nach der Länge der Seiten, der Winkelgröße oder der Farbe unterscheiden. Findest du zwei absolut gleiche Dreiecke?

Noch fit?

Einstieg	Aufstieg

1 Winkelarten
Erinnere dich an die verschiedenen Winkelarten und ergänze die Lücken im Heft.
a) Ein rechter Winkel hat eine Größe von ▪.
b) Einen Winkel, der kleiner als 90° ist, nennt man ▪ Winkel.
c) Ein Winkel α mit 90° < α < 180° heißt ▪ Winkel.
d) Ein überstumpfer Winkel ist größer als ▪.
e) Ein 180°-Winkel heißt ▪ Winkel.

2 Winkel messen
a) Miss die Größe der Winkel α, β und γ.
b) Gib die jeweilige Winkelart an.

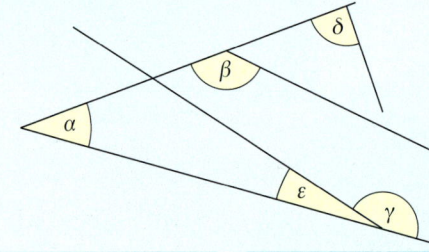

2 Winkel messen
a) Schätze zunächst die Größe aller Winkel.
b) Miss dann ihre Größe, gib die Winkelart an.

3 Winkel zeichnen
Zeichne die Winkel in dein Heft.
Ordne den Winkeln die Winkelart (spitzer Winkel, rechter Winkel, stumpfer Winkel, überstumpfer Winkel) zu.
a) $\alpha = 90°$　　b) $\beta = 52°$
c) $\gamma = 127°$　　d) $\delta = 232°$

3 Winkel zeichnen
Zeichne zu jeder Winkelart einen Winkel. Gib seine genaue Größe an.
a) spitzer Winkel
b) rechter Winkel
c) stumpfer Winkel
d) überstumpfer Winkel

4 Dreiecke zeichnen
Zeichne die Punkte in ein Koordinatensystem. Verbinde sie zu einem Dreieck ABC.
Gib jeweils ohne zu messen an, welche Winkelarten innerhalb des Dreiecks vorkommen.
a) $A(2|1)$; $B(6|1)$; $C(4|5)$
b) $A(1|2)$; $B(7|1)$; $C(4|3)$

4 Dreiecke zeichnen
Verbinde die Punkte $A(2|2)$; $B(6|4)$; $C(3|4)$ im Koordinatensystem zum Dreieck ABC.
a) Welche Winkelarten kommen darin vor?
b) Zeichne im Koordinatensystem ein Dreieck mit drei spitzen Winkeln und gib die Koordinaten der Eckpunkte an.

5 Winkelgrößen bestimmen
Gib jeweils ohne zu messen die Größe des Winkels α an.
a)

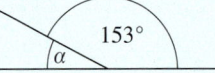

b)

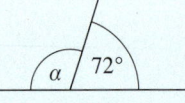

c)

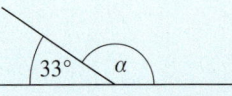

5 Winkelgrößen bestimmen
Gib ohne zu messen jeweils die Größe der Winkel an.
a)

b)

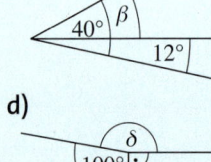

c)

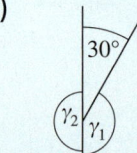

d)

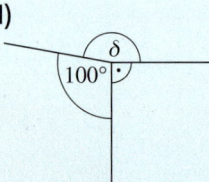

Lösungen ab Seite 182

Dreiecksarten erkennen und beschreiben

Entdecken

1 In Ferienparks findet man oft den Haustyp der „Nur-Dach-Häuser".

a) Aus welchen geometrischen Formen bestehen die Fenster?

b) Welche Vorteile hat es, nicht nur rechteckige Fenster im Giebel einzubauen?

c) Zeichne die Skizzen der dreieckigen Fensterteile ins Heft und beschreibe ihre Formen.

2 Arbeitet zu zweit oder in Kleingruppen. Betrachtet die folgenden Dreiecke.

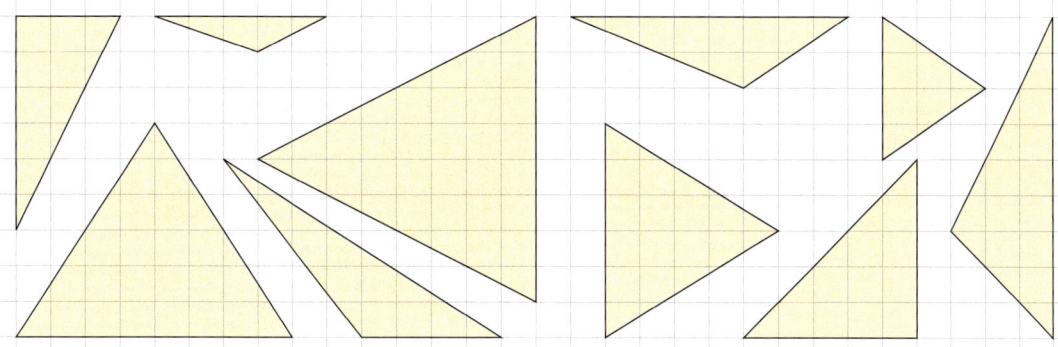

a) Zeichnet die Dreiecke auf Kästchenpapier und schneidet sie aus.

b) Überlegt gemeinsam, nach welchen geometrischen Merkmalen ihr die Dreiecke sortieren könnt. Sortiert die Dreiecke dann nach ihren Eigenschaften.

c) Erstellt ein Plakat, auf das ihr die verschiedenen Dreiecke geordnet aufklebt. Vielleicht könnt ihr den einzelnen Dreiecksformen schon Bezeichnungen geben.

3 Du hast fünf Holzstäbe in den nebenstehenden Längen zur Verfügung, aus denen du unterschiedliche Dreiecke bilden kannst.

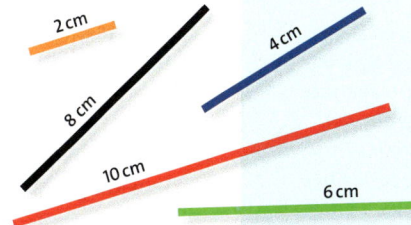

a) Nenne drei Möglichkeiten, bei denen ein Dreieck zustande kommt.

b) Nenne drei Möglichkeiten, bei denen ein Deieck *nicht* gebildet werden kann.

c) Finde heraus, wann eine Dreiecksbildung möglich ist und wann nicht.

4 Zeichne ein Koordinatensystem, trage immer drei zusammengehörende Punkte ein und verbinde sie zu einem Dreieck. Male die Dreiecke in unterschiedlichen Farben aus:

① $\triangle ABC$ mit $A(2|1)$, $B(2|5)$, $C(-2|4)$
② $\triangle DEF$ mit $D(-5|3)$, $E(-5|-1)$, $F(-5|-6)$
③ $\triangle GHI$ mit $G(6|2)$, $H(4|0)$, $I(5|-6)$
④ $\triangle JKL$ mit $J(-3|-3)$, $K(3|1)$, $L(6|3)$

a) Formuliere, was dir beim Zeichnen der Dreiecke auffällt.

b) Entdeckst du darin eine Gesetzmäßigkeit? Tausche deine Ideen mit deinem Nachbarn aus.

HINWEIS
$\triangle ABC$ steht für ein Dreieck mit den Eckpunkten A, B und C.

Verstehen

Aus den farbigen Holzstäben legen Justin, Celina und Eric verschiedene Dreiecksformen.

Beispiel 1

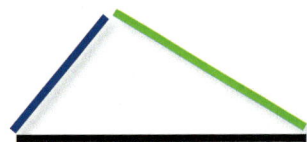

Meine Schenkel sind gleich lang.

Merke Dreiecke können nach ihren **Seitenlängen** eingeteilt werden:

Unregelmäßige Dreiecke haben drei verschieden lange Seiten.

Gleichschenklige Dreiecke haben zwei gleich lange Seiten.

Gleichseitige Dreiecke haben drei gleich lange Seiten.

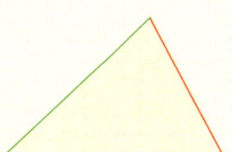
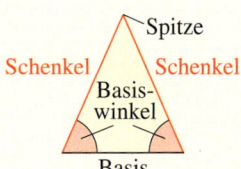
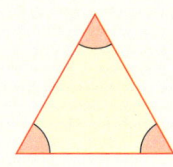

Die Länge der Holzstäbchen gibt die Größe der Winkel im Dreieck vor.

Beispiel 2

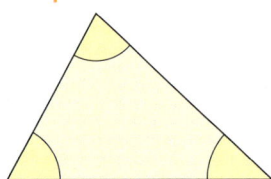
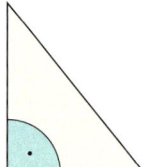
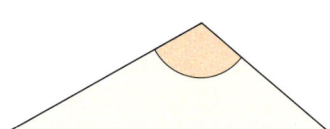

Merke Dreiecke können auch nach ihren **Winkelgrößen** eingeteilt werden:

Spitzwinklige Dreiecke haben drei spitze Winkel.

Rechtwinklige Dreiecke haben einen rechten Winkel.

Stumpfwinklige Dreiecke haben einen stumpfen Winkel.

HINWEIS
Die **Eckpunkte** eines Dreiecks werden mit Großbuchstaben, die **Seiten** mit Kleinbuchstaben entgegen dem Uhrzeigersinn bezeichnet. Dabei liegt die Seite a dem Eckpunkt A gegenüber usw. Der **Winkel** α gehört zum Eckpunkt A usw.

Für alle Dreiecksformen gilt die folgende Beziehung zwischen den Seitenlängen, die man Dreiecksungleichung nennt.

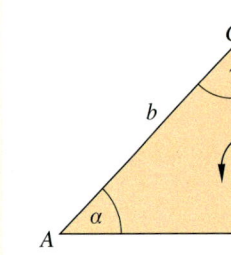

Beispiel 3

$a + b > c$
$a + c > b$
$b + c > a$

Merke **Dreiecksungleichung**:
In jedem Dreieck sind zwei Seiten zusammen stets länger als die dritte Seite.

Dreiecksarten erkennen und beschreiben

Entdecken

1 In Ferienparks findet man oft den Haustyp der „Nur-Dach-Häuser".

a) Aus welchen geometrischen Formen bestehen die Fenster?

b) Welche Vorteile hat es, nicht nur rechteckige Fenster im Giebel einzubauen?

c) Zeichne die Skizzen der dreieckigen Fensterteile ins Heft und beschreibe ihre Formen.

2 Arbeitet zu zweit oder in Kleingruppen. Betrachtet die folgenden Dreiecke.

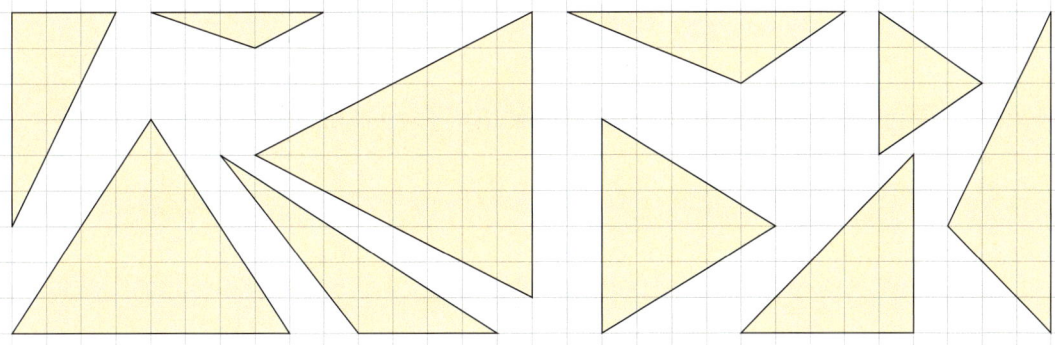

a) Zeichnet die Dreiecke auf Kästchenpapier und schneidet sie aus.

b) Überlegt gemeinsam, nach welchen geometrischen Merkmalen ihr die Dreiecke sortieren könnt. Sortiert die Dreiecke dann nach ihren Eigenschaften.

c) Erstellt ein Plakat, auf das ihr die verschiedenen Dreiecke geordnet aufklebt. Vielleicht könnt ihr den einzelnen Dreiecksformen schon Bezeichnungen geben.

3 Du hast fünf Holzstäbe in den nebenstehenden Längen zur Verfügung, aus denen du unterschiedliche Dreiecke bilden kannst.

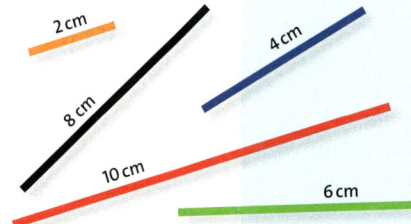

a) Nenne drei Möglichkeiten, bei denen ein Dreieck zustande kommt.

b) Nenne drei Möglichkeiten, bei denen ein Deieck *nicht* gebildet werden kann.

c) Finde heraus, wann eine Dreiecksbildung möglich ist und wann nicht.

4 Zeichne ein Koordinatensystem, trage immer drei zusammengehörende Punkte ein und verbinde sie zu einem Dreieck. Male die Dreiecke in unterschiedlichen Farben aus:

① $\triangle ABC$ mit $A(2|1)$, $B(2|5)$, $C(-2|4)$

② $\triangle DEF$ mit $D(-5|3)$, $E(-5|-1)$, $F(-5|-6)$

③ $\triangle GHI$ mit $G(6|2)$, $H(4|0)$, $I(5|-6)$

④ $\triangle JKL$ mit $J(-3|-3)$, $K(3|1)$, $L(6|3)$

a) Formuliere, was dir beim Zeichnen der Dreiecke auffällt.

b) Entdeckst du darin eine Gesetzmäßigkeit? Tausche deine Ideen mit deinem Nachbarn aus.

HINWEIS
$\triangle ABC$ *steht für ein Dreieck mit den Eckpunkten A, B und C.*

Verstehen

Aus den farbigen Holzstäben legen Justin, Celina und Eric verschiedene Dreiecksformen.

Beispiel 1

Meine
Schenkel
sind
gleich lang.

Merke Dreiecke können nach ihren **Seitenlängen** eingeteilt werden:

Unregelmäßige Dreiecke
haben drei verschieden lange
Seiten.

Gleichschenklige Dreiecke
haben zwei gleich lange
Seiten.

Gleichseitige Dreiecke
haben drei gleich lange
Seiten.

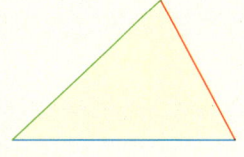
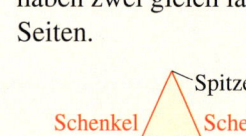
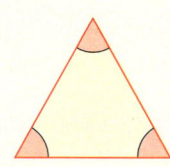

Die Länge der Holzstäbchen gibt die Größe der Winkel im Dreieck vor.

Beispiel 2

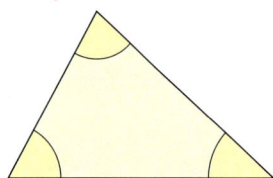
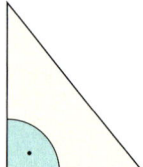
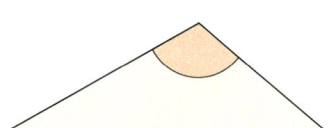

Merke Dreiecke können auch nach ihren **Winkelgrößen** eingeteilt werden:

Spitzwinklige Dreiecke
haben drei spitze Winkel.

Rechtwinklige Dreiecke
haben einen rechten Winkel.

Stumpfwinklige Dreiecke
haben einen stumpfen Winkel.

HINWEIS
*Die **Eckpunkte**
eines Dreiecks
werden mit
Großbuchstaben,
die **Seiten** mit
Kleinbuchstaben
entgegen dem
Uhrzeigersinn
bezeichnet.
Dabei liegt die
Seite a dem Eck-
punkt A gegen-
über usw.
Der **Winkel** α
gehört zum Eck-
punkt A usw.*

Für alle Dreiecksformen gilt die folgende Beziehung zwischen den Seitenlängen, die man Dreiecksungleichung nennt.

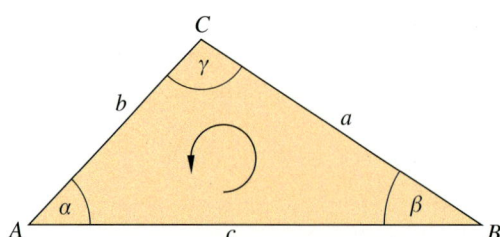

Beispiel 3
$a + b > c$
$a + c > b$
$b + c > a$

Merke **Dreiecksungleichung**:
In jedem Dreieck sind zwei Seiten zusammen stets länger als die dritte Seite.

Üben und Anwenden

1 Was ist falsch beschriftet?

a)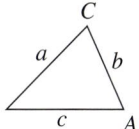

b)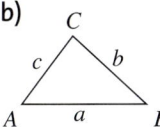

1 Zeichne die Dreiecke ab und vervollständige die Beschriftungen zu $\triangle ABC$.

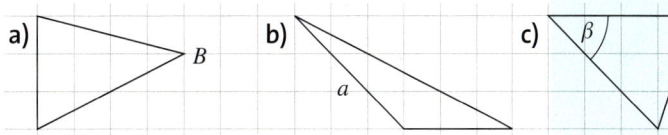

a)   b)   c)

2 Prüfe jeweils mithilfe der Dreiecksungleichung, ob sich mit den gegebenen Längen ein Dreieck zeichnen lässt. Begründe.

	a)	b)	c)	d)	e)	f)
Seite a in cm	9	8	2	3	6	2
Seite b in cm	4	3	4	5	3	5
Seite c in cm	7	5	7	6	2	2

2 Gib für die fehlende Dreiecksseite jeweils die kleinstmögliche und die größtmögliche Seitenlänge an, damit ein Dreieck gezeichnet werden kann.
Prüfe dein Ergebnis mit einer Zeichnung.
a) $a = 6\,cm$ und $b = 4\,cm$
b) $b = 4{,}7\,cm$ und $c = 2{,}9\,cm$
c) $a = 34\,mm$ und $b = 67\,mm$

3 Betrachte die Dreiecke. Fülle die Tabelle ohne zu messen im Heft aus.

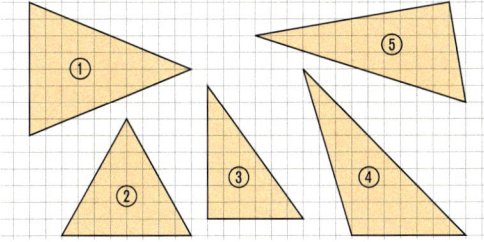

	①	②	③	④	⑤
spitzwinklig	✓				
rechtwinklig	–				
stumpfwinklig	–				
gleichschenklig					
gleichseitig					
unregelmäßig					

4 Schreibe jeweils die Dreiecksart nach Seiten *und* nach Winkeln auf.
Beispiel
Dreieck 1: unregelmäßig, rechtwinklig

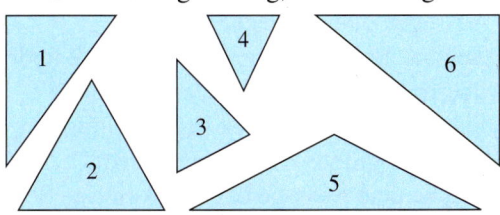

4 Finde Dreiecke in dieser Figur.
a) Notiere jeweils zwei gleichschenklige und zwei unregelmäßige Dreiecke.
b) Notiere jeweils zwei spitzwinklige, zwei rechtwinklige und zwei stumpfwinklige Dreiecke.

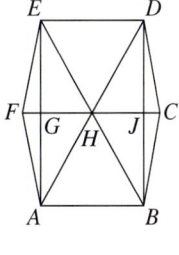

5 Zeichne die Figuren ab und spiegele sie an der Spiegelachse (blaue Linie). Betrachte die durch die Spiegelung entstandenen Dreiecke. Welche Sonderformen erkennst du?

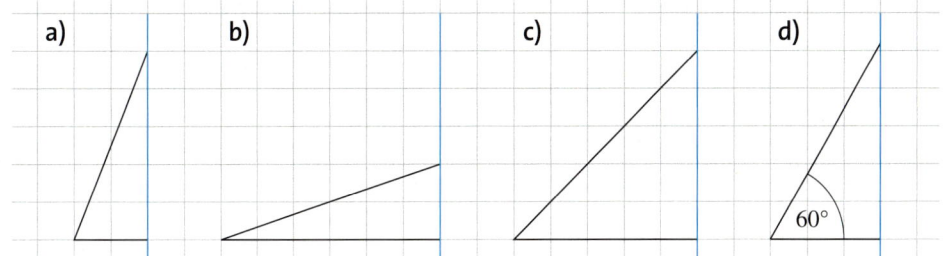

a)   b)   c)   d)

RÜCKBLICK
Berechne.
a) $\frac{18}{72} + \frac{35}{175}$
b) $\frac{14}{42} - \frac{3}{27}$
c) $\frac{26}{72} + \frac{26}{52}$

ERINNERE DICH
Die Symmetrie-achse (Spiegel-gerade) zerlegt eine Figur in zwei Teile, die man deckungs-gleich überein-anderklappen kann.

6 Übertrage das Dreieck in dein Heft und zeichne die Symmetrieachsen ein.

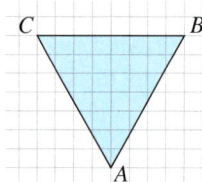

6 Übertrage die Dreiecke in ein Koordinaten-system. Trage alle Symmetrieachsen ein.
a) $A(2|1)$; $B(8|2,5)$; $C(3,5|7)$
b) $A(3|8,5)$; $B(1|4,5)$; $C(5|2,5)$
c) $A(9,5|3)$; $B(8|6,5)$; $C(4,5|8)$

7 Durch Falten eines gleichschenkligen Dreiecks kann man die Symmetrieachse finden.
Beschreibe die Dreiecke, die dabei entstehen.

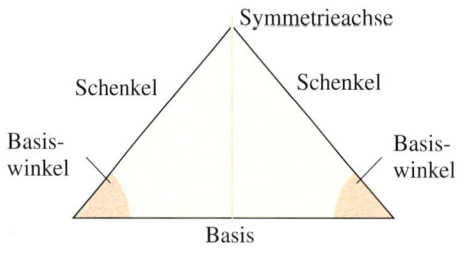

7 Suche Dreiecke in der Figur.
a) Wie viele gleichseitige (gleichschenklige, unregelmäßige) Dreiecke gibt es?
b) Wie viele spitzwinklige (rechtwinklige, stumpfwinklige) Dreiecke findest du?

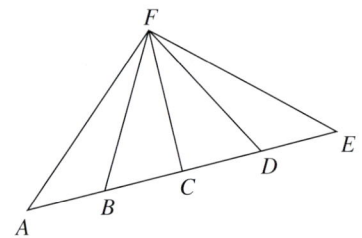

8 In der Tabelle sind Dreiecke nach ihren Symmetrieeigenschaften geordnet.
Übertrage die Tabelle ins Heft und fülle die Tabelle mit den entsprechenden Dreiecken aus.

ZUM KNOBELN
Was für eine Figur entsteht, wenn man ein gleichseitiges Dreieck an jeder der drei Seiten spiegelt?

Form \ Winkelart	spitzwinklig	rechtwinklig	stumpfwinklig	Anzahl der Symmetrieachsen
gleichseitig		–	–	3
gleichschenklig				1
unregelmäßig				keine

9 Stellt auf dem Schulhof die verschiedenen Dreiecksformen dar.

Überlegt euch vorher, welche Hilfsmittel ihr benötigt, damit die Dreiecke möglichst exakt werden. Fotografiert die verschiedenen Dreiecksformen.

9 Aussagen über Dreiecke.
a) Zeichne drei unregelmäßige Dreiecke und überprüfe durch Messen den folgenden Satz: „In jedem Dreieck liegt der längsten Seite der größte Winkel gegenüber."
b) Mache eine Aussage über die kürzeste Seite und den kleinsten Winkel.
c) Von einem Dreieck ABC sind die Seiten-längen bekannt: $a = 6\,cm$, $b = 8\,cm$ und $c = 4\,cm$. Ordne die Winkel α, β und γ der Größe nach.

10 Arbeitet zu zweit.
Welche Behauptung ist richtig, welche falsch? Prüfe jeweils zeichnerisch.
a) Ein rechtwinkliges Dreieck kann auch zwei rechte Winkel haben.
b) Ein Dreieck mit drei gleich langen Seiten hat auch drei gleich große Winkel.
c) Wenn ein Dreieck zwei gleich große Winkel hat, dann ist es gleichschenklig.

Dreiecke zeichnen (ohne Zirkel)

Entdecken

1 Claudio möchte die nebenstehende Aufgabe auf der
Rätselseite in seiner Zeitung lösen.
Dazu misst er alle Seitenlängen und alle Winkelgrößen aus.
a) Wie würdest du die Aufgabe angehen?
b) Zu welcher Lösung gelangst du? Tausche dich über
dein Ergebnis mit deinem Sitznachbarn oder deiner
Sitznachbarin aus.

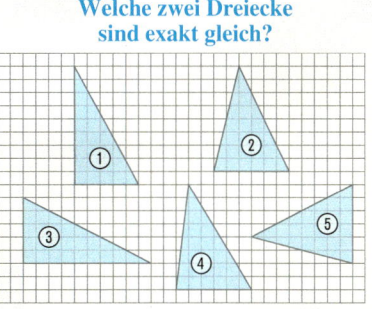

Welche zwei Dreiecke
sind exakt gleich?

2 Celina und Linus sollen ein Dreieck nach den vorgeschriebenen Angaben an der Tafel
zeichnen. Celina beginnt ihre Zeichnung mit Seite b, Linus fängt mit Seite c an.

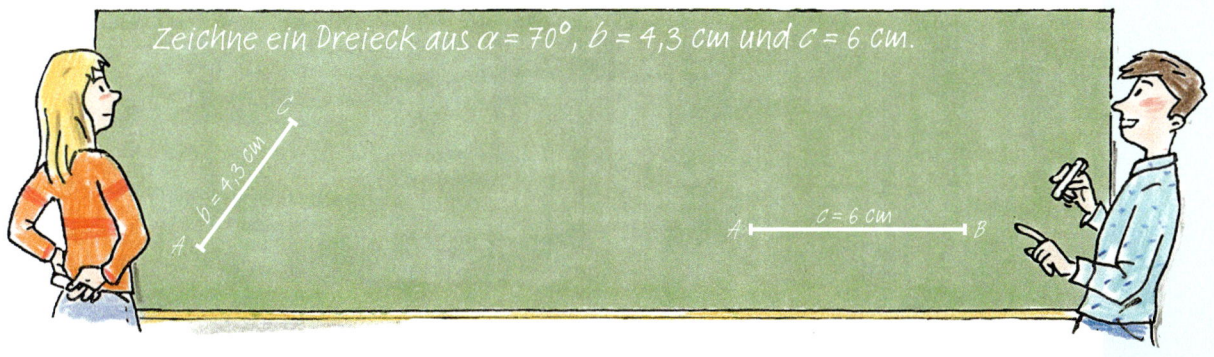

Zeichne ein Dreieck aus $\alpha = 70°$, $b = 4{,}3$ cm und $c = 6$ cm.

Zeichnet das Dreieck nach beiden Ansätzen ins Heft und diskutiert, ob es Vorteile für den einen
oder anderen Weg gibt.

3 Arbeitet zu zweit.
Zeichne auf ein leeres Blatt Papier ein beliebiges
Dreieck und gib es deinem Partner als Vorlage.
Dein Partner misst das Dreieck aus und zeichnet
es in sein Heft.
Zur Kontrolle kann das Originaldreieck ausge-
schnitten und auf die Zeichnung gelegt werden.

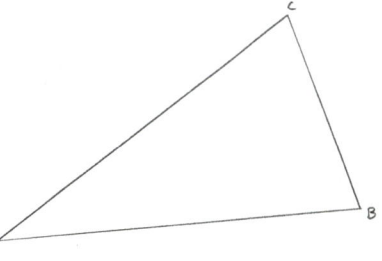

TIPP
*Lege zur Kontrolle
beide Zeichnun-
gen aufeinander
und halte sie ge-
gen das Licht.*

4 Marie soll als Hausaufgabe ein Dreieck zeichnen.
Da sie in der letzten Mathestunde gefehlt hat und es allein nicht schafft, lässt sie sich von ihrer
Freundin Susan per Telefon die Konstruktion genau beschreiben.

Zuerst
musst du Strecke $\overline{AB}$ mit
6,5 cm zeichnen. Dann in Punkt A den
Winkel $\alpha = 42°$ antragen. Jetzt den Schenkel von
α auf 4,7 cm verlängern. Nenne den Endpunkt C; verbinde C mit B, dann bist
du fertig.

a) Zeichne das Dreieck nach
Susans Beschreibung ins Heft.
b) Mit welchen anderen Angaben hättest du dasselbe Dreieck zeichnen können?
Fallen dir mehrere Möglichkeiten ein?

Verstehen

Claudio möchte wissen, ob die Dreiecke gleich sind. Dazu schneidet er sie zuerst aus. Dann versucht er, sie durch Drehen, Verschieben und Umklappen übereinander zu legen.

Passen sie genau, dann stimmen sie in allen sechs Bestimmungsstücken überein und man nennt die Dreiecke **deckungsgleich** oder **kongruent**.

Merke   Wenn Dreiecke in den drei Seitenlängen und der Größe ihrer drei Winkel übereinstimmen, dann nennt man sie **zueinander kongruent** (Zeichen: ≅).

HINWEIS
*Eine **Planskizze** ist eine einfache Zeichnung. Die gegebenen Stücke werden farbig hervorgehoben, auf genaue Maße darf man verzichten.*

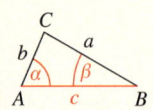

Um Dreiecke eindeutig zeichnen zu können, müssen nicht alle drei Seitenlängen und alle drei Winkelgrößen gegeben sein. **Häufig genügen weniger Angaben.**

Beispiel 1   Im $\triangle ABC$ sind $c = 4{,}8$ cm, $\alpha = 40°$ und $\beta = 70°$ gegeben.

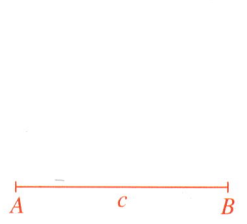 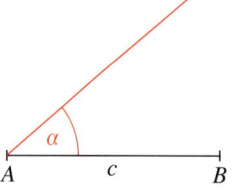 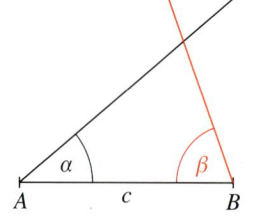 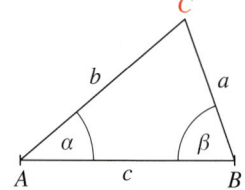

Zeichne $c = 4{,}8$ cm mit den Eckpunkten A und B.

Zeichne in A an c den Winkel $\alpha = 40°$ an.

Zeichne in B an c den Winkel $\beta = 70°$ an.

Schnittpunkt der beiden Schenkel a und b ist C.

Alle Dreiecke, die nach diesen drei Angaben gezeichnet sind, haben gleiche Form und Größe. Auch die übrigen drei Bestimmungsstücke (a, b, γ) sind in diesen Dreiecken gleich groß.

Merke   Wenn Dreiecke in einer Seite und den beiden anliegenden Winkeln übereinstimmen, dann sind sie kongruent (**Kongruenzsatz WSW = W**inkel-**S**eite-**W**inkel).

Auch bei drei anderen Bestimmungsstücken kann das Dreieck eindeutig konstruiert werden.

Beispiel 2   Im $\triangle ABC$ sind $a = 5{,}3$ cm, $b = 3{,}7$ cm und $\gamma = 105°$ gegeben.

PLANSKIZZE

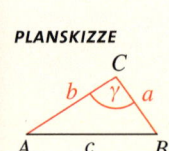 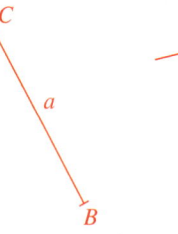 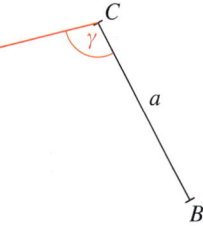 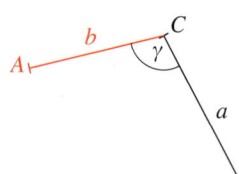 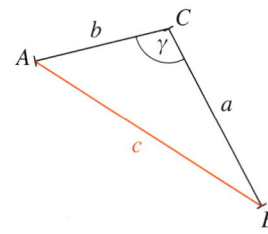

Zeichne $a = 5{,}3$ cm.

Zeichne in C an a den Winkel $\gamma = 105°$ an.

Verlängere den Schenkel von γ auf $b = 3{,}7$ cm. Endpunkt ist A.

Verbinde A und B.

Merke   Wenn Dreiecke in zwei Seiten und dem eingeschlossenen Winkel übereinstimmen, dann sind sie kongruent (**Kongruenzsatz SWS = S**eite-**W**inkel-**S**eite).

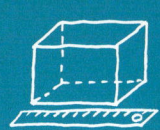

Üben und anwenden

1 Welche Dreiecke sind deckungsgleich? Prüfe mithilfe einer geeigneten Methode.

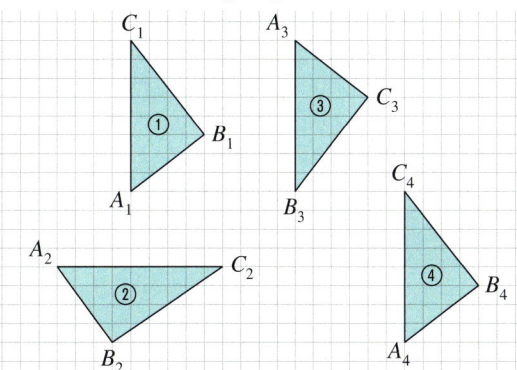

2 Ordne folgende Angaben den Planskizzen aus der Randspalte zu.

a) $a = 3,6\,\text{cm}$; $\gamma = 90°$; $\beta = 60°$
b) $b = 5\,\text{cm}$; $\beta = 50°$; $\gamma = 45°$
c) $a = b = c = 4,3\,\text{cm}$
d) $\alpha = \gamma = 65°$; $c = 7\,\text{cm}$
e) $\alpha = 25°$; $\beta = 111°$; $\gamma = 34°$

3 Zeichne das Dreieck ABC.
Fertige zunächst eine Planskizze an.

a) $a = 4\,\text{cm}$; $\gamma = 60°$; $\beta = 85°$
b) $c = 6\,\text{cm}$; $\alpha = 45°$; $\beta = 76°$
c) $a = 8\,\text{cm}$; $\gamma = 92°$; $\beta = 27°$
d) $b = 6,7\,\text{cm}$; $\alpha = 80°$; $\gamma = 50°$
e) $b = 5,6\,\text{cm}$; $\alpha = 67°$; $\gamma = 49°$
f) $a = 3,8\,\text{cm}$; $\gamma = 112°$; $\beta = 34°$

4 Zeichne das Dreieck ABC und beschreibe, wie du vorgegangen bist.

a) $c = 5\,\text{cm}$; $\alpha = 70°$; $\beta = 70°$
b) $c = 4\,\text{cm}$; $\alpha = 90°$; $\beta = 60°$
c) $a = 2,4\,\text{cm}$; $\beta = \gamma = 80°$
d) $b = 7\,\text{cm}$; $\alpha = 35°$; $\gamma = 95°$

5 Zeichne die Figur aus einem Quadrat und vier zueinander kongruenten Dreiecken ab. Die folgenden Bestimmungsstücke der gelben Dreiecke sind gegeben:
$c = 5,3\,\text{cm}$; $\alpha = 59°$; $\beta = 31°$.

a) Beschreibe, wie du beim Zeichnen vorgegangen bist.
b) Gibt es eine möglichst geschickte Lösung? Vergleicht eure Ergebnisse untereinander.

1 Übertrage $\triangle ABC$ und den Punkt C' in dein Heft.

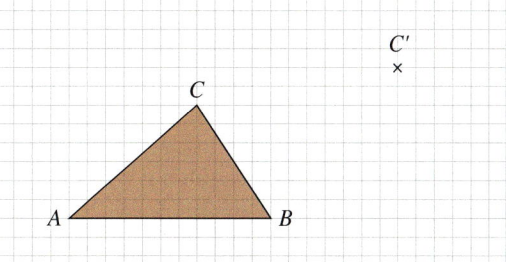

Verschiebe so, dass C auf C' liegt und das neue $\triangle A'B'C'$ kongruent zu $\triangle ABC$ ist.

2 Erstelle Planskizzen.
Um welche besonderen Dreiecke handelt es sich jeweils?

a) $a = 6\,\text{cm}$; $a = b = c$
b) $b = 5,9\,\text{cm}$; $\alpha = 40°$; $\alpha = \gamma$
c) $\gamma = 90°$; $a = 5\,\text{cm}$; $c = 7\,\text{cm}$
d) $b = c = 4,5\,\text{cm}$; $\gamma = 55°$

3 Zeichne das Dreieck ABC.
Fertige zunächst eine Planskizze an.

a) $c = 3,9\,\text{cm}$; $\alpha = 52°$; $\beta = 82°$
b) $c = 4,2\,\text{cm}$; $\alpha = 100°$; $\beta = 45°$
c) $a = 6,2\,\text{cm}$; $\beta = 37°$; $\gamma = 74°$
d) $a = 4,1\,\text{cm}$; $\beta = 28°$; $\gamma = 105°$
e) $b = 5,4\,\text{cm}$; $\alpha = 65°$; $\gamma = 79°$
f) $b = 3,9\,\text{cm}$; $\alpha = 118°$; $\gamma = 35°$

4 Zeichne das Dreieck ABC und beschreibe, wie du vorgegangen bist.

a) $a = 3,5\,\text{cm}$; $\beta = 123°$; $\gamma = 23°$
b) $b = 5,9\,\text{cm}$; $\gamma = 55°$; $\alpha = 55°$
c) $c = 6,5\,\text{cm}$; $\alpha = 43°$; $\beta = 57°$
d) $a = 6,9\,\text{cm}$; $\gamma = 81°$; $\beta = 35°$

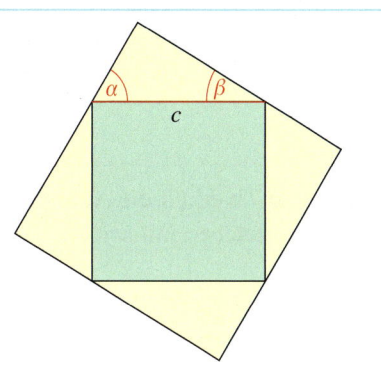

ZU AUFGABE 2
Eine Planskizze bleibt übrig. Wie könnten die Angaben für die Skizze lauten?

①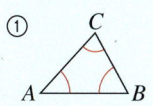

②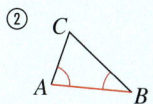

③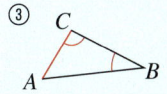

④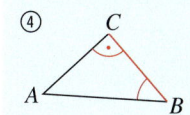

⑤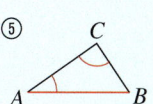

⑥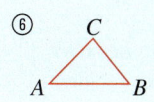

6 Zeichne das Dreieck *ABC*.
a) $b = 6{,}5\,\text{cm}$; $c = 9{,}3\,\text{cm}$; $\alpha = 83°$
b) $a = 3{,}5\,\text{cm}$; $c = 4{,}2\,\text{cm}$; $\beta = 57°$
c) $b = 2{,}1\,\text{cm}$; $c = 6{,}2\,\text{cm}$; $\alpha = 79°$
d) $a = 3{,}4\,\text{cm}$; $b = 3{,}9\,\text{cm}$; $\gamma = 65°$

6 Zeichne das Dreieck *ABC*.
a) $a = 2{,}7\,\text{cm}$; $c = 7{,}5\,\text{cm}$; $\beta = 15°$
b) $b = 5{,}4\,\text{cm}$; $c = 5{,}4\,\text{cm}$; $\alpha = 45°$
c) $a = 5{,}6\,\text{cm}$; $b = 2{,}8\,\text{cm}$; $\gamma = 60°$
d) $a = b = 4\,\text{cm}$; $\alpha = \beta = 60°$

ZUR INFORMATION
Zu einer kompletten geometrischen Lösung gehören:
– Planskizze
– Zeichnung
– Konstruktionsbeschreibung

7 Zeichne das gleichschenklige Dreieck.
a) $c = 4{,}9\,\text{cm}$; $\alpha = 71°$; es gilt $a = b$
b) $a = 6{,}3\,\text{cm}$; $\gamma = 48°$; es gilt $c = b$
c) $b = 5{,}2\,\text{cm}$; $\alpha = 35°$; es gilt $a = c$
d) $b = 6{,}1\,\text{cm}$; $\alpha = 25°$; es gilt $b = c$
e) $a = 5{,}6\,\text{cm}$; $\gamma = 50°$; es gilt $a = b$
f) $c - 4{,}9\,\text{cm}$; $\alpha - 67°$; es gilt $b - c$

7 Zeichne das Dreieck *ABC* und gib eine Konstruktionsbeschreibung an.
a) $b = 3{,}8\,\text{cm}$; $c = 4{,}4\,\text{cm}$; $\alpha = 60°$
b) $b = 5{,}2\,\text{cm}$; $c = 6{,}1\,\text{cm}$; $\alpha = 90°$
c) $a = 3{,}5\,\text{cm}$; $c = 6{,}4\,\text{cm}$; $\beta = 37°$
d) $a = 2\,\text{cm}$; $b = 5\,\text{cm}$; $\gamma = 115°$
e) $a - 33\,\text{mm}$; $b - 36\,\text{mm}$; $\gamma - 85°$

8 Das Dreieck *ABC* soll gezeichnet werden.
a) Bringe die Konstruktionsschritte in die richtige Reihenfolge.

① Kreisbogen um *C* mit $\overline{BC} = a = 5{,}2\,\text{cm}$ zeichnen.

② $\overline{AC} = b = 4\,\text{cm}$ zeichnen.

③ *A* und *B* verbinden.

④ Winkel $\gamma = 33°$ in Punkt *C* an Seite *b* antragen.

b) Konstruiere das Dreieck.
c) Miss alle Seiten und Winkel.

8 Zeichne diese Figur, die aus acht rechtwinkligen Dreiecken besteht.
Beginne mit dem kleinsten Dreieck. Bei genauer Konstruktion muss die längste Seite im größten Dreieck 3 cm lang sein. Prüfe, wie genau du konstruiert hast.

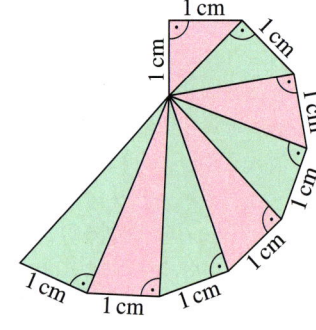

9 Wie weit sind die beiden Messlatten voneinander entfernt? Löse die Aufgabe mit einer maßstabsgerechten Zeichnung.

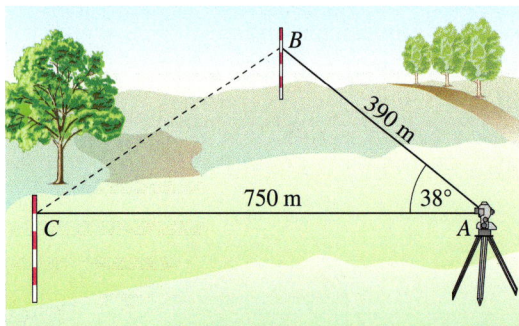

9 Die Schenkel einer aufklappbaren Leiter sind jeweils 2,20 m lang. Klappt man die Leiter auf und stellt sie hin, beträgt der Öffnungswinkel zwischen den Schenkeln 60°.
a) Zeichne zuerst eine Planskizze.
b) Wie hoch reicht die Leiter?
c) Wie weit stehen die Füße auseinander?

10 Die Klasse 7 b erhält die Aufgabe, aus $\alpha = 37°$, $\beta = 82°$ und $\gamma = 61°$ ein Dreieck zu zeichnen. Beim Vergleichen mit seinen Nachbarn stellt Noah fest, dass jeder ein anderes Dreieck gezeichnet hat.
a) Zeichnet das Dreieck nach den Angaben und vergleicht untereinander.
b) Sucht eine Begründung für die unterschiedlichen Lösungen.

NACHGEDACHT
Kann es einen Kongruenzsatz WWW geben?

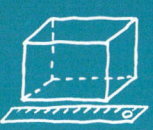

Dreiecke konstruieren (mit Zirkel)

Entdecken

1 Das „Sommerdreieck" ist bei uns ab Juli am Sternenhimmel gut sichtbar.
Bereits kurz nach Sonnenuntergang kann man das Dreieck aus den Sternen Wega, Deneb und Atair am südlichen Himmel erkennen.
Beratet zu zweit, wie man das „Sommerdreieck" ohne Geodreieck möglichst exakt ins Heft übertragen kann. Probiert eure Lösung anschließend aus.

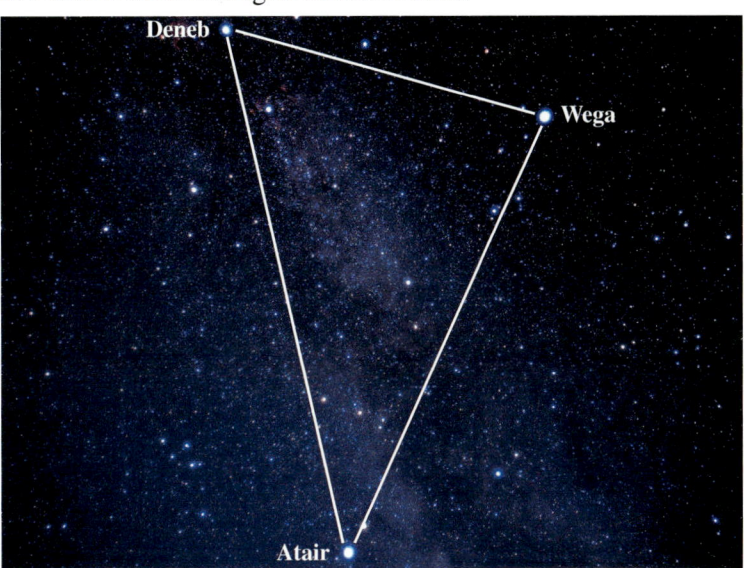

ERINNERE DICH
Möchte man einen Kreisbogen mit einem bestimmten Radius ziehen, dann stellt man zuerst die Zirkelspanne an einem Lineal auf die vorgegebene Länge ein und zieht dann den Kreisbogen.

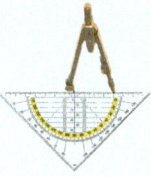

2 Die Konstruktionsbeschreibung für das Dreieck ist durcheinander geraten.
Bringe die Kärtchen in die richtige Reihenfolge und konstruiere aus den Angaben ein Dreieck mit den Seitenlängen 4 cm, 5 cm und 7 cm.
Vergleiche dein Ergebnis mit deiner Nachbarin oder deinem Nachbarn.

Zeichne um den einen Endpunkt der Strecke einen vollständigen Kreis mit dem Radius 5 cm.

Vervollständige zu einem Dreieck.

Zeichne eine Strecke von 7 cm Länge.

Zeichne um den anderen Endpunkt der Strecke einen vollständigen Kreis mit dem Radius 4 cm.

3 Zeichne zwei Punkte M_1 und M_2 mit einem Abstand von 5 cm zueinander ins Heft.
a) Ziehe um beide Mittelpunkte M_1 und M_2 jeweils einen Kreis mit dem Radius 4 cm.
b) Wiederhole die Ausgangszeichnung von oben zweimal und verändere dabei die Radien:
Ziehe je zwei Kreise mit dem Radius 2,5 cm und danach mit dem Radius 1,8 cm um die beiden Mittelpunkte.
c) Betrachte die entstandenen Schnittpunkte.
Wann entstehen Schnittpunkte, wann nicht?

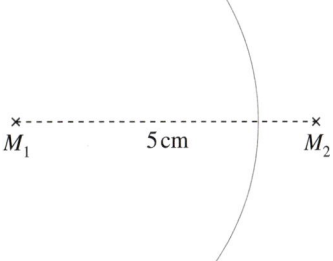

Verstehen

Henry möchte eine Landkarte von Westfalen maßstäblich abzeichnen.
Er beginnt mit der Lage der drei großen Städte zueinander und misst die Verbindungslinien der Städte:
$\overline{MP}$ = 6,5 cm, $\overline{BP}$ = 3 cm, $\overline{BM}$ = 5 cm.
Aus den drei Längen kann er das Städtedreieck zeichnen, denn
zur Konstruktion dieses Dreiecks genügen drei Angaben.

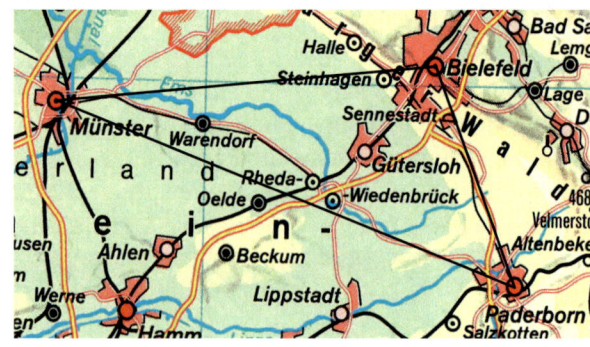

Beispiel 1

PLANSKIZZE

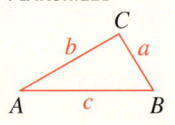

Im $\triangle ABC$ sind a = 3 cm, b = 5 cm und c = 6,5 cm gegeben.

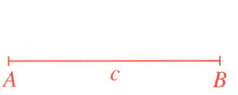 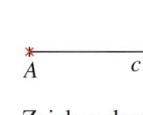 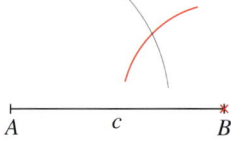 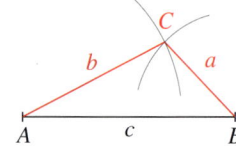

Zeichne c = 6,5 cm mit den Eckpunkten A und B.

Zeichne den Kreisbogen um A mit dem Radius b = 5 cm.

Zeichne den Kreisbogen um B mit dem Radius a = 3 cm.

Schnittpunkt der beiden Kreisbögen ist C. Verbinde A mit C und B mit C und beschrifte die Seiten.

Alle Dreiecke, die nach diesen drei Angaben gezeichnet sind, haben gleiche Form und Größe. Auch die übrigen drei Bestimmungsstücke (α, β, γ) sind in diesen Dreiecken gleich groß.

> **Merke** Wenn Dreiecke in allen drei Seiten übereinstimmen, dann sind sie kongruent (**Kongruenzsatz SSS = S**eite-**S**eite-**S**eite).

Auch aus folgenden drei Bestimmungsstücken kann das Dreieck eindeutig konstruiert werden.

Beispiel 2

PLANSKIZZE

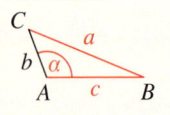

Im $\triangle ABC$ sind c = 3,2 cm, α = 30° und a = 3,5 cm gegeben.

  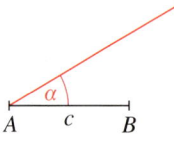 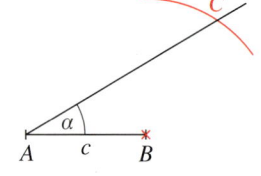 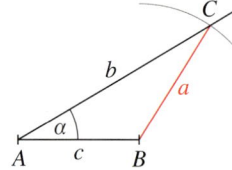

Zeichne c = 3,2 cm mit den Eckpunkten A und B.

Zeichne in A an c den Winkel α = 30°.

Zeichne den Kreisbogen um B mit dem Radius a = 3,5 cm.

Schnittpunkt des Kreisbogens mit dem Schenkel von a ist C. Verbinde B mit C und beschrifte die Seiten.

HINWEIS
Bei der Abkürzung **SsW** *wird die kürzere Seite mit dem kleinen „s" bezeichnet.*

> **Merke** Wenn Dreiecke in zwei Seiten und dem Winkel übereinstimmen, der der längeren Seite gegenüber liegt, dann sind sie kongruent (**Kongruenzsatz SsW = S**eite-**S**eite-**W**inkel).

Üben und anwenden

1 Konstruiere das Dreieck *ABC*. Wie bist du dabei vorgegangen?
a) $a = 7\,cm$; $b = 4\,cm$; $c = 5\,cm$
b) $a = 6\,cm$; $b = 4\,cm$; $c = 8\,cm$
c) $a = 5,4\,cm$; $b = 3,7\,cm$; $c = 6,5\,cm$
d) $a = 6,1\,cm$; $b = 6,5\,cm$; $c = 4,4\,cm$

2 Konstruiere das Dreieck *ABC*. Betrachte die Seitenlängen und gib die Dreiecksart an.
a) $a = 8\,cm$; $b = c = 5\,cm$
b) $a = c = 6\,cm$; $b = 5\,cm$
c) $a = b = c = 4\,cm$
d) $a = 10\,cm$; $b = 5\,cm$; $c = 7\,cm$

3 Konstruiere die Dreiecke *ABC* und *ABD* nach der Konstruktionsbeschreibung.
1. Zeichne $c = 4,5\,cm$.
2. Zeichne um *A* einen Kreis ($b = 6\,cm$).
3. Zeichne um *B* einen Kreis ($a = 3\,cm$).
4. Die Kreise schneiden sich in *C* und *D*.
5. Verbinde *C* mit *A* und mit *B*, ebenso *D*.

4 Zeichne das Windrad in dein Heft. Das Windrad besteht aus acht zueinander kongruenten Dreiecken.
1. Beginne mit den grünen Flächen.
2. Ergänze anschließend die gelben Flächen.

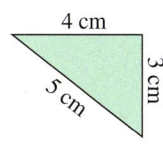

4 cm · 3 cm · 5 cm

5 Zeichne den Stern in dein Heft. Beginne so: Zeichne das gleichseitige Dreieck *ABC* mit $\overline{AB} = 12\,cm$ und dann das gleichseitige Dreieck *DEF* mit $d = 4\,cm$.

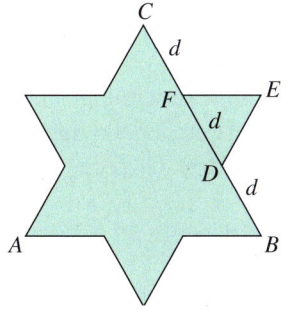

6 Versuche das Dreieck *ABC* mit $a = 6\,cm$, $b = 3\,cm$ und $c = 2\,cm$ zu konstruieren. Beginne mit der längsten Seite.
a) Warum ist dies nicht möglich?
b) Wie muss die Seitenlänge von *a* geändert werden, damit sich ein Dreieck ergibt?
c) Was muss für die längste Seite gelten, damit sich ein Dreieck aus drei Seitenlängen konstruieren lässt?

1 Konstruiere das Dreieck *ABC* und gib eine Konstruktionsbeschreibung an.
a) $a = 4,5\,cm$; $b = 3,5\,cm$; $c = 5,5\,cm$
b) $a = 7,1\,cm$; $b = 5,2\,cm$; $c = 42\,mm$
c) $a = 22\,mm$; $b = 6,7\,cm$; $c = 7,3\,cm$
d) $a = 48\,mm$; $b = 5,2\,cm$; $c = 0,5\,dm$

2 Konstruiere das Dreieck *ABC*. Was für ein Dreieck entsteht jeweils?
a) $a = b = 6,2\,cm$; $c = 4,6\,cm$
b) $a = c = 3,7\,cm$; $b = 5,9\,cm$
c) $a = b = c = 5,3\,cm$
d) $a = 4,8\,cm$; $b = 6\,cm$; $c = 3,6\,cm$

3 Konstruiere das Dreieck *ABC* nach dieser Kurzbeschreibung:
1. $\overline{AC} = 4,5\,cm$ zeichnen
2. Kreisbogen um *A* mit $c = 5\,cm$
3. Kreisbogen um *C* mit $a = 4,2\,cm$
4. Schnittpunkt ist *B*
5. *ABC* verbinden

5 Zeichne den Stern in dein Heft. Beginne so: Zeichne die Geraden *g* und *h* ($g \perp h$). Zeichne dann das Dreieck *ABC* mit $\overline{AC} = 5,1\,cm$, $\overline{AB} = 2,4\,cm$ und $\overline{BC} = 3,8\,cm$.

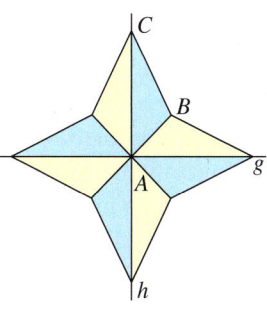

6 Versuche das Dreieck *ABC* mit den Seiten $a = 2,7\,cm$, $b = 3,3\,cm$ und $c = 7,2\,cm$ zu konstruieren.
a) Warum kann kein Dreieck entstehen?
b) Formuliere, was erfüllt sein muss, damit man aus drei Seitenangaben ein Dreieck zeichnen kann.
c) Ändere beim Dreieck *ABC* eine Seitenlänge, sodass sich ein Dreieck ergibt.

ZUM WEITERARBEITEN
Notiere in deinem Merkheft häufig verwendete Konstruktionsbefehle mit einer passenden Zeichnung.

NACHGEDACHT
Zeichne ein gleichseitiges Dreieck mit $a = 5\,cm$ in dein Heft.
Hast du genügend Bestimmungsstücke gegeben? Begründe.

Methode: Dreiecke mit dem Computer konstruieren

Mithilfe eines Computerprogramms kann man ebenso wie auf Papier geometrische Konstruktionen ausführen. Das dazu benötigte Programm ist eine dynamische Geometrie-Software, entsprechend der Anfangsbuchstaben abgekürzt DGS.
Die Arbeit mit einer dynamischen Geometrie-Software bietet Vorteile: Figuren können schnell und genau konstruiert werden, aber auch bewegt und dynamisch verändert werden.
Die fertigen Zeichnungen können gespeichert und ausgedruckt werden.

1 Grundwerkzeuge

Öffne das Programm, klicke in der Menü-Leiste auf **Perspektive** und wähle **Geometrie** aus. Mache dich nun mit den Werkzeugen des Programms vertraut. Zeichne einige Grundelemente wie Strecke, Kreis oder Dreieck.
Auf den einzelnen Werkzeug-Schaltflächen siehst du kleine Dreiecke. Wenn du auf den unteren Rand der Schaltfläche klickst, wird das Dreieck rot und du kannst aus weiteren Werkzeugen wählen. Probiere die einzelnen Werkzeuge aus.

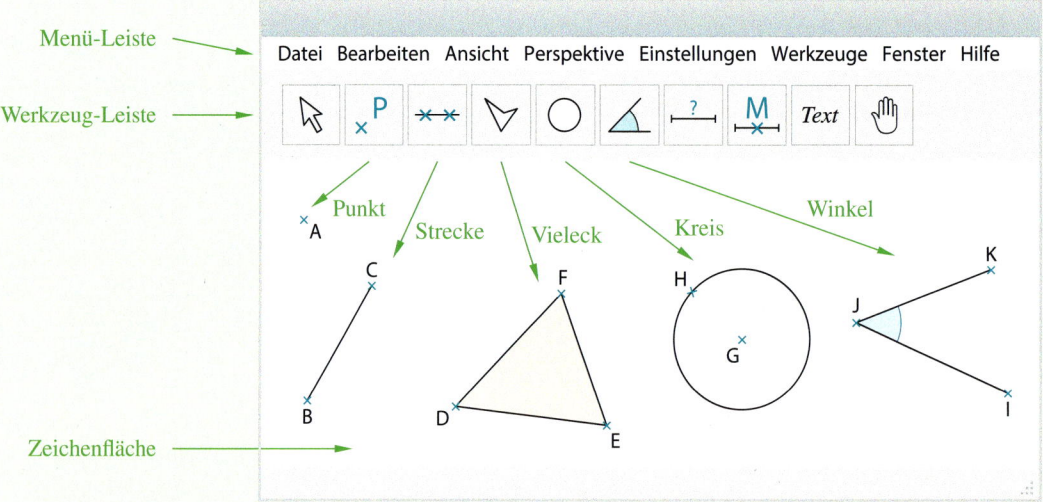

BEACHTE
Bei der Eingabe von Dezimalbrüchen kann es sein, dass du statt des Kommas einen Punkt eingeben musst.
Beispiel
Für 2,75 cm schreibt man 2.75 in das Dialogfenster.

2 Konstruktion verschiedener Dreiecksarten

a) Führe die Konstruktionsschritte wie im Bild für ein rechtwinkliges Dreieck aus. Notiere in einem Merkheft, welche Werkzeuge des Programms du benutzt hast.

b) Konstruiere ein gleichseitiges und ein gleichschenkliges Dreieck. Notiere jeweils, welche Schritte du im Programm ausgeführt hast.

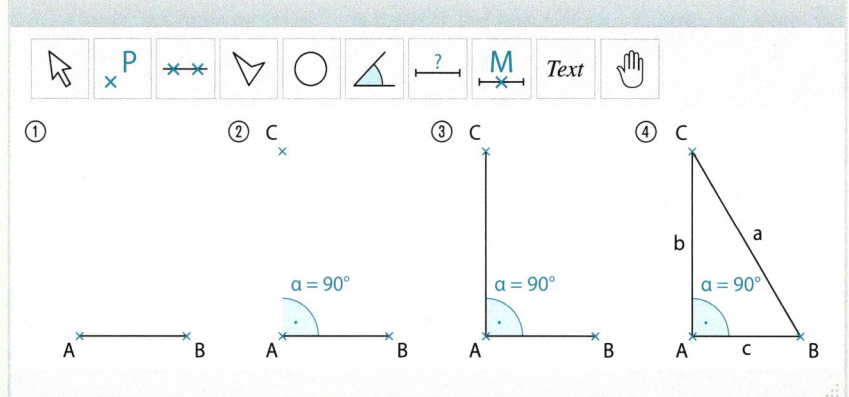

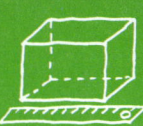

3 Koordinatensystem und Gitterlinien

Auf der Zeichenfläche kann man ein Koordinatensystem und Gitterlinien einblenden.

a) Zeichne das nebenstehende Dreieck über die Eckpunkte ab.
   Welche Dreiecksform ist entstanden?

b) Zeichne weitere Dreiecke mithilfe ihrer Eckpunkte.
   Beschreibe jeweils ihre Form.
   ① $\triangle ABC$ mit
   $A(-4|-2)$, $B(1|3)$, $C(-2|6)$
   ② $\triangle DEF$ mit
   $D(2|3)$, $E(-2|-5)$, $F(6|-5)$
   ③ $\triangle GHI$ mit
   $G(6|4)$, $H(-6/0)$, $I(-1|-1)$

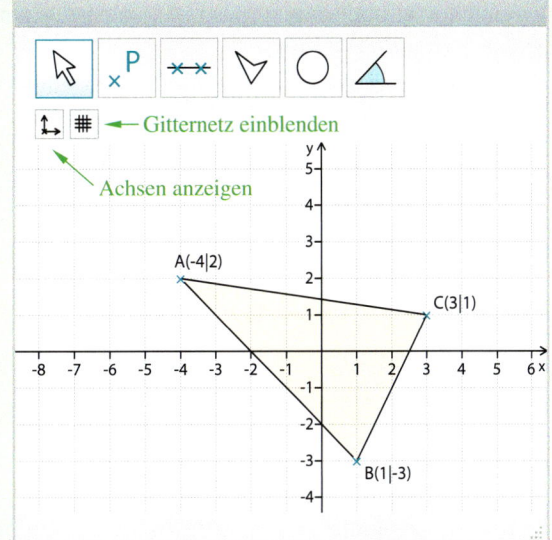

4 Mit dem Zirkel arbeiten

Konstruiere folgende Dreiecke.

a) $a = 4\,cm$,
   $b = 5\,cm$,
   $c = 7\,cm$

b) $a = b = 4,5\,cm$,
   $c = 6,3\,cm$

c) $a = b = c = 5,3\,cm$

d) $a = b = 4,5\,cm$,
   $c = 10\,cm$
   Was fällt dir auf?

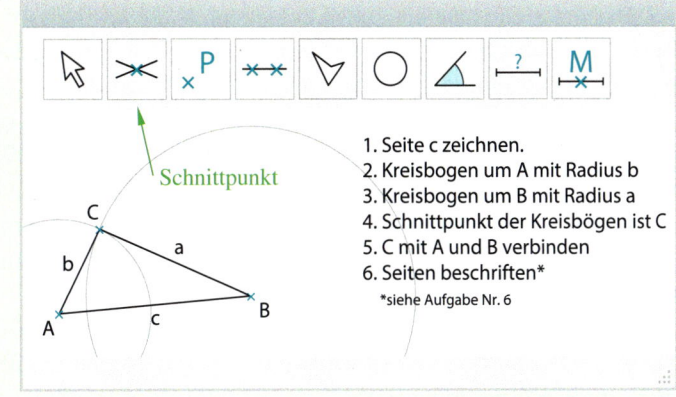

1. Seite c zeichnen.
2. Kreisbogen um A mit Radius b
3. Kreisbogen um B mit Radius a
4. Schnittpunkt der Kreisbögen ist C
5. C mit A und B verbinden
6. Seiten beschriften*
   *siehe Aufgabe Nr. 6

5 Ergebnisse ausdrucken

*siehe Aufgabe Nr. 6

a) Konstruiere das Dreieck nachfolgender Kurzbeschreibung und drucke die Zeichnung aus.
   ① $\overline{AC} = 4,7\,cm$ ② in Punkt A Winkel $\alpha = 41°$
   ③ von A aus Strahl durch Endpunkt des Schenkels   ④ in Punkt C Winkel $\gamma = 70°$
   ⑤ von C aus Strahl durch Endpunkt des Schenkels
   ⑥ Schnittpunkt der beiden Strahlen ist B   ⑦ Dreieck beschriften (siehe 6)

b) Nach welchem Kongruenzsatz ist das Dreieck konstruiert?

6 Konstruktionen beschriften

a) Konstruiere das Dreieck, beginne mit $\overline{BC}$.
   Benutze das Werkzeug zur Beschriftung, um die Bestimmungsstücke zu benennen.

b) Zeichne und beschrifte das folgende Dreieck:
   $b = 4,2\,cm$,
   $a = 6\,cm$,
   $\alpha = 43°$

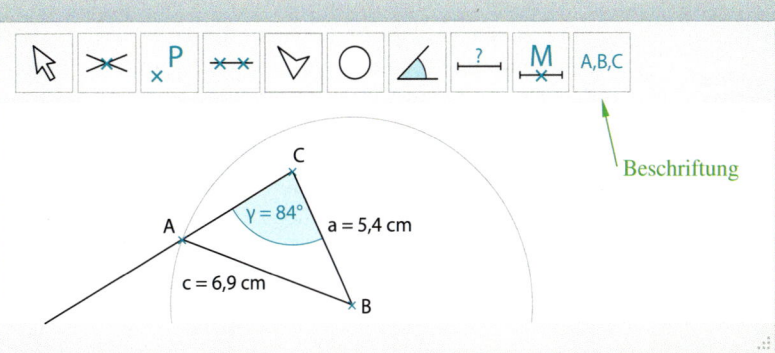

Beschriftung

TIPP
Arbeite mit einer Planskizze.

7 Welcher Winkel muss angegeben werden, damit eine Kongruenz nach SsW vorliegt?
a) $a = 3,6\,cm$; $c = 4,8\,cm$
b) $b = 8,9\,cm$; $c = 6,7\,cm$
c) $b = 3,4\,cm$; $a = 11,3\,cm$
d) $a = 6,3\,cm$; $c = 6,5\,cm$

8 Prüfe, ob der Winkel gegeben ist, der der größeren Seite gegenüberliegt. Falls ja, konstruiere das Dreieck.
a) $a = 7\,cm$; $b = 4,8\,cm$; $\beta = 73°$
b) $c = 4,3\,cm$; $a = 6,9\,cm$; $\alpha = 37°$
c) $b = 3,4\,cm$; $c = 11,3\,cm$; $\beta = 104°$
d) $a = 6,3\,cm$; $c = 6,5\,cm$; $\gamma = 54°$

9 Zeichne das Dreieck ABC.
a) $a = 3,8\,cm$; $c = 5,4\,cm$; $\gamma = 70°$
b) $a = 3,9\,cm$; $b = 6,4\,cm$; $\beta = 54°$
c) $b = 5,5\,cm$; $c = 4,7\,cm$; $\beta = 48°$
d) $a = 3,3\,cm$; $c = 5,8\,cm$; $\gamma = 67°$
e) $b = 4,2\,cm$; $c = 4,7\,cm$; $\gamma = 40°$
f) $a = 5,7\,cm$; $b = 4,1\,cm$; $\alpha = 72°$

9 Zeichne das Dreieck ABC.
a) $b = 7\,cm$; $c = 3\,cm$; $\beta = 78°$
b) $a = 3,5\,cm$; $b = 6\,cm$; $\beta = 26°$
c) $a = 7\,cm$; $c = 3,6\,cm$; $\alpha = 120°$
d) $a = 2,8\,cm$; $c = 2\,cm$; $\alpha = 87°$
e) $b = 33\,mm$; $c = 40\,mm$; $\gamma = 66°$
f) $a = 50\,mm$; $c = 91\,mm$; $\gamma = 122°$

RÜCKBLICK
*Zahlen gesucht!
Gib drei Beispiele an.
a) Der ggT von zwei Zahlen ist 5.
b) Das kgV dreier Zahlen ist 42.*

10 Betrachte die Angaben des Dreiecks ABC. Entscheide, ob es eindeutig konstruierbar ist. Falls ja, konstruiere das Dreieck ABC.
a) $a = 3,7\,cm$; $c = 4,9\,cm$; $\gamma = 72°$
b) $c = 4,8\,cm$; $b = 5,2\,cm$; $\gamma = 55°$
c) $b = 4,5\,cm$; $a = 3,7\,cm$; $\beta = 68°$
d) $a = 3,5\,cm$; $c = 5,6\,cm$; $\alpha = 30°$
e) $b = 6,3\,cm$; $c = 3,7\,cm$; $\beta = 95°$
f) $c = 6,3\,cm$; $a = 4,7\,cm$; $\alpha = 27°$

10 Konstruiere nur die Dreiecke, die eindeutige Angaben nach SsW haben.
a) $b = 1,7\,cm$; $c = 2,5\,cm$; $\beta = 38°$
b) $a = 4,5\,cm$; $b = 8\,cm$; $\beta = 26°$
c) $a = 3,2\,cm$; $c = 5,4\,cm$; $\alpha = 31°$
d) $a = 1,4\,cm$; $c = 2,8\,cm$; $\gamma = 58°$
e) $b = 51\,mm$; $c = 64\,mm$; $\gamma = 69°$
f) $a = 79\,mm$; $c = 34\,mm$; $\alpha = 144,5°$

11 Konstruiere das Dreieck ABC mit $b = 6\,cm$, $c = 4\,cm$ und $\beta = 95°$. Beachte die Planskizze.

Erstelle eine Konstruktionsbeschreibung.

11 In einem gleichschenkligen Dreieck ist eine Seite mit 5 cm doppelt so lang wie die andere. Zeichne alle möglichen Dreiecke ABC.

ERINNERE DICH
Beim Maßstab 1:100 000 entspricht 1cm in der Zeichnung 1km in Wirklichkeit.

12 Auf welcher Höhe befindet sich die Bergstation der Seilbahn? Konstruiere ein Dreieck im Maßstab 1 : 100 000 und lies die Höhe ab. Entnimm alle Angaben der Zeichnung unten.

12 Aachen liegt am Dreiländereck, an dem Deutschland an Belgien und die Niederlande grenzt. Auf dem „Dreilandenpunkt" steht der Baudouinturm, von dem man Aachens Dom und Universitätsklinik sehen kann.

In der Karte bilden die Luftlinien vom Turm zum Klinikum und zum Dom einen 41°-Winkel. Klinikum und Dom sind 10,5 km voneinander entfernt, Turm und Klinikum 9 km.
Zeichne das Dreieck verkleinert im Maßstab von 1:100 000 ins Heft und bestimme die Entfernung vom Aussichtsturm zum Dom.

BAUDOUINTURM

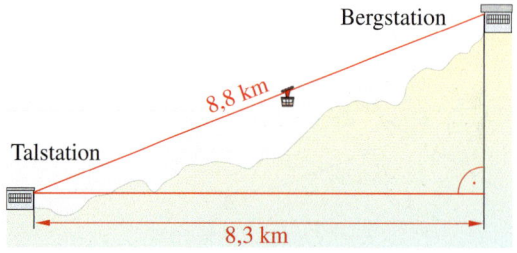

Talstation

Bergstation

8,8 km

8,3 km

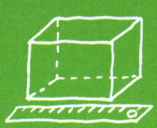

Thema: Dreiecksmuster

Dreiecke werden oft in Firmenlogos verwendet. Aber auch in der Kunst lassen sich mit Dreiecken vielfältige Muster zeichnen.

1 Sierpinski-Dreieck

Der polnische Mathematiker Sierpinski zeigte 1915, wie man aus einem Dreieck unendlich viele Dreiecke erzeugen kann.
Konstruiere das nebenstehende Dreiecksmuster auf einem unlinierten Blatt Papier. Die schrittweise Anleitung hilft dir dabei.
Achte darauf, dass du sehr exakt arbeitest.

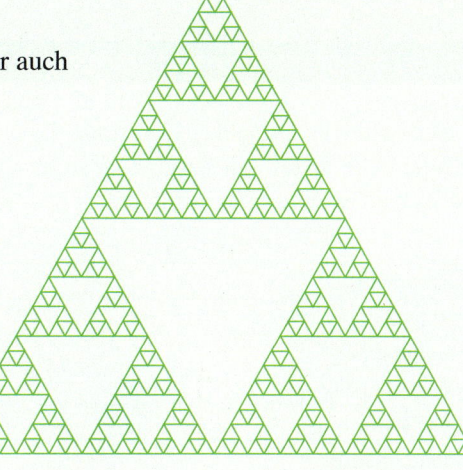

Wacław Sierpiński war ein polnischer Mathematiker (1882–1969).

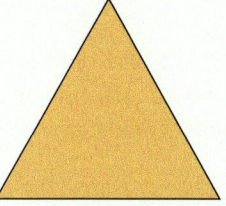
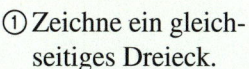
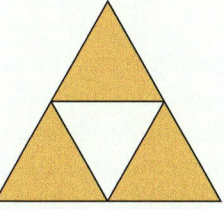

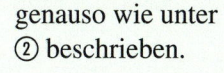
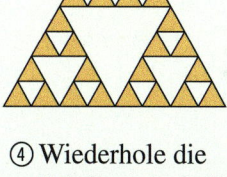

① Zeichne ein gleichseitiges Dreieck.

② Miss von jeder Seite die Seitenmitte aus. Verbinde die drei Seitenmitten miteinander.

③ Verfahre in den drei äußeren Dreiecken genauso wie unter ② beschrieben.

④ Wiederhole die Schritte so oft, bis die Dreiecke ganz klein sind.

2 Fraktale

Das Muster besteht aus vielen verkleinerten Kopien von sich selbst: Es ist zu sich selbst ähnlich. Selbstähnliche Dreiecksmuster, sogenannte Fraktale, lassen sich auch aus gleichschenkligen, rechtwinkligen oder sogar unregelmäßigen Dreiecken herstellen.

a) Beschreibe die Ausgangsform des abgebildeten Fraktals.

b) Veranstaltet in der Klasse einen Wettbewerb, wer die schönsten Fraktale zeichnen kann. Hängt die Bilder in einer Ausstellung aus. Vielleicht könnt ihr auch den Kunstunterricht in den Wettbewerb mit einbeziehen.

SCHON GEWUSST?
*Das Sierpinski-Dreieck ist zu sich selbst ähnlich. Man nennt solche Figuren **Fraktal**.*

3 Muster gestalten

Zeichne die folgenden Muster nach und male sie verschiedenfarbig aus.

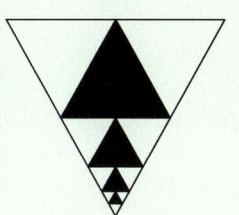
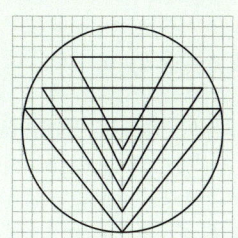
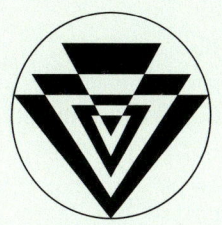

Klar so weit?

Dreiecksarten erkennen und beschreiben

1 Betrachte die Dreiecke. Übertrage die Tabelle in dein Heft und kreuze für jedes Dreieck an, welche Eigenschaften es besitzt.

	①	②	③	④
spitzwinklig				
rechtwinklig				
stumpfwinklig				
gleichschenklig				
gleichseitig				
unregelmäßig				

2 Übertrage die gleichschenkligen Dreiecke in dein Heft.

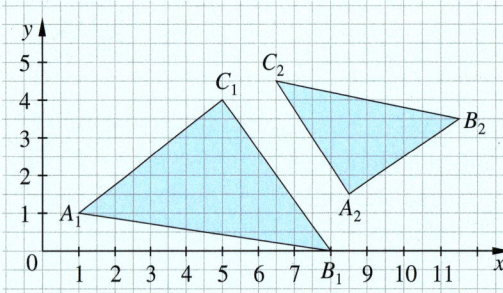

a) Zeichne jeweils die Symmetrieachse ein.
b) Welche Seiten sind Schenkel, welche Seiten sind Basis? Färbe die Basis rot.

3 Zeichne die Vierecke ① und ② in dein Heft und verbinde zwei gegenüberliegende Eckpunkte durch eine Diagonale.
Welche Dreiecksformen entstehen jeweils?
① ein Quadrat mit 7 cm Seitenlänge
② ein beliebiges Rechteck

2 Zeichne das Dreieck ABC in ein Koordinatensystem. Prüfe, ob das Dreieck ABC gleichschenklig ist. Zeichne gegebenenfalls die Symmetrieachse ein.

a) $A(2|1)$;
$B(8|2)$;
$C(3|7)$

b) $A(3|8,5)$;
$B(1|4,5)$;
$C(5,5|2,5)$;

c) $A(1|0)$;
$B(4,5|2)$;
$C(1|4)$

3 Übertrage die Vierecke in dein Heft und verbinde zwei gegenüberliegende Eckpunkte durch eine Diagonale.
Welche Dreiecksarten entstehen? Benenne nach Seiten und Winkeln. Was ändert sich, wenn du die andere Diagonale betrachtest?

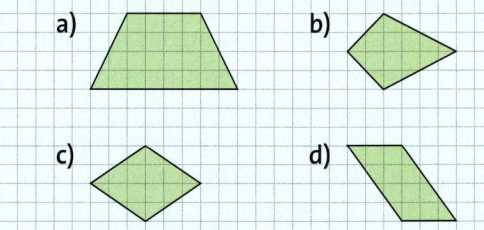

a)   b)

c)   d)

Dreiecke zeichnen (ohne Zirkel)

4 Zeichne das Dreieck ABC.
a) $a = 4\,\text{cm}$; $\beta = 27°$; $\gamma = 140°$
b) $b = 6,8\,\text{cm}$; $\gamma = 42°$; $\alpha = 80°$

5 Zeichne das Dreieck ABC und beschreibe, wie du vorgegangen bist.
a) $b = 3,8\,\text{cm}$; $c = 4,4\,\text{cm}$; $\alpha = 60°$
b) $a = 3,5\,\text{cm}$; $c = 6,4\,\text{cm}$; $\beta = 35°$

4 Zeichne das Dreieck ABC.
a) $c = 4,9\,\text{cm}$; $\alpha = 61°$; $\beta = 46°$
b) $b = 5,2\,\text{cm}$; $\gamma = 23°$; $\alpha = 126°$

5 Zeichne das Dreieck ABC und beschreibe, wie du vorgegangen bist.
a) $a = 33\,\text{mm}$; $b = 3,6\,\text{cm}$; $\gamma = 87°$
b) $b = c = 5,4\,\text{cm}$; $\alpha = 45°$

6 Zeichne die Figur exakt.
Beginne mit
Punkt *A*.
Miss an-
schließend
die Größe
von Winkel *γ*.

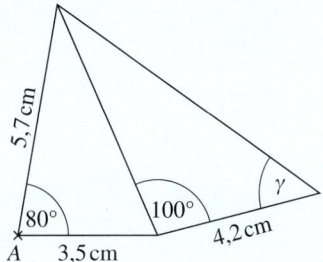

6 Zeichne die Figur und miss zum Schluss
die Länge von Seite *x*.

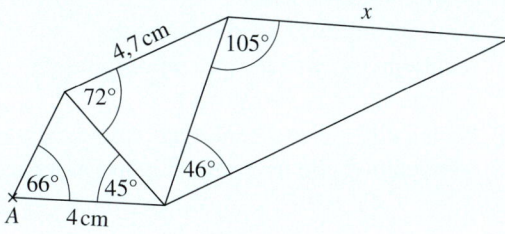

7 Welche Dreiecke sind eindeutig konstruierbar, welche nicht? Begründe.

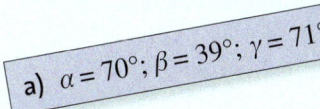

a) $α = 70°$; $β = 39°$; $γ = 71°$

b) $α = 97°$; $b = 5,7\,cm$; $c = 9\,cm$

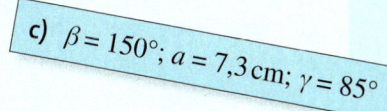

c) $β = 150°$; $a = 7,3\,cm$; $γ = 85°$

Dreiecke konstruieren (mit Zirkel)

→ Seite 72

8 Konstruiere das Dreieck *ABC*.
Wie bist du vorgegangen?
a) $a = 4,7\,cm$; $b = 5,2\,cm$; $c = 3,9\,cm$
b) $a = 2,8\,cm$; $b = 5,9\,cm$; $c = 4,5\,cm$
c) $a = 5,5\,cm$; $b = 3,3\,cm$; $c = 3,6\,cm$

8 Konstruiere das Dreieck *ABC* und gib eine
Konstruktionsbeschreibung an.
a) $a = 2,4\,cm$; $b = 7\,cm$; $c = 7,4\,cm$
b) $a = 4,8\,cm$; $b = 5,7\,cm$; $a = c$
c) $a = b = c = 3,6\,cm$

9 Zeichne das Dreieck *ABC*.
Fertige zunächst eine Planskizze an.
a) $c = 3\,cm$; $a = 4,2\,cm$ und $α = 72°$
b) $c = 3,5\,cm$; $b = 5,5\,cm$ und $β = 135°$

9 Zeichne das Dreieck *ABC*.
Fertige zunächst eine Planskizze an.
a) $a = 2,7\,cm$; $c = 5,1\,cm$ und $γ = 101°$
b) $b = 4,7\,cm$; $a = 3,3\,cm$ und $β = 73°$

10 Konstruiere nur die Dreiecke, die eindeutig konstruierbar sind. Eine Planskizze hilft.
a) $a = 6,3\,cm$; $b = 4,2\,cm$; $γ = 63°$
b) $c = 4,5\,cm$; $b = 9,7\,cm$; $a = 5,1\,cm$
c) $α = 39°$; $c = 6,7\,cm$; $a = 4,4\,cm$
d) $b = 5,1\,cm$; $c = 6,9\,cm$; $γ = 98°$

10 Konstruiere das Dreieck *ABC* mit
$c = 4\,cm$, $a = 5,5\,cm$ und $α = 50°$.
a) Ändere die Länge der Seite *a* so, dass zwei
Dreiecke konstruiert werden können.
b) Mit welchen Längen für *a* ist das Dreieck
gar nicht konstruierbar?

11 Zeichne die Figuren ins Heft. Alle
erkennbaren Dreiecke sind gleichseitig.
a) $\overline{AB} = 6$ cm, **b)** $\overline{AB} = 4$ cm,
$\overline{AD} = 3$ cm, $\overline{AD} = 3$ cm,
$\overline{BE} = 3$ cm $\overline{BE} = 3$ cm

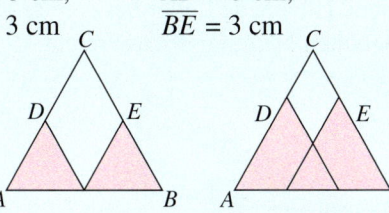

11 Das Dreieck *ABC* ist gleichseitig. Die
Dreiecke *ABD*, *BCE* und *AFC*
sind kongruent und gleichschenklig.
Zeichne die Figur,
beginne mit dem
Dreieck *ABC*
mit $c = 6$ cm.
Weiter gilt
$\overline{AD} = 3,3$ cm.

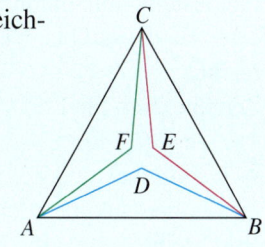

Vermischte Übungen

1 Betrachte die Dreiecke und sortiere sie nach ihren Eigenschaften.

a) Schreibe auf, welche der Dreiecke rechtwinklig, welche spitzwinklig und welche stumpfwinklig sind.

b) Nenne alle gleichschenkligen, alle gleichseitigen und alle unregelmäßigen Dreiecke.

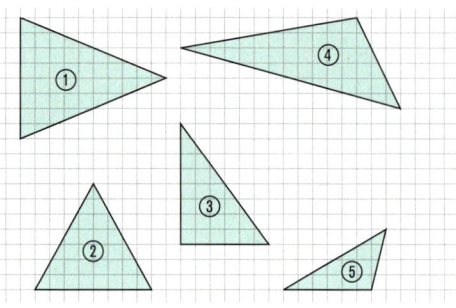

2 Zeichne das Dreieck, wenn möglich. Wenn nicht, begründe, warum es nicht geht.

a) gleichschenklig, spitzwinklig

b) gleichschenklig, stumpfwinklig

c) gleichseitig, spitzwinklig

d) gleichseitig, rechtwinklig

e) gleichseitig, stumpfwinklig

f) gleichschenklig, rechtwinklig

3 Ordne den gegebenen Bestimmungsstücken die passenden Kongruenzsätze in der Randspalte zu.

a) $a = 7,6\,\text{cm}$; $\alpha = 34°$; $c = 6,7\,\text{cm}$

b) $a = 3,4\,\text{cm}$; $b = 6,9\,\text{cm}$; $c = 5,2\,\text{cm}$

c) $\alpha = 91°$; $\beta = 53°$; $c = 3,1\,\text{cm}$

d) $b = 5\,\text{m}$; $c = 9\,\text{m}$; $\alpha = 45°$

e) $a = 3,4\,\text{dm}$; $b = 7,9\,\text{dm}$; $c = 4,2\,\text{dm}$

f) $b = 3\,\text{km}$; $c = 5\,\text{km}$; $\gamma = 70°$

g) $\alpha = 60°$, $b = 1\,\text{cm}$; $\gamma = 80°$

h) $c = 75\,\text{mm}$; $a = 63\,\text{mm}$; $\gamma = 103°$

3 Ergänze die dritte Angabe, sodass nach dem angegebenen Kongruenzsatz ein Dreieck eindeutig konstruierbar ist.

a) nach SsW $a = 5,4\,\text{cm}$; $c = 6,9\,\text{cm}$

b) nach SSS $a = 4,3\,\text{cm}$; $b = 8,9\,\text{cm}$

c) nach WSW $\alpha = 47°$; $\gamma = 47°$

d) nach SsW $b = 4\,\text{m}$; $c = 7,5\,\text{m}$

e) nach SsW $a = 2,9\,\text{dm}$; $c = 3,7\,\text{dm}$

f) nach SSS $b = 2,3\,\text{km}$; $c = 1,9\,\text{km}$

g) nach WSW $\beta = 40°$; $\gamma = 80°$

h) nach SsW $a = 63\,\text{mm}$; $\gamma = 103°$

4 Zeichne das Dreieck ABC. Nach welchem der drei Fälle *SSS*, *SWS* und *WSW* musst du es konstruieren?

a) $a = 3\,\text{cm}$; $b = 6\,\text{cm}$; $c = 5\,\text{cm}$

b) $c = 5,3\,\text{cm}$; $\alpha = 43°$; $\beta = 62°$

c) $b = 2,9\,\text{cm}$; $c = 5,3\,\text{cm}$; $\alpha = 36°$

d) $a = 4\,\text{cm}$; $b = 6\,\text{cm}$; $\gamma = 47°$

4 Begründe zunächst, dass bei der Konstruktion tatsächlich ein Dreieck entsteht. Zeichne dann das Dreieck ABC ins Heft.

a) $c = 4,2\,\text{cm}$; $\alpha = 100°$; $\beta = 45°$

b) $a = 2,4\,\text{cm}$; $b = 4,7\,\text{cm}$; $c = 3,5\,\text{cm}$

c) $a = 3,9\,\text{cm}$; $b = 4,5\,\text{cm}$; $\gamma = 54°$

d) $c = 4\,\text{cm}$; $b = 5,1\,\text{cm}$; $\beta = 85°$

5 Damit eine Stufenleiter sicher steht, darf der Winkel α nicht größer als 70° sein. Wie lang muss die Leiter dann mindestens sein, damit sie an einer Hauswand bis in eine Höhe von 4,5 m reicht? Zeichne 2 cm für 1 m.

5 Damit eine Stufenleiter sicher steht, darf der Winkel α nicht größer als 70° sein. Im Fachhandel werden Leitern in den Längen 4 m, 5 m und 6 m angeboten. Fertige maßstabsgerechte Zeichnungen an, mit deren Hilfe du bestimmen kannst, bis in welche Höhe jede Leiter bei dem größtmöglichen Neigungswinkel reicht.

6 Geodreieck und Zeichendreieck werden oft im Mathematikunterricht verwendet. Beschreibe jeweils die Eigenschaften der Dreiecke.

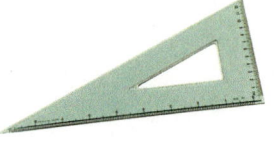
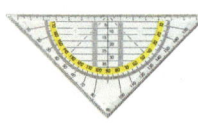

RÜCKBLICK
Berechne.
a) $0,4 \cdot 0,3$
b) $\frac{2}{5} \cdot \frac{5}{3}$
c) $0,5 : 0,2$
d) $\frac{1}{5} : \frac{1}{3}$
e) $2\frac{1}{3} \cdot 3\frac{1}{4}$

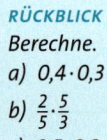

7 Das Land Guyana liegt in Südamerika. Die Flagge dieses Landes enthält gleichschenklige Dreiecke. Zeichne diese Flagge mit den angegebenen Maßen.

$a = 3\,\text{cm}; \; \alpha_1 = 61°; \; \alpha_2 = 74°$

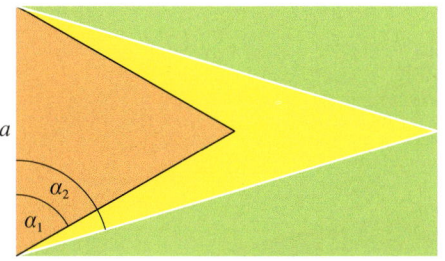

7 Ein Schiff wird von den beiden Orten Juist und Norderney gleichzeitig gesichtet, beide Orte liegen 12 km voneinander entfernt. Entnimm die Winkelgrößen der Zeichnung und konstruiere ein entsprechendes Dreieck im Maßstab 1 : 100 000.
Bestimme so, wie weit das Schiff in diesem Moment von den beiden Orten entfernt war.

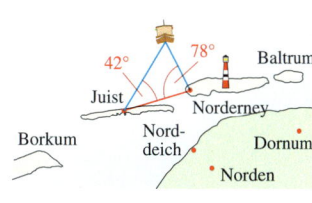

8 Die Höhe eines Bürogebäudes soll vermessen werden.
Dazu wird ein Winkelmessgerät, ein sogenannter Theodolit, in 50 m Entfernung vom Gebäude aufgestellt. Die Messung ergibt einen Winkel von $\alpha = 35°$.

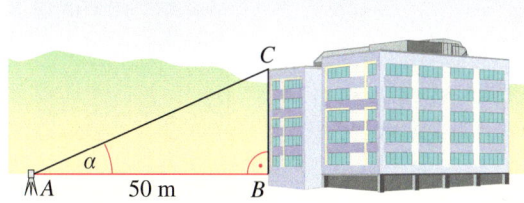

a) Fertige nach der Skizze eine verkleinerte Zeichnung im Maßstab 1 : 500 an.
b) Bestimme aus der Zeichnung die Höhe des Bürogebäudes. Beachte dabei den Hinweis zur Augenhöhe in der Randspalte.

8 Die Höhe eines Kirchturms soll bestimmt werden. Dazu wurden zwei geeignete Punte A und B im Gelände gewählt.

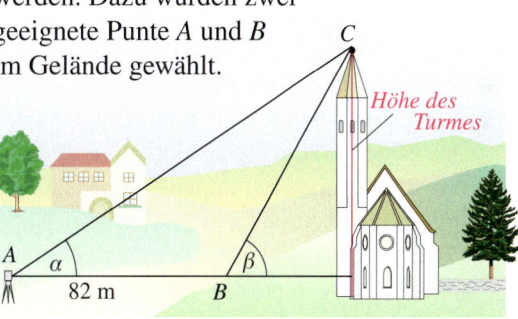

Höhe des Turmes

Die Entfernung der Punkte A und B beträgt 82 m. Von A und von B aus wird die Kirchturmspitze angepeilt. Die Messungen ergeben $\alpha = 27°$ und $\beta = 57°$.
Fertige eine verkleinerte Zeichnung im Maßstab 1 : 1 000 und bestimme mithilfe der Zeichnung die Höhe des Turms in Wirklichkeit. Beachte die Augenhöhe.

HINWEIS

*Ein **Theodolit** ist ein Winkelmessgerät und wird in der Landvermessung eingesetzt.
Der Theodolit ist auf einem Stativ in einer Höhe von 1,50 m über dem Boden (Augenhöhe) befestigt.*

9 Oft ist das zu vermessende Gelände nicht direkt zugänglich.
a) Eine Eisenbahngesellschaft plant eine neue Strecke mit einem Tunnel (gestrichelte Linie) durch bergiges Gelände. Die Kosten für den Tunnel werden anhand einer maßstabsgetreuen Zeichnung ermittelt. Fertige eine Zeichnung an und berechne die Kosten für den Tunnel. Ein Meter Tunnel kostet ca. 18 000 €.
b) Eine Segelregatta führt vom Hafen um zwei Bojen herum zurück zum Ausgangspunkt. Die Bojen sind 4,9 km voneinander entfernt. Entnimm der Skizze die erforderlichen Größen, fertige eine maßstabsgetreue Zeichnung an und bestimme die Länge der gesamten Regattastrecke.

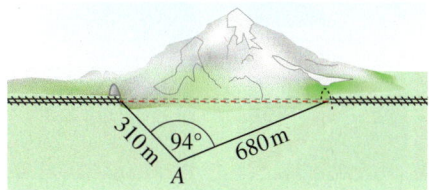

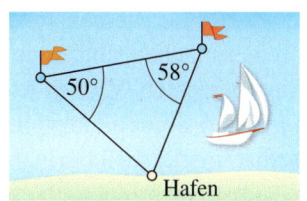

10 Briefmarken aus aller Welt

Die meisten Briefmarken sind viereckig, es gibt aber auch Ausnahmen. Schon seit Beginn des vorigen Jahrhunderts werden auch dreieckige Marken herausgegeben.
Bei Sammlern sind solche Marken besonders beliebt, weil sie so selten sind.

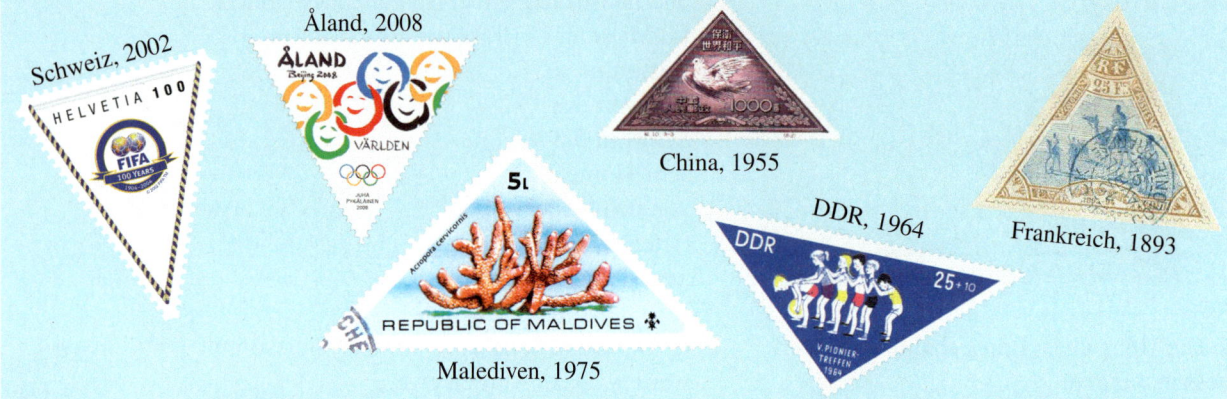

a) Vergleiche die abgebildeten Briefmarken. Bestimme jeweils die genaue Dreiecksform.
b) Zeichne die Umrisse der Marken ab. Überlege vorher, welche Maße du benötigst.
c) Briefmarken werden nicht einzeln, sondern auf Bogen gedruckt.
   Das ist bei rechteckigen Marken einfach (siehe rechts).
   Wie aber können die dreieckigen Marken auf einem Druckbogen angeordnet werden?
   Überlege dir eine Anordnung, sodass möglichst viele Marken auf einen Bogen passen und möglichst wenige Lücken entstehen.
   Die Briefmarkenbogen sollen rechteckig sein und 20 cm mal 15 cm messen.
   ① Beginne mit der Malediven-Marke.
   ② Skizziere auch Bogen mit den Marken aus der Schweiz und aus Åland.

11 Flaggen verschiedener Nationen

Auf den Flaggen zahlreicher Länder sind dreieckige Flächen zu finden.

①  ②  ③

a) Für welche Länder stehen die abgebildeten Flaggen?
b) Bestimme jeweils die Dreiecksformen, die in den Flaggen vorkommen.
c) Welche Dreiecksflächen sind zueinander kongruent?
d) Zeichne die Flaggen ab. Verwende dazu das Rechteckmaß 6 cm × 4 cm.
e) Suche im Internet weitere Flaggen mit Dreiecksflächen.
f) Gestalte selbst im gleichen Format eine Flagge mit Dreiecksformen.
   Stellt eure selbstentworfenen Flaggen aus.

Zusammenfassung

→ *Seite 64*

Dreiecksarten erkennen und beschreiben

Dreiecke können nach ihren **Seiten** oder **Winkeln** unterschieden werden.

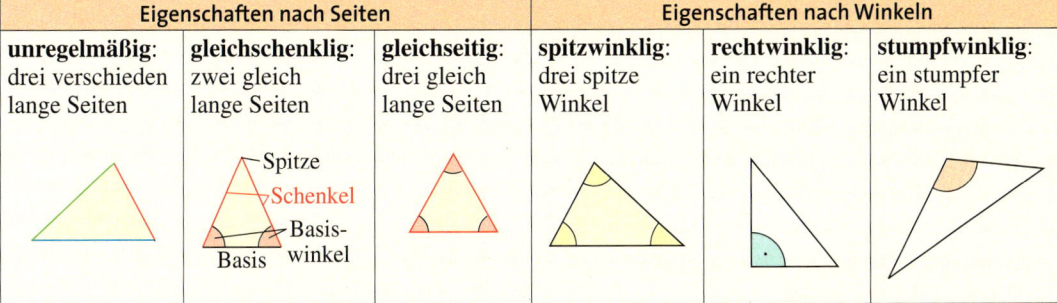

Eigenschaften nach Seiten			Eigenschaften nach Winkeln		
unregelmäßig: drei verschieden lange Seiten	**gleichschenklig:** zwei gleich lange Seiten	**gleichseitig:** drei gleich lange Seiten	**spitzwinklig:** drei spitze Winkel	**rechtwinklig:** ein rechter Winkel	**stumpfwinklig:** ein stumpfer Winkel

→ *Seite 68*

Dreiecke zeichnen (ohne Zirkel)

Wenn Dreiecke in den drei Seitenlängen und der Größe ihrer drei Winkel übereinstimmen, dann haben sie die gleiche Form und die gleiche Größe. Die Dreiecke sind deckungsgleich. Man nennt sie **zueinander kongruente** Dreiecke (Zeichen: ≅).

Nach den **Kongruenzsätzen** benötigt man jeweils nur **drei Bestimmungsstücke** zum eindeutigen Zeichnen des Dreiecks.

WSW
Eine Seite und die beiden anliegenden Winkel müssen gegeben sein.

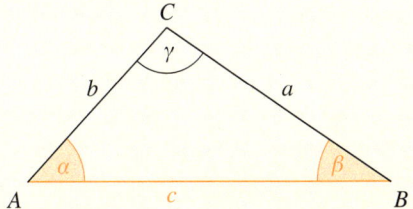

SWS
Zwei Seiten und der eingeschlossene Winkel müssen gegeben sein.

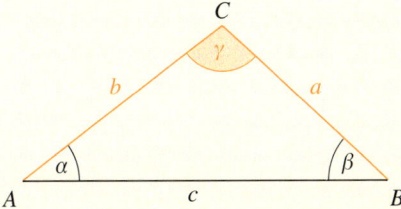

→ *Seite 72*

Dreiecke konstruieren (mit Zirkel)

SSS
Drei Seiten müssen gegeben sein.

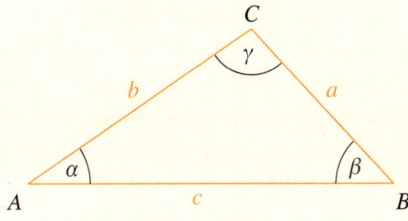

SsW
Zwei Seiten und der Winkel, der der längeren Seite gegenüberliegt, müssen gegeben sein.

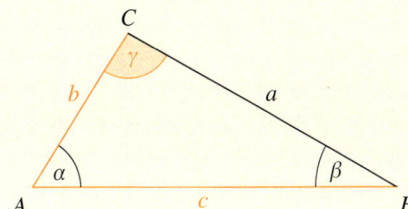

Teste dich!

3 Punkte

1 Betrachte die Skizze des Dreiecks.

a) Zeichne das Dreieck mit den vorgegebenen Maßen in dein Heft.

b) Beschrifte das Dreieck vollständig.

c) Miss alle fehlenden Größen.

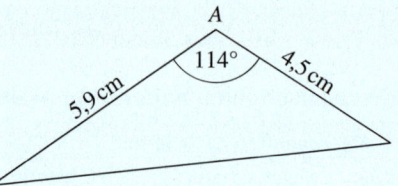

3 Punkte

2 Betrachte die Dreiecke.

a) Benenne die Dreiecksart nach Seiten.

b) Benenne die Dreiecksart nach Winkeln.

c) Übertrage die Dreiecke in dein Heft, beschrifte sie vollständig.

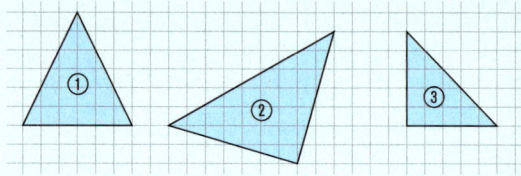

4 Punkte

3 Wahr oder falsch? Entscheide anhand einer Zeichnung.

a) In jedem gleichseitigen Dreieck sind auch alle drei Winkel gleich groß.

b) Jedes spitzwinklige Dreieck ist gleichschenklig.

c) Jedes unregelmäßige Dreieck ist stumpfwinklig.

d) In einem gleichschenkligen Dreieck sind mindestens zwei Winkel gleich groß.

7 Punkte

4 Zeichne das Dreieck ABC.

a) Führe folgende Konstruktionsbeschreibung aus:

1. Zeichne $\overline{AB} = c = 7\,\text{cm}$.

2. Zeichne je einen Kreisbogen um A und B mit dem Radius $r = 7\,\text{cm}$.

3. Bezeichne den Schnittpunkt der beiden Kreisbogen mit C.

4. Verbinde C mit A und C mit B.

5. Halbiere alle drei Seiten des Dreiecks ABC und markiere jeweils den Halbierungspunkt.

6. Verbinde die drei Halbierungspunkte miteinander.

b) Benenne die entstandenen Dreiecksformen.

12 Punkte

5 Konstruiere die Dreiecke.

Erstelle zuerst eine Planskizze und gib an, welcher Kongruenzsatz vorliegt.

a) $c = 6,3\,\text{cm}$;
$b = 4,5\,\text{cm}$;
$\alpha = 84°$

b) $a = 4,8\,\text{cm}$;
$\beta = 24°$;
$\gamma = 120°$

c) $a = 5,1\,\text{cm}$;
$b = 5,5\,\text{cm}$;
$c = 3,4\,\text{cm}$

d) $a = 4,2\,\text{cm}$;
$c = 5,5\,\text{cm}$;
$\gamma = 46°$

3 Punkte

6 Begründe, warum nach den folgenden Angaben keine kongruenten Dreiecke gezeichnet werden können.

a) $a = 4,2\,\text{cm}$;
$b = 5,5\,\text{cm}$;
$\alpha = 46°$

b) $\alpha = 51°$;
$\beta = 102°$;
$\gamma = 27°$

c) $a = 9,2\,\text{cm}$;
$b = 5,5\,\text{cm}$;
$c = 3,4\,\text{cm}$

2 Punkte

7 In einer Parkanlage wurde der See vermessen. Wie weit sind die Messstäbe an den beiden Ufern des Sees voneinander entfernt? Ermittle die Entfernung zeichnerisch. Zeichne 1 cm für 10 m.

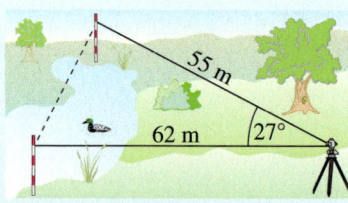

Prozentrechnung

Prozentangaben kennst du
sicher aus vielen Bereichen.
Beim Einkaufen beispielsweise wird häufig
mit Prozentangaben geworben.
Das Wort Prozent kommt vom italienischen
„per cento" (von hundert).
„per cento" wurde später abgekürzt mit cto.
Daraus entstand mit der Zeit die Schreibweise %.

cento → cto → Ho → Ho → % → %

EINZELNE ARTIKEL BIS ZU 30% 50% 70% REDUZIERT

Noch fit?

Einstig

Aufstieg

1 Bruchbilder
Gib den Anteil der rot gefärbten und der blau gefärbten Fläche jeweils als Bruch an.

a) 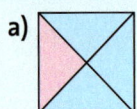 b) 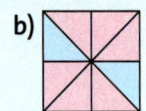 c) 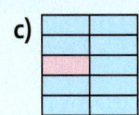 d) 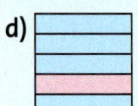 e) 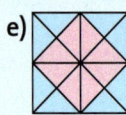 f)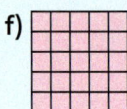

2 Bruchbilder zeichnen
Zeichne drei Rechtecke, jedes mit den Seitenlängen 3 cm und 5 cm.
Färbe im ersten Rechteck 50 %, im zweiten 75 % und im dritten 10 % der Fläche ein.

2 Bruchbilder zeichnen
Zeichne drei Quadrate mit der Seitenlänge 6 cm.
Färbe im ersten Quadrat 25 %, im zweiten $33\frac{1}{3}$ % und im dritten 75 % der Fläche ein.

3 Brüche umwandeln
Schreibe als Dezimalbruch.

a) $\frac{7}{10}$ b) $\frac{87}{100}$ c) $\frac{4}{5}$ d) $\frac{7}{20}$

e) $\frac{3}{4}$ f) $\frac{14}{25}$ g) $\frac{7}{50}$ h) $\frac{77}{1000}$

3 Brüche umwandeln
Schreibe als Dezimalbruch.

a) $\frac{9}{15}$ b) $\frac{3}{150}$ c) $\frac{3}{12}$ d) $\frac{6}{125}$

e) $2\frac{9}{20}$ f) $\frac{5}{8}$ g) $3\frac{111}{125}$ h) $\frac{990}{5500}$

ERINNERE DICH
$3{,}818181... =$
$= 3{,}\overline{81}$

4 Zahlen dividieren
Berechne den Quotienten.

a) $12 : 10$ b) $29 : 4$ c) $15 : 8$

d) $21 : 6$ e) $31 : 3$ f) $15 : 6$

g) $101 : 9$ h) $42 : 11$ i) $2 : 3$

4 Zahlen dividieren
Berechne den Quotienten.

a) $18 : 8$ b) $20 : 9$ c) $52 : 7$

d) $123 : 5$ e) $16 : 11$ f) $15 : 16$

g) $1 : 12$ h) $2 : 11$ i) $0{,}3 : 12$

5 Bruchteile berechnen
Wie viel sind …

a) $\frac{1}{2}$ von 240?   b) $\frac{1}{4}$ von 52?

c) $\frac{2}{3}$ von 270?   d) $\frac{5}{6}$ von 54?

5 Bruchteile berechnen
Wie viel sind …

a) $\frac{3}{4}$ von 310?   b) $\frac{5}{8}$ von 96?

c) $\frac{1}{12}$ von 290?   d) $\frac{3}{8}$ von 330?

6 Anteile vergleichen
Zwei Basketball-Sportler unterhalten sich über ihre Leistungen.
Sportler A: „Ich habe von 75 Würfen 25 Körbe erzielt."
Sportler B: „Bei mir waren es von 90 Würfen genau 30."
Welcher Sportler hatte mehr Erfolg?

7 Verschiedene Schreibweisen
Welche Zahlen sind gleich?

0,75	75 %	$\frac{75}{100}$
$\frac{34}{100}$	$\frac{3}{4}$	
0,340	$\frac{750}{1000}$	$\frac{6}{8}$
$\frac{17}{50}$	0,34	

7 Verschiedene Schreibweisen
Welche Zahlen sind gleich?

0,4	$\frac{2}{5}$	$\frac{4}{10}$
40 %	0,04	$\frac{40}{1000}$
$\frac{40}{100}$	4 %	$\frac{1}{25}$
$\frac{4}{100}$	0,400	0,040

ERINNERE DICH
$\frac{1}{100} = 0{,}01 = 1\%$

Lösungen ab Seite 182

Prozentrechnung

Prozentangaben kennst du
sicher aus vielen Bereichen.
Beim Einkaufen beispielsweise wird häufig
mit Prozentangaben geworben.
Das Wort Prozent kommt vom italienischen
„per cento" (von hundert).
„per cento" wurde später abgekürzt mit cto.
Daraus entstand mit der Zeit die Schreibweise %.

cento → cto → ℅ → ℅ → ℅ → %

Noch fit?

Einstig | Aufstieg

1 Bruchbilder
Gib den Anteil der rot gefärbten und der blau gefärbten Fläche jeweils als Bruch an.

a) 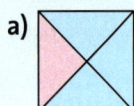   b) 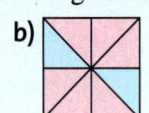   c) 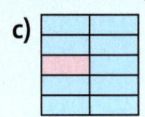   d) 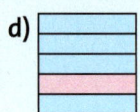   e) 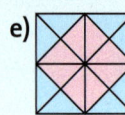   f)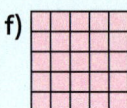

---

2 Bruchbilder zeichnen
Zeichne drei Rechtecke, jedes mit den Seitenlängen 3 cm und 5 cm.
Färbe im ersten Rechteck 50 %, im zweiten 75 % und im dritten 10 % der Fläche ein.

2 Bruchbilder zeichnen
Zeichne drei Quadrate mit der Seitenlänge 6 cm.
Färbe im ersten Quadrat 25 %, im zweiten $33\frac{1}{3}$ % und im dritten 75 % der Fläche ein.

---

3 Brüche umwandeln
Schreibe als Dezimalbruch.

a) $\frac{7}{10}$ b) $\frac{87}{100}$ c) $\frac{4}{5}$ d) $\frac{7}{20}$

e) $\frac{3}{4}$ f) $\frac{14}{25}$ g) $\frac{7}{50}$ h) $\frac{77}{1000}$

3 Brüche umwandeln
Schreibe als Dezimalbruch.

a) $\frac{9}{15}$ b) $\frac{3}{150}$ c) $\frac{3}{12}$ d) $\frac{6}{125}$

e) $2\frac{9}{20}$ f) $\frac{5}{8}$ g) $3\frac{111}{125}$ h) $\frac{990}{5500}$

ERINNERE DICH
3,818181... =
= $3,\overline{81}$

4 Zahlen dividieren
Berechne den Quotienten.

a) 12 : 10   b) 29 : 4   c) 15 : 8

d) 21 : 6   e) 31 : 3   f) 15 : 6

g) 101 : 9   h) 42 : 11   i) 2 : 3

4 Zahlen dividieren
Berechne den Quotienten.

a) 18 : 8   b) 20 : 9   c) 52 : 7

d) 123 : 5   e) 16 : 11   f) 15 : 16

g) 1 : 12   h) 2 : 11   i) 0,3 : 12

---

5 Bruchteile berechnen
Wie viel sind …

a) $\frac{1}{2}$ von 240?   b) $\frac{1}{4}$ von 52?

c) $\frac{2}{3}$ von 270?   d) $\frac{5}{6}$ von 54?

5 Bruchteile berechnen
Wie viel sind …

a) $\frac{3}{4}$ von 310?   b) $\frac{5}{8}$ von 96?

c) $\frac{1}{12}$ von 290?   d) $\frac{3}{8}$ von 330?

---

6 Anteile vergleichen
Zwei Basketball-Sportler unterhalten sich über ihre Leistungen.
Sportler A: „Ich habe von 75 Würfen 25 Körbe erzielt."
Sportler B: „Bei mir waren es von 90 Würfen genau 30."
Welcher Sportler hatte mehr Erfolg?

7 Verschiedene Schreibweisen
Welche Zahlen sind gleich?

0,75	75 %	$\frac{75}{100}$
	$\frac{34}{100}$	$\frac{3}{4}$
0,340	$\frac{750}{1000}$	$\frac{6}{8}$
$\frac{17}{50}$	0,34	

7 Verschiedene Schreibweisen
Welche Zahlen sind gleich?

0,4	$\frac{2}{5}$	$\frac{4}{10}$
40 %	0,04	$\frac{40}{1000}$
$\frac{40}{100}$	4 %	$\frac{1}{25}$
$\frac{4}{100}$	0,400	0,040

ERINNERE DICH
$\frac{1}{100}$ = 0,01 = 1 %

Anteile und Prozente

Entdecken

1 Was bedeuten die Prozentangaben hier?
Suche weitere Beispiele und stelle sie in der Klasse vor.

Für den Kredit müssen pro Jahr 6,8 % Zinsen gezahlt werden.

Die Mehrwertsteuer beträgt in Deutschland 19 %. Für Lebensmittel und bestimmte Güter gilt der ermäßigte Satz von 7 %.

Die Preise sind im letzten Jahr durchschnittlich um 3,1 % gestiegen.

Im Iran sind 70 % der Bevölkerung unter 25 Jahre alt. In Deutschland sind dies nur 24,7 % aller Menschen.

25% Fett

10%

12%

Bundestagswahl 2009

%
40 — 33,8
30
20 — 23,0
10 — 14,6 11,9 10,7
0
Union SPD FDP Linke Grüne

Gewinne und Verluste im Vergleich zur Wahl 2005

%-Punkte
6
4
2
0 — −1,4 −11,2
−2 — +4,7 +3,2 +2,6
−4
−6
−8
−10
−12
Union SPD FDP Linke Grüne

2 Kolja, Merle und Max haben eine Umfrage zu Schwimmabzeichen durchgeführt.
Sie haben in allen siebten Klassen erfragt, wer schon Silber oder Gold hat.

Bei uns haben 18 von 23 Jugendlichen Silber oder Gold.

Bei uns haben es 14, 6 haben es nicht.

In unserer Klasse haben 75 % Silber oder Gold.

3 Die Schülerinnen und Schüler der Kunst-AG üben sich im Zeichnen von Personen. Wichtig ist dabei auch, dass die Proportionen stimmen, also die Größenverhältnisse der einzelnen Körperteile zueinander.
Bei Erwachsenen macht z. B. der Kopf etwa $\frac{1}{8}$ der Körperlänge aus. Die Schülerinnen und Schüler untersuchen das genauer.

Name (Alter)	Körperlänge	Kopflänge	Anteil
Paul (8)	1,36 m	21 cm	$\frac{21}{136} \approx 15,4\%$
Liu (10)	1,45 m	21 cm	
Sina (12)	1,50 m	22 cm	
Hannes (13)	1,60 m	23 cm	
David (16)	1,92 m	24 cm	
Fr. Wagner (30)	1,72 m	21 cm	
Hr. Paffen (63)	1,78 m	25 cm	

a) Bestimmt jeweils, welchen Anteil der Kopf an der gesamten Körperlänge hat.
b) Ordnet die Personen nach dem Anteil des Kopfes an der Körperlänge.
Schreibt auch das Alter dazu. Was fällt euch auf?
c) Bei welcher Testperson kommt der Anteil der Kopflänge dem typischen Wert $\frac{1}{8}$ am nächsten?
d) Messt selbst bei mehreren Personen und wertet die Daten auf ähnliche Weise aus.

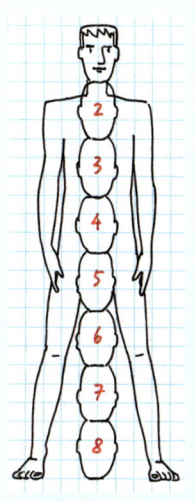

87

Verstehen

Seit vielen Jahren nehmen die Schülerinnen und Schüler der Jesse-James-Schule an den Prüfungen zum Sportabzeichen teil.
Die Schulchronik besagt, dass bisher in jedem Jahr mindestens 50% der Teilnehmer das Sportabzeichen erworben haben.
Dieses Jahr wird in die Chronik eingetragen:

Klasse	Teilnehmer	erworbene Abzeichen	Anteil der Kinder, die das Sportabzeichen geschafft haben
7 a	25	20	$\frac{20}{25} = \frac{80}{100} = \blacksquare\%$
7 b	32	24	$\frac{24}{32} = \frac{3}{4} = \frac{75}{100} = \blacksquare\%$

Wir waren besser, die 7b! Ist doch klar: 24 Sportabzeichen sind mehr als 20

Von uns haben $\frac{4}{5}$ aller Jugendlichen das Sportabzeichen geschafft. Bei euch haben es nur $\frac{3}{4}$ aller Jugendlichen geschafft. Wir waren erfolgreicher, die 7a!

Nadine vergleicht nur *die Anzahl* der Sportabzeichen:

$24 > 20$

> **Merke** Beim **Vergleichen von Anteilen** geht man vor wie Jonas:
>
> $\frac{20}{25} > \frac{24}{32}$

Anteile werden mit Brüchen dargestellt.
Wenn die Brüche verschiedene Nenner haben, ist ein Vergleichen im Kopf meist schwierig. Deswegen nutzt man beim Vergleichen von Anteilen Brüche mit dem Nenner 100.

$$\frac{20}{25} = \frac{20 \cdot 4}{25 \cdot 4} = \frac{80}{100} \quad > \quad \frac{24 : 8}{32 : 8} = \frac{3 \cdot 25}{4 \cdot 25} = \frac{75}{100}$$

$$\frac{80}{100} = 80\% \quad > \quad \frac{75}{100} = 75\%$$

Beispiele

$\frac{80}{100} = 0{,}80 = 80\%$

$75\% = \frac{75}{100} = 0{,}75$

$\frac{1}{2} = 0{,}50 = \frac{50}{100} = 50\%$

> **Merke** Brüche mit dem Nenner 100 kann man in der Prozentschreibweise angeben.
>
> $1\% = \frac{1}{100}$
>
> Das Zeichen % (**Prozent**) bedeutet „von hundert" (Hundertstel).
> Das *Ganze* umfasst immer 100%.

In der Grafik kann man vergleichen, wie die Klassen bei der Sportprüfung abgeschnitten haben:

Klasse 7a:

Klasse 7b:

10% 20% 30% 40% 50% 60% 70% 75% 80% 90%

„Alle Jugendlichen" sind 100%.
„20 von 25" sind 80%.

„Alle Jugendlichen" sind 100%.
„24 von 32" sind 75%.

Üben und anwenden

1 Gib den Anteil in Prozent an.

a) $\frac{1}{100}$; $\frac{12}{100}$; $\frac{35}{100}$; $\frac{60}{100}$; $\frac{85}{100}$

b) $\frac{52}{100}$; $\frac{59}{100}$; $\frac{73}{100}$; $\frac{84}{100}$; $\frac{99}{100}$

c) $\frac{1}{2}$; $\frac{1}{10}$; $\frac{1}{4}$; $\frac{1}{5}$; $\frac{3}{5}$; $\frac{7}{20}$; $\frac{25}{50}$; $\frac{14}{40}$

2 Was gehört zusammen?

Beispiel $\frac{1}{5} = \frac{20}{100} = 20\,\%$

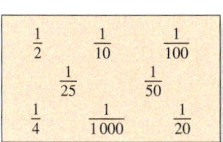

3 Gib den Anteil der gefärbten Fläche an der Gesamtfläche in Prozent an.

a)
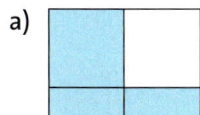
b)

c)
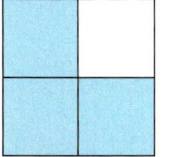
d)

e)
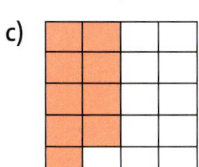
f)
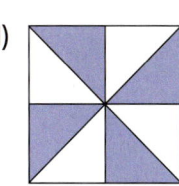

4 Wie viel Prozent der Fläche ist gefärbt?

a) 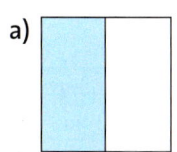 b) 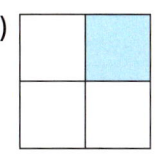 c)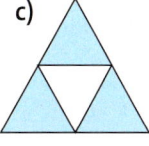

d) 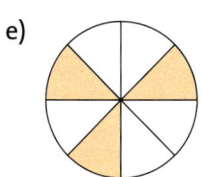 e)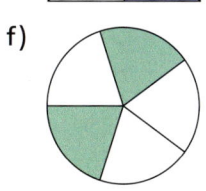

1 Erweitere oder kürze die Brüche auf den Nenner 100. Schreibe sie dann als Prozent.

a) $\frac{3}{4}$; $\frac{9}{20}$; $\frac{7}{50}$; $\frac{3}{25}$; $\frac{3}{10}$; $\frac{1}{4}$; $\frac{4}{5}$ b) $\frac{21}{25}$; $\frac{154}{200}$; $\frac{81}{900}$; $\frac{2}{5}$; $\frac{480}{600}$

c) $\frac{13}{50}$; $\frac{7}{20}$; $\frac{3}{5}$; $\frac{9}{10}$; $\frac{45}{100}$; $\frac{75}{150}$ d) $\frac{2}{5}$; $\frac{1}{2}$; $\frac{7}{10}$; $\frac{10}{10}$; $\frac{36}{300}$; $\frac{7}{100}$

2 Welche Angaben sind gleich?

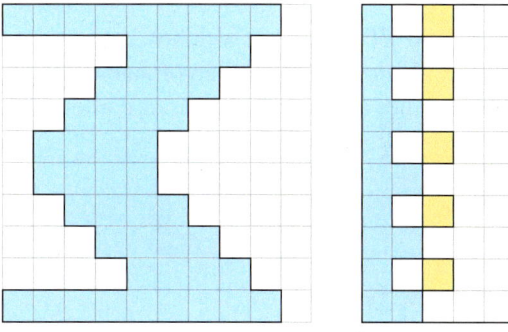

3 Schreibe den Anteil der gefärbten Flächen an der Gesamtfläche als Prozentzahl.

4 Welcher Anteil ist gefärbt? Schätze die Prozentzahl.

a)  b)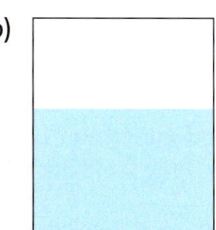

c) 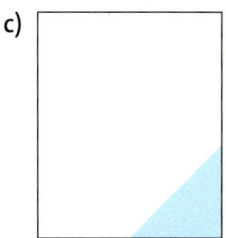 d)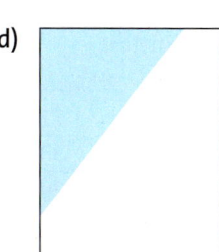

ERINNERE DICH

Erweitern:

$\frac{3}{25} = \frac{3 \cdot 4}{25 \cdot 4} = \frac{12}{100}$

Kürzen:

$\frac{18}{600} = \frac{18 : 6}{600 : 6} = \frac{3}{100}$

ERINNERE DICH

$0,2 = \frac{20}{100} = 20\,\%$

$0,02 = \frac{2}{100} = 2\,\%$

$0,002 = \frac{2}{1\,000} =$

$= 0,2\,\%$

5 Betrachte auf der gegenüberliegenden Verstehensseite die Grafik ganz unten. Erkläre die Darstellung.

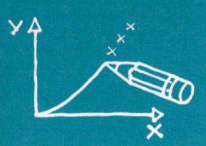

6 Ergänze die Tabelle in deinem Heft.

a)

0,28	0,67			0,17		
$\frac{28}{100}$			$\frac{82}{100}$		$\frac{98}{100}$	
		19%				56%

b)

0,2	0,5			0,7	
$\frac{20}{100}$			$\frac{30}{100}$		$\frac{60}{100}$
		80%			40%

6 Ergänze die Tabelle in deinem Heft.

a)

35%			65%			71%
$\frac{35}{100}$	$\frac{45}{100}$			$\frac{87}{100}$		
		0,85		0,24		

b)

$\frac{2}{100}$				$\frac{33}{100}$		$\frac{94}{100}$
0,02		0,9			0,07	
	22%		31%			

BEISPIEL
$\frac{5}{6} = 5:6$
$\approx 0,833$
$\approx 83,3\%$

7 Schreibe als Dezimalbruch, runde auf Tausendstel. Schreibe dann als Prozentzahl.

a) $\frac{1}{3}; \frac{1}{9}; \frac{1}{8}; \frac{1}{7}; \frac{1}{4}$

b) $\frac{5}{6}; \frac{2}{9}; \frac{2}{3}; \frac{3}{11}; \frac{2}{15}$

c) $\frac{6}{9}; \frac{8}{12}; \frac{10}{15}; \frac{12}{18}; \frac{2}{3}$

7 Schreibe als Dezimalbruch, runde auf Tausendstel. Schreibe dann als Prozentzahl.

a) $\frac{1}{6}; \frac{1}{5}; \frac{1}{13}; \frac{1}{15}; \frac{1}{21}$

b) $\frac{5}{7}; \frac{5}{9}; \frac{13}{9}; \frac{9}{13}; \frac{16}{11}$

c) $5\frac{6}{9}; 2\frac{8}{12}; 12\frac{10}{15}; 66\frac{12}{18}$

8 Gib für jede Figur an, welcher Anteil mit welcher Farbe eingefärbt ist.
Welche Figur hat den größten orangen Anteil? Welche hat den kleinsten orangen Anteil?
Ermittle dies auch für die anderen Farben.

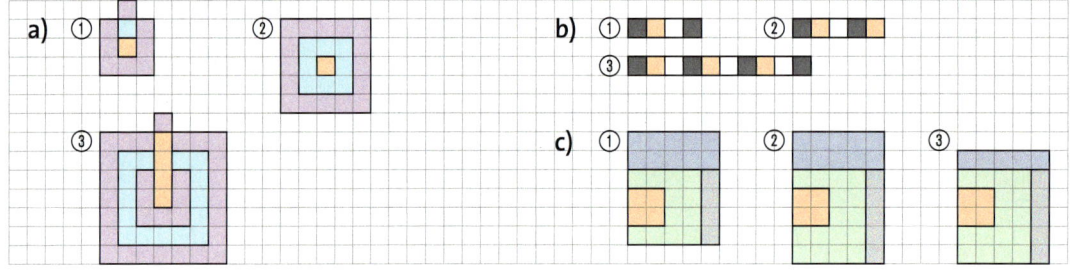

9 In einer Klassenarbeit werden 20 Englisch-Vokabeln abgefragt.
An wie viel Prozent der Vokabeln erinnern sich die Schüler noch?
a) Katrin weiß noch 17 Vokabeln.
b) Paul erinnert sich an 15 Wörter.
c) Cedric kann 12 Vokabeln übersetzen.
d) Lea erinnert sich an 9 Vokabeln.
e) Fritz weiß noch 5 Übersetzungen.
f) Klara erinnert sich an 18 Vokabeln.

RÜCKBLICK
Drehen am Glücksrad

grün ⦀⦀ |
gelb ⦀⦀
rot ⦀⦀ |
blau ⦀⦀ |||
Gib die absoluten und die relativen Häufigkeiten an.

10 Welche Klasse war am besten? Vergleiche erst die Anzahlen und dann die Anteile.
a) Sportfest

	Schüleranzahl	Anzahl der Urkunden
7a	22	11
7b	30	24
7c	20	17
7d	25	16

b) Diktate
200 Worte (Kl. 7c): durchschn. 5 Fehler
250 Worte (Kl. 8a): durchschn. 6 Fehler

10 Durchschnittswerte in Deutschland

	Körperlänge	Kopflänge
Neugeborenes	48 cm	12 cm
6 Jahre alt	1,08 m	18 cm
12 Jahre alt	1,40 m	20 cm
25 Jahre alt	1,76 m	22 cm

a) Beschreibe die Informationen.
b) Gib jeweils den Anteil des Kopfes an der Körperlänge als Bruch an.
c) Berechne auch die entsprechenden Prozentwerte. Runde sinnvoll.

Prozentsatz

Entdecken

1 Arbeitet zu zweit mit einer „Prozente-Scheibe".

Für den Bau einer Prozente-Scheibe benötigt ihr zwei Prozentskalen. Zeichnet dazu zwei Kreise auf ein Blatt Papier und unterteilt sie gleichmäßig in Prozentschritten.

Anleitung:

1. Schneidet die beiden Prozentskalen kreisförmig aus.
2. Färbt von der farbigen (bzw. dunkleren) Scheibe auch die Rückseite.
3. Schneidet entlang der gestrichelten Linie jeweils einen Schlitz bis zum Mittelpunkt.

a) Ergänzen zum Ganzen

Steckt die Scheiben so ineinander, wie im Bild zu sehen ist.

Stellt auf der weißen Seite einen Prozentsatz ein. Welcher Anteil von der weißen Scheibe ist auf der Rückseite zu sehen?

Ergänzt die Tabelle im Heft, wählt abwechselnd weitere Werte aus.

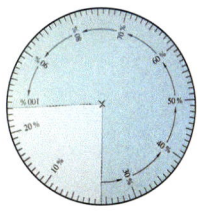

Vorderseite	75%	25%	30%			
Rückseite						

b) Spiel: Anteile raten

Steckt die Scheiben diesmal anders zusammen: so, dass nur ein Partner die Skalen sehen kann.

– Der eine stellt auf der weißen Scheibe einen Prozentwert ein,

– die andere schätzt, welcher Anteil auf der Vorderseite eingestellt ist.

Wechselt euch ab.

Notiert die eingestellten und die geschätzten Werte. Wer 10-mal näher dran war, gewinnt.

Tipp: Überlegt zuerst, ob man beim Schätzen auf den weißen oder auf den farbigen Teil der Rückseite achten muss.

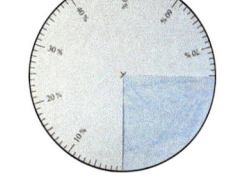

2 Zum Regieren brauchen Parteien mehr als 50% der Sitze im Parlament. Um die 50% zu erreichen, schließen sich meistens zwei Parteien zusammen. Das nennt man eine Koalition.

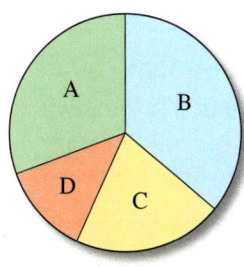

a) Schätze, ohne genau zu messen: Welche der Parteien könnten eine Koalition bilden?

b) Gib die Anteile der Parteien an den Parlamentssitzen so genau wie möglich in Prozent an.

c) Recherchiere die aktuelle Sitzverteilung im Stadtrat deiner Stadt oder im Landtag von NRW.

Erstelle ein passendes Kreisdiagramm.

3 Brüche umwandeln

a) Schreibe zuerst als Bruch mit dem Nenner 10; 100; 1 000 oder 10 000.

Schreibe dann als Prozentzahl.

① $\frac{3}{20}$; $\frac{3}{25}$; $\frac{11}{50}$; $\frac{1}{4}$

② $\frac{10}{40}$; $\frac{3}{30}$; $\frac{36}{80}$; $\frac{18}{60}$

③ $\frac{1}{500}$; $\frac{6}{250}$; $\frac{3}{125}$; $\frac{7}{2\,000}$

④ $\frac{6}{15}$; $\frac{30}{150}$; $\frac{9}{12}$; $\frac{3}{1\,500}$

b) Wähle aus ①, ②, ③ und ④ jeweils ein Beispiel und beschreibe Schritt für Schritt wie du vorgegangen bist. Stelle deine Erklärung auf einem Plakat dar.

Verstehen

Die Klasse 7 a wird von 12 Mädchen und 13 Jungen besucht. Der Anteil der Mädchen an allen Jugendlichen in der 7 a beträgt $\frac{12}{25}$.

Rahel rechnet so:

$$\frac{12}{25} = \frac{48}{100} = 48\%$$

48 % der Jugendlichen aus der 7 a sind Mädchen.

In der 7 b sind 14 Mädchen und 17 Jungen.
Der Anteil der Mädchen der Klasse 7 b beträgt $\frac{14}{31}$.

Betrana rechnet schriftlich:
$$\frac{14}{31} = 14 : 31 = 0{,}4516129\ldots \approx 45{,}2\%$$

In der 7 b sind rund 45,2 % der Jugendlichen Mädchen.

> **Merke** Der Anteil in Prozentschreibweise
> heißt **Prozentsatz**.
> Man schreibt: $p\%$

Beispiel
Der Prozentsatz der Mädchen in der 7 a
beträgt $p\% = 48\%$.

Es gibt drei Möglichkeiten, den Prozentsatz zu berechnen.

Ⓐ $\frac{12}{25} = \frac{48}{100} = 48\%$ $\qquad$ $p\% = 48\%$ $\qquad$ Manche Brüche kann man auf den Nenner 100 (den Nenner 10; 1 000; …) kürzen oder erweitern.

Ⓑ $\frac{14}{31} = 14 : 31 \approx 45{,}2\%$ $\quad$ $p\% \approx 45{,}2\%$ $\qquad$ Bei allen Brüchen kann man den Zähler durch den Nenner (schriftlich) dividieren.

Ⓒ $\quad$ Man nutzt das **Dreisatzschema**:
Jona fragt: „Wie hoch ist der Mädchenanteil in den beiden 7. Klassen zusammen?"
26 Mädchen von 56 Jugendlichen

TIPP
Schreibe beim Dreisatz immer links die bekannten Werte und rechts die gesuchten Werte.

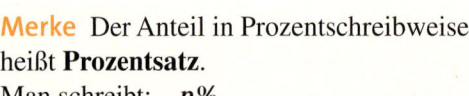

bekannt: Anzahl	gesucht: Anteil ($p\%$)
56	100 %
1	$\frac{100\%}{56}$
26	$\frac{100\%}{56} \cdot 26 \approx 46{,}4\%$

: 56 und : 56, · 26 und · 26

① Das Ganze ist immer gleich 100 %.
Hier: „*alle Jugendlichen der 7. Klassen*".

② Man berechnet zuerst $p\%$ für 1 Mädchen.

③ Der Prozentsatz $p\%$ für die 26 Mädchen beträgt gerundet 46,4 %.

Die folgenden Prozentsätze kommen häufig vor. Präge sie dir ein. Sie sind für das Kopfrechnen, Überschlagen und Schätzen sehr nützlich.

HINWEIS
$33\frac{1}{3}\% = 33{,}\overline{3}\%$

Bruch	$\frac{1}{100}$	$\frac{1}{10}$	$\frac{1}{5}$	$\frac{1}{4}$	$\frac{1}{3}$	$\frac{1}{2}$	$\frac{2}{3}$	$\frac{3}{4}$	1
Prozentsatz $p\%$	1 %	10 %	20 %	25 %	$33\frac{1}{3}\%$	50 %	$66\frac{2}{3}\%$	75 %	100 %

Üben und anwenden

1 Bestimme den Prozentsatz.

a)

10 m	25 m	50 m	78 m	99 m
von 100 m				

b)

2 kg	20 kg	90 kg	100 kg	150 kg
von 200 kg				

2 Bestimme auch hier den Prozentsatz. Beschreibe den Unterschied zu Aufgabe 1.

a)

5 € von				
10 €	20 €	50 €	100 €	200 €

b)

5 cm von				
5 cm	8 cm	50 cm	80 cm	100 cm

3 In der Klasse 7 c einer Schule sind 12 Jungen und 18 Mädchen. Wie viel Prozent der Schülerzahl sind das jeweils?

4 Bei der letzten Klassenarbeit gab es bei 25 Arbeiten nur einmal die Note 1. Wie viel Prozent sind das?

5 Berechne den Prozentsatz.
Was ist jeweils dein erster Lösungsschritt?

a) 1 cm von 1 m **b)** 1 g von 1 kg
c) 1 min von 1 h **d)** 37 cm von 10 m
e) 6 € von 200 € **f)** 48 ct von 7,68 €
g) 24 s von 5 min **h)** 65 cm von 2 m

6 Wie rechnet Magnus?

Bei diesen Aufgaben muss ich nicht lange rechnen, um die Prozentsätze zu bestimmen.

① 15 von 60 Handys

② 40 von 160 Elfmetern

③ 45 von 90 Telefonaten

7 Ein Fahrrad wurde für 500 € (400 €) im Schaufenster angeboten. Beim Kauf wird es aber 50 € (60 €) billiger verkauft. Wie viel Prozent beträgt der Preisnachlass?

---

1 Bestimme den Prozentsatz.

a)

2 €	20 €	25 €	50 €	75 €
von 200 €				

b)

5 min	10 min	12 min	20 min	30 min
von 60 min				

2 Bestimme auch hier den Prozentsatz. Beschreibe den Unterschied zu Aufgabe 1.

a)

80 g von				
120 g	400 g	600 g	880 g	1 kg

b)

6 min von				
1 h	2 h	4 h	5 h	10 h

3 Von 1 500 Schülerinnen und Schülern einer Schule gehören 117 der 7. Jahrgangsstufe an. Wie viel Prozent sind das?

4 In einer Schulklasse mit 24 Jugendlichen sind 6 an Grippe erkrankt. Wie viel Prozent sind das?

5 Wie viel Prozent …
a) sind 50 ct (40 ct; 75 ct) von 1 €?
b) sind 750 m (0,1 km; 50 cm) von 1 km?
c) sind 25 min (0,4 h; 100 s) von 1 h?
d) sind 1 kg (75 kg; 200 g) von 173 kg?
Was war jeweils dein erster Lösungsschritt?

7 Ein Auto wird für 5 700 € verkauft. Der Neuwert des Autos betrug 15 000 €. Wie viel Prozent des Neuwertes beträgt der Kaufpreis?

NACHGEDACHT
Betrachte die Rechenverfahren Ⓐ bis Ⓒ auf der Verstehensseite gegenüber:
– Mit welchem Verfahren kommst du am besten zurecht?
– Bei welchen Aufgaben kann man Verfahren Ⓐ nicht anwenden?

---

8 Wie viel Prozent der Lose sind jeweils Gewinne? Runde auf eine Nachkommastelle. Kannst du eine Empfehlung aussprechen?

a) 2 000 Lose 500 Gewinne	**b)** 870 Lose 175 Gewinne	**c)** 750 Lose 162 Gewinne	**d)** 1 500 Lose 225 Gewinne	**e)** 1 217 Lose 216 Gewinne

9 Bei einem Basketballspiel erzielte Lukas bei 9 Würfen 4 Treffer, Amelie mit 15 Würfen 9 Treffer und Kevin traf bei 25 Würfen 11-mal. Vergleiche die Trefferquoten: Wer hatte die beste Trefferquote?

9 Stadt A hat 25 000 Einwohner, Stadt B hat 45 000 Einwohner. In A fahren 12 000 Menschen mit dem Auto zur Arbeit, in B 16 000.
a) Wie viel Prozent hat Stadt B mehr an Einwohnern als Stadt A?
b) In welcher Stadt fährt ein höherer Prozentsatz mit dem Auto zur Arbeit?

10 Um in die Schule zu kommen, nutzen von den insgesamt 920 Schülerinnen und Schülern einer Schule 257 den Bus, 449 das Fahrrad und 42 ein Moped. Die anderen kommen zu Fuß zur Schule. Wie viel Prozent fahren mit welchem Verkehrsmittel bzw. kommen zu Fuß zur Schule?

11 Was wurde falsch gemacht? Begründe.
a) 8 von den Jugendlichen sind 100 m gelaufen.
   $p\% = 8\%$
b) 10 m von den Holzleisten kosten 25 €.
   $p\% = 40\%$
c) 3 Jungen und 9 Mädchen
   $p\% \approx 33,3\%$

11 Finde die Fehler und korrigiere im Heft.
a) 7 kg von 50 kg   b) 2 € von 12,50 €

bekannt: Gewicht	gesucht: Anteil (p%)
50 kg	100 %
1 kg	100 % · 50
7 kg	$\frac{100\% \cdot 50}{7} \approx$

bekannt: Anteil (p%)	gesucht: Preis
100 %	12,50 €
1 %	$\frac{12,50\,€}{100}$
2 %	$\frac{12,50\,€ \cdot 2}{100} \approx$

Der Preis von 500 g Kirschen wird von 1,89 € auf 1,99 € erhöht.

Der Preis für 1 kg Mehl sinkt von 69 ct auf 59 ct.

12 Preisänderungen
a) Wie viel Prozent beträgt die Preiserhöhung bzw. der Preisnachlass?
b) Auf wie viel Prozent des ursprünglichen Preises wurden die Preise erhöht bzw. reduziert?
c) Vergleiche die Ergebnisse zu a) und b): Was fällt dir auf?
d) Jona meint: „Mehr als 100 %? Das geht doch gar nicht!" Diskutiert.

13 Ein Eisladen hat die Preise geändert. Bestimme jeweils:
a) Ist der Preis gestiegen oder gesunken? Um wie viel %?
b) Wie viel % des vorigen Preises kostet das Produkt jetzt?
Beschreibe den Unterschied der Angaben zu a) und b).

① Eisbecher: ~~4,80 €~~; neu 4,50 €
② Eiskaffee: ~~2,80 €~~; neu 2,50 €
③ Eiskugel: ~~80 ct~~; neu 90 ct
④ Streusel: ~~10 ct~~; neu 30 ct

14 Entfernungen, die jeder Deutsche im Jahr durchschnittlich zurücklegt

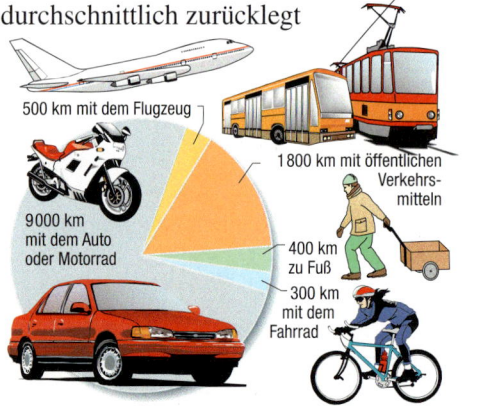

500 km mit dem Flugzeug
1 800 km mit öffentlichen Verkehrsmitteln
9 000 km mit dem Auto oder Motorrad
400 km zu Fuß
300 km mit dem Fahrrad

Berechne die Prozentsätze für die fünf Bereiche und trage sie in eine Tabelle ein.

ZU AUFGABE **14**
Schätze: Wie viele km hast du in der letzten Woche mit welchem Verkehrsmittel bzw. zu Fuß zurückgelegt? Berechne in %.

14 **Zeitungen in Deutschland**

Allgemeine

333 lokale/regionale Abo-Zeitungen
27 Wochenzeitungen
10 überregionale Z.
8 Straßenverkaufsz.
6 Sonntagszeitungen

lokale/regionale Abo-Zeitungen — 14,06
Straßenverkaufszeitungen — 4,26 Auflage in Mio.
Sonntagszeitungen — 3,43
Wochenzeitungen — 1,93
überregionale Zeitungen — 1,63

Hier sind zwei Statistiken dargestellt. Berechne für beide die prozentuale Verteilung und stelle sie in einer Tabelle dar. Was fällt dir auf?

Zeitungsart	Anteil an Anzahl	Anteil an Auflage

Prozentwert

Entdecken

1 Said zeichnet sich ein Hunderterfeld mit Schälchen.
Auf diese Schälchen verteilt er 360 € gleichmäßig.
a) Wie viel Geld liegt in *einem* Schälchen?
Wie viel Prozent vom gesamten Betrag sind das?
b) Wie viel Geld enthalten 12 Schälchen?
Wie viel Prozent von 360 € sind das?
c) Beschreibe, wie man den Geldbetrag für
verschiedene Prozentsätze bestimmen kann.
d) Bestimme 40 % vom Gesamtbetrag.
e) Bestimme 72 % vom Gesamtbetrag.

2 Gestern war Bürgermeisterwahl in Neustadt.

Bürgermeisterwahl in Neustadt	
Jana Berwig	38 %
Dr. Katrin Wagner	37 %
Florian Segelke	21 %
Peter Petersen	4 %

Wie viele Leute haben Frau Berwig gewählt?

Ich schätze, insgesamt sind ungefähr 8 000 Leute wählen gegangen.

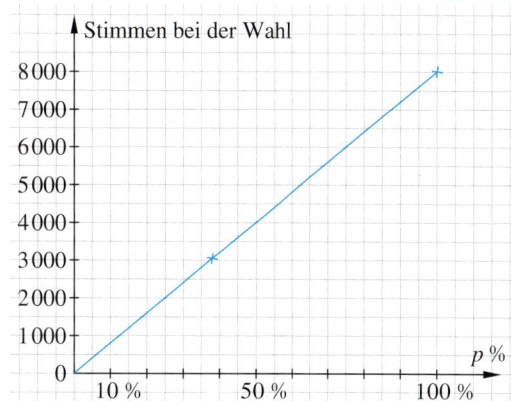

a) Wie löst Claire die Frage mit ihrer Zeichnung?
Wie kann sie den Wert für „38 % von 8 000" ablesen?
b) Übertrage die Zeichnung in dein Heft. Markiere die Werte aller
Kandidatinnen und Kandidaten und lies sie ab.
c) Claire hat gehört, dass es nicht 8 000, sondern nur 5 760 Wähler
waren. Wie viele Wähler hatten in diesem Fall Frau Berwig und
die anderen?
Löse durch ein Diagramm.

3 Eine Internetbuchhandlung wirbt für ein Hörbuch.
a) Klärt untereinander die Angaben,
die für euch unverständlich sind.
b) Helena und Tom wollen über-
prüfen, ob der Preis wirklich um
40 % reduziert wurde.
Erkläre die unterschiedlichen
Rechenwege.

Harry Potter und der Halbblutprinz, Band 6
Audio-CD von Joanne K. Rowling und Rufus Beck von
Dhv der Hörverlag (Audio-CD – 17. Februar 2013)
Unverb. Preisempfehlung ~~EUR 89,95~~
Preis: **EUR 53,97**
Sie sparen: EUR 35,98 (40 %)   [Auf Lager]

Helena berechnet 40 % von 89,95 €:

	bekannt: Anteil (*p* %)	gesucht: Geldbetrag
	100 %	89,95 €
	1 %	0,899 5 €
	40 %	35,98 €

: 100 ⟍ ⟍ : 100
· 40 ⟍ ⟍ · 40

Tom rechnet so:

	bekannt: Anteil (*p* %)	gesucht: Geldbetrag
	40 %	35,98 €
	1 %	0,899 5 €
	100 %	89,95 €

: 40 ⟍ ⟍ : 40
· 100 ⟍ ⟍ · 100

95

Verstehen

Ich erhalte 10 % Preisvorteil, da ich seit einem halben Jahr Mitglied bin.

Ich bin kein Mitglied, ich muss 100 % des Preises bezahlen.

Ich bin schon 6 Jahre Mitglied, ich erhalte 15 % Ermäßigung.

36,00 €

Wie groß wäre der Preisvorteil für Claudia?

10 % von 36 €:

$$\frac{10}{100} \cdot 36\,€ = 3,60\,€.$$

Claudia erhält bei einer Ermäßigung von 10 % einen Preisvorteil von 3,60 €.

SCHON GEWUSST?
Ein Rabatt ist ein Preisnachlass.

Merke Der Wert, der dem Prozentsatz $p\,\%$ entspricht, heißt **Prozentwert**.

Beispiel

Bei Claudias Rabatt ist der Prozentsatz $p\,\% = 10\,\%$. Der dazu passende Prozentwert ist beim Trikot 3,60 €.

Auch den Prozentwert kann man auf drei verschiedene Weisen berechnen:

Tom, der Torwart, fragt: „Wie viel Euro Rabatt würde ich beim Trikot erhalten?"

Ⓐ $15\,\% \cdot 36\,€ = \frac{15}{100} \cdot 36\,€ = 5,40\,€$

Man multipliziert mit dem entsprechenden Bruch.

Ⓑ $15\,\% \cdot 36\,€ = 0,15 \cdot 36\,€ = 5,40\,€$

Man multipliziert mit dem entsprechenden Dezimalbruch.

Ⓒ Man nutzt das **Dreisatzschema**:

Kenan fragt: „Wie viel Euro Rabatt würde unser Torwart Tom erhalten, wenn er die Trainingsjacke kauft?"

15 % von 48 €

48,00 €

TIPP
Schreibe weiterhin immer so: links die bekannten Werte und rechts die gesuchten Werte.

bekannt: Anteil ($p\,\%$)	gesucht: Preisanteil
100 %	48 €
1 %	$\frac{48\,€}{100}$
15 %	$\frac{48\,€}{100} \cdot 15 = 7,20\,€$

: 100 ⟍   ⟋ : 100

· 15 ⟍   ⟋ · 15

① 100 % (also der *ganze* Preis), das sind 48 €.

② Man berechnet zuerst den Prozentwert, der 1 % entspricht.

③ Dann berechnet man den gesuchten Prozentwert, der 15 % entspricht.
Der gesuchte Prozentwert ist 7,20 €.

Der Torwart Tom würde beim Kauf der Trainingsjacke 7,20 € Rabatt erhalten.

Üben und anwenden

1 Bestimme den Prozentwert.

a)
1%	5%	51%	77%	99%
von 100 €				

b)
1%	10%	17%	50%	75%
von 200 kg				

2 Bestimme auch hier den Prozentwert. Beschreibe den Unterschied zu Aufgabe 1.

25% von				
16 m	44 m	120 m	500 m	1 000 m

3 Berechne.

a) 5% von 50 €   b) 20% von 80 kg
c) 25% von 125 m   d) 30% von 4 h
e) 40% von 150 km   f) 60% von 70 t

4 Der Sportverein „Kondor" zählt 640 Mitglieder.
20% seiner Mitglieder spielen Fußball, 30% spielen Basketball, 40% sind Leichtathleten und 10% aller Mitglieder sind Schwimmer.
Berechne die Anzahl der Mitglieder in jeder Abteilung.

5 In vielen Lebensmitteln befindet sich ein großer Anteil Wasser. Die Abbildung zeigt die entsprechenden Prozentsätze.

a) Wie viel Wasser befindet sich in 1 kg des jeweiligen Lebensmittels?

Kartoffeln 76%
Kernobst 83%
Roggenbrot 41%
Käse 44%

b) Wie viel Wasser ist in 25 kg Kartoffeln, in 3 kg Kernobst, in 500 g Roggenbrot und in 200 g Käse enthalten?

6 Berechne.
Warum ist es notwendig zu runden?

a) 6% von 803 Fahrrädern
b) 3% von 666 Ausbildungsplätzen
c) 15% von 246 Mathe-Büchern
d) 65% von 4 567 Lehrern

1 Bestimme den Prozentwert.

a)
1%	1,5%	7%	65,5%	100%
von 200 m				

b)
1%	1,5%	5%	31%	99%
von 50 €				

2 Bestimme auch hier den Prozentwert. Beschreibe den Unterschied zu Aufgabe 1.

12,5% von				
8 l	40 l	52 l	88 l	92 l

3 Berechne.

a) 5,5% von 120 €   b) 12,5% von 90 h
c) 0,4% von 4 kg   d) 35% von 72 t
e) 85% von 48 km   f) 0,01% von 12 m

4 Beim Einkauf in einem Elektrogroßhandel sind zusätzlich zum angegebenen Preis 19% Mehrwertsteuer zu zahlen.

a) Berechne die Mehrwertsteuer.
  ① Staubsauger 140 €   ② DVD-Player 59 €
  ③ Radio 101 €   ④ CD-Player 42 €
  ⑤ Monitor 209 €   ⑥ Rasierer 32 €
b) Gib jeweils den Verkaufspreis an.

5 Bei normaler körperlicher Anstrengung soll man täglich höchstens 75 g Fett zu sich nehmen. Hält Kevin diese Empfehlung ein? Heute hat er gegessen:

15 g Walnüsse	(63% Fett)
120 g Roggenbrot	(1% Fett)
25 g Butter	(80% Fett)
15 g Wurst	(41% Fett)
60 g Ei	(10% Fett)
100 g Rindfleisch	(19% Fett)

6 Bei Vokabeltests verwendet Miss Finn zur Benotung immer die gleiche Tabelle.

a) Wie viele Vokabeln muss man richtig haben für die einzelnen Noten?
  ① Test mit 20 Vokabeln
  ② Test mit 18 Vokabeln
  ③ Test mit 28 Vokabeln
b) Tim meint: „Bei den Tests ② und ③ muss man alle Werte aufrunden."
  Hat er recht? Begründe.

richtig (p%)	Note
ab 95%	1
ab 85%	2
ab 75%	3
ab 50%	4
ab 30%	5

TIPP
*Unterscheide die Begriffe Prozentsatz und Prozentwert:
Der Prozentwert ist ein Größenwert oder eine Anzahl (z. B. 12 € oder 4 Jungen).
Der Prozentsatz p% wird mit dem Prozentzeichen % angegeben.*

BEISPIEL

Akkus 8 €

Akkus	8,00 €
MwSt 19%	1,52 €
Summe	9,52 €

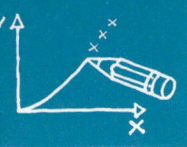

Kira:

bekannt: Anteil (p %)	gesucht: Betrag
100%	500 €
1%	5 €
15%	75 €

: 100 ↓ ↓ : 100
· 15 ↓ ↓ · 15

500 € − 75 € = 425 €

Lorenzo:

bekannt: Anteil (p %)	gesucht: Betrag
100%	500 €
1%	5 €
85%	425 €

: 100 ↓ ↓ : 100
· 85 ↓ ↓ · 85

7 Ein Fahrrad kostet im Laden 500 €. Kira und Lorenzo bekommen 15% Rabatt. Sie berechnen auf unterschiedliche Weise den neuen Preis.
a) Erkläre jeweils, wie sie vorgegangen sind. Wo sind die Unterschiede?
b) Wie würdest du vorgehen? Begründe.

8 Berechne die reduzierten Preise beim Räumungsverkauf.

9 Ein Geschäft wirbt mit „Alles 30% billiger". Wurde alles richtig reduziert?
a) Herrenanzug von 198,00 € auf 138,60 €
b) T-Shirt: bisher 13 €, jetzt 10 €
c) Freizeitjacke: von 69,00 € auf 48,30 €
d) Turnschuhe: bisher 53,00 €, jetzt 30,00 €
e) Jeans: von 33,90 € auf 22,60 €

8 Wie viel verdienen die Personen?
a) Frau Schubert verdient bisher 3 000 €. Sie erhält eine Lohnerhöhung von 3,8%.
b) Herr Lahm ist Vater geworden und arbeitet nun in Teilzeit. Vorher hat er 2 750 € verdient, jetzt bekommt er 40% weniger.
c) Herr Bastürk verdient 3 740 €, davon zahlt er 26% Lohnsteuer. Wie hoch ist sein Lohn nach Abzug der Lohnsteuer?
d) Frau Ranker hat bisher jeden Monat Mieteinnahmen von 1 767 €. Sie erhöht alle Mieten um 4%.

9 Zu Beginn des Jahres 2007 wurde die Mehrwertsteuer von 16% auf 19% erhöht. Sind demnach die Preise um 3% gestiegen? Diskutiert und argumentiert in der Klasse. *Tipp:* Argumentiert anhand von Beispielen.

Windsurfen ist ein beliebter Freizeitsport. Allerdings kommt es häufig zu Stürzen mit Verletzungen.

Prellungen, Zerrungen 49%
Schürf- und Platzwunden 45%
sonstige Verletzungen 6%

10 Fatih zeichnet ein Kreisdiagramm zu den Verletzungen beim Surfen. Zuerst stellt er folgende Rechnung auf.

bekannt: Anteil (p %)	gesucht: Winkelgröße
100%	360°
1%	3,6°
49%	3,6° · 49 ≈ 176°

: 100 ↓ ↓ : 100
· 49 ↓ ↓ · 49

a) Beschreibe Fatihs Vorgehen.
b) Berechne auch die anderen Winkelgrößen und erstelle das Kreisdiagramm.

11 Zeugnisnoten Englisch

11 Zeugnisnoten Englisch

Englischnoten in der Jahrgangsstufe 7 (127 Schülerinnen und Schüler)

Note	sehr gut	gut	befriedigend	ausreichend	mangelh./ungen.
p % (gerundet)	4%	22%	40%	26%	

a) Wie viel % der Noten waren schlechter als ausreichend?
b) Stelle die Ergebnisse in einem Kreisdiagramm dar.

a) Wie viele Jugendliche bekamen im Fach Englisch welche Note? Runde sinnvoll.
b) Stelle die Ergebnisse in einem Kreisdiagramm dar.

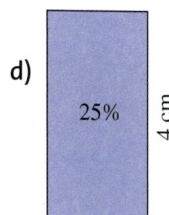

Grundwert

Entdecken

1 Übertrage das Viereck in dein Heft und ergänze es, bis 100 % erreicht sind.
Gibt es immer mehrere verschiedene Möglichkeiten?

a)

20 %
3 cm
1 cm

b)

25 %
2 cm
2 cm

c)

10 %
5 cm
1 cm

d)

25 %
2 cm
4 cm

2 Frau Schmidt-Kroos sucht eine günstige Autoversicherung.
Autoversicherungen gewähren den Kunden, die längere Zeit keinen Unfall verschuldet haben,
einen Rabatt. Der Rabatt steigt im Laufe der Jahre.

Wie viel kosten denn eure Versicherungen?

Ich zahle 30 % des Anfangsbeitrages. Das sind 210 €.

Ich habe gerade gewechselt und zahle 100 %. Das sind 875 €.

Ich zahle 240 €. Das sind 40 % des Anfangsbeitrages.

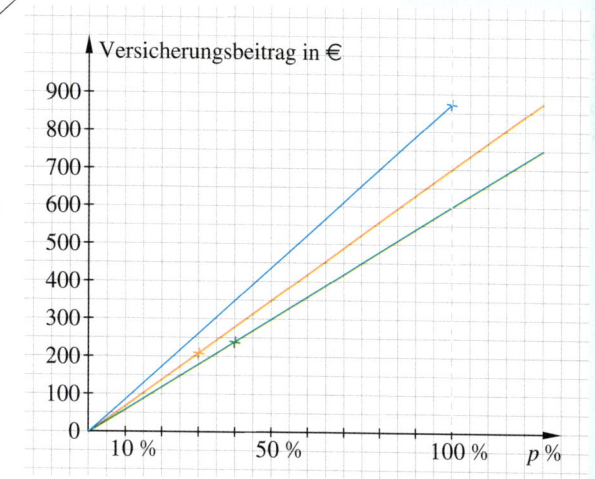

Versicherungsbeitrag in €

Übertrage das Diagramm in dein Heft.

a) Erkläre, wie man die Anfangsbeiträge der Versicherungen
am Diagramm ablesen kann.
Welche Versicherung würdest du empfehlen?

b) Nach drei Schäden stuft die Versicherung Herrn Neuer
von 40 % auf 120 % herauf. Kann man auch seinen erhöh-
ten Beitrag aus dem Diagramm ablesen?

3 Aus dem Neustädter Tageblatt

Hausaufgabenzeit
Von den befragten Schülerinnen und Schülern gaben 30 an, in der
Woche mehr als 6 Stunden für die Hausaufgaben zu benötigen.
Das entspricht einem Prozentsatz von 15 %.

Anteil (p %)	Schülerzahl
100 %	
1 %	
15 %	30

: 100 · 15   : 100 · 15

a) Kann man mit dem rechts gezeigten Dreisatzschema berechnen, wie viele Schülerinnen und
Schüler insgesamt befragt wurden?

b) Sonja will das obige Dreisatzschema verändern: Sie will die Lösung der Aufgabe rechts
unten in der Tabelle ablesen, so wie sie es bei den bisher verwendeten Dreisatzschemata
getan hat. Erstelle ein solches Schema.

c) Überprüfe die in b) gefundene Art des Dreisatzschemas mit einer weiteren Angabe aus der-
selben Umfrage:

45 % der Schülerinnen und Schüler benötigen pro Woche 4 bis 6 Stunden für die Hausaufgaben.
Diese Zeitspanne gaben 90 von den Befragten an.

Verstehen

In der Verkehrssicherheitswoche an der Mahatma-Gandhi-Schule wurden die Fahrräder stichprobenartig überprüft.

Fahrer/-in	Fahrräder mit Mängeln	
	absolut	(in p%)
5.–8. Klasse	16 Fahrräder	(20%)
9./10. Klasse	7 Fahrräder	(25%)
Lehrer/-innen	2 Fahrräder	(8%)

Alessia, Ozan und Nina wollen wissen, wie viele Räder von jeder Gruppe überprüft wurden.

Beispiel

Bei den Fünft- bis Achtklässlern rechnet Alessia im Kopf, Nina nutzt eine Tabelle.

100% ist 5 · 20%.
Also waren alle Räder:
5 · 16 Räder = 80 Räder

bekannt: Anteil (p%)	gesucht: Anzahl Fahrräder
20%	16
100%	80

· 5 ... · 5

Insgesamt wurden 80 Fahrräder der Fünft- bis Achtklässler kontrolliert, von den Neunt- und Zehntklässlern wurden nur 28 Fahrräder kontrolliert.

Merke Der **Grundwert** ist „das Ganze", er entspricht immer 100%.

Der Grundwert ist hier „80 Fahrräder" bzw. „28 Fahrräder".

Und wie viele Lehrer-Räder wurden überprüft?

8 ist kein Teiler von 100, daher kann der Grundwert nicht so leicht im Kopf berechnet werden. Ozan nutzt das Dreisatzschema.

Dreisatzschema

TIPP
Schreibe wie immer links die bekannten Werte und rechts die gesuchten Werte.

bekannt: Anteil (p%)	gesucht: Anzahl Fahrräder
8%	2
1%	$\frac{2}{8}$
100%	$\frac{2}{8} \cdot 100 = 25$

: 8 ... : 8
· 100 ... · 100

① 8%, das sind 2 Fahrräder.

② Man berechnet zuerst den Prozentwert, der 1% entspricht.

③ Dann berechnet man den Grundwert, also *alle* Lehrer-Fahrräder (100% der Lehrer-Fahrräder). Der Grundwert beträgt 25.

Es wurden 25 Fahrräder der Lehrerinnen und Lehrern überprüft.

Üben und anwenden

1 Bestimme den Grundwert.

a) 3 % sind 12 €   b) 50 % sind 36 kg
c) 40 % sind 80 m   d) 65 % sind 455 l
e) 80 % sind 728 km   f) 5 % sind 45 €
g) 20 % sind 120 kg   h) 25 % sind 2 m

1 Berechne den Grundwert.

a) 44 % sind 968 g   b) 32 % sind 736 cm
c) 61 % sind 1 647 m   d) 89 % sind 271 l
e) 57 % sind 9,69 km   f) 99 % sind 2,97 m
g) 1,5 % sind 2,7 kg   h) 2,4 % sind 1,2 l

2 An einem Wochenende führte die Polizei eine Verkehrskontrolle durch. Von den kontrollierten Fahrern mussten 5 ihre Führerscheine wegen Alkohol am Steuer abgeben, das waren 4 % der kontrollierten Personen.

2 Berufskraftfahrer dürfen nicht länger als 4 Stunden ohne Pause fahren. Ein Fahrtenschreiber kontrolliert die Zeiten. Bei einer Polizeikontrolle hatten 1,2 %, das waren 6 Fahrer, die erlaubte Zeit überschritten.

3 Das Wohnzimmer von Familie Reimer hat eine Fläche von 32 m². Das sind 22 % der gesamten Wohnfläche.

a) Wie groß ist die gesamte Wohnfläche? Runde sinnvoll.
b) Der Anteil eines Kinderzimmers an der gesamten Wohnfläche beträgt 10 %.
c) Die Fläche der Küche wird mit 15 % angegeben.

4 An einer Losbude

a) Wie viele Lose gibt es insgesamt?
b) Wie viele Nieten sind vorhanden?

4 Melissas Klasse führt eine Befragung zum Fernsehverhalten und zur Computernutzung in ihrer Klasse durch. 7 Personen (das waren 28 % der Befragten) gaben an, dass sie täglich fernsehen. 19 gaben an, dass sie täglich den Computer nutzen.

a) Wie viele Jugendliche sind in der Klasse?
b) Bestimme den Anteil derjenigen, die täglich den Computer nutzen.
c) Addiere die Prozentsätze und erkläre dein Ergebnis.
d) Kann man das Ergebnis in einem Kreisdiagramm darstellen?

5 Die Kalkschale eines Hühnereis wiegt 7,15 g, das sind 11 % des Gesamtgewichts. Wie schwer ist das Ei?

5 Zum Jahresende zählt der Sportverein 98 Jugendliche, das sind 35 % seiner Mitglieder. Wie viele Mitglieder hat der Verein?

6 Tina fährt seit 3 Stunden Zug. Sie ist froh, dass sie schon 60 % ihrer Fahrzeit hinter sich hat. Wie lange muss sie insgesamt fahren?

6 Auf einer Radtour wurde die erste Rast nach 18 km gemacht. Bis dahin waren 60 % des Weges zurückgelegt. Wie lang war die Tour?

7 Bestimme den Grundwert.

a) 12 % sind 72 €   b) 18 % sind 54 kg
c) 24 % sind 54 m   d) 36 % sind 2521 l
e) 72 % sind 162 ct   f) 100 % sind 3 min

7 Berechne den Grundwert. Runde sinnvoll.

a) 4,5 % sind 107 g   b) 10,3 % sind 7,6 mm
c) 16,8 % sind 409 m   d) 80,5 % sind 1 l
e) 0,07 % sind 9 m²   f) 99 % sind 4,31 mm

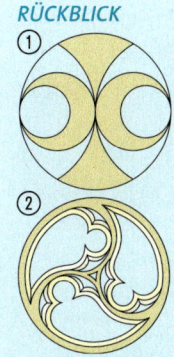

RÜCKBLICK
①

②

Prüfe beide Figuren auf Achsen-, Punkt- und Drehsymmetrie. Gib ggf. die Anzahl der Symmetrieachsen bzw. den Drehwinkel an.

8 Ergänze den Streifen im Heft zu 100 %.

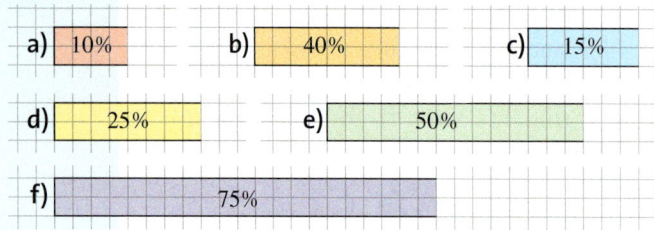

a) 10 %
b) 40 %
c) 15 %
d) 25 %
e) 50 %
f) 75 %

8 Wie groß ist jeweils der Grundwert?

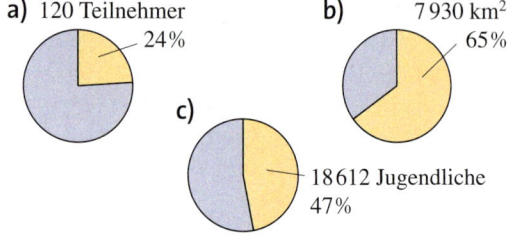

a) 120 Teilnehmer 24 %
b) 7 930 km² 65 %
c) 18 612 Jugendliche 47 %

9 Eine Jeans kostet nach einer Preissenkung um 13 % noch 43,50 €.
a) Leyla meint: „Der neue Preis für die Jeans entspricht 87 % des alten Preises." Erkläre.
b) Berechne den alten Preis.

9 Frau Özdemir verdient nach einer Lohnsteigerung um 5 % jetzt 5 827,50 €.
a) Tim meint: „Ihr neues Gehalt entspricht 105 % des alten Gehalts." Begründe.
b) Berechne ihr voriges Gehalt.

10 Lillis Eltern haben eine Mieterhöhung um 4 % erhalten. Sie zahlen jetzt 34 € mehr.
a) Wie hoch war die alte Miete?
b) Wie viel müssen sie jetzt bezahlen?

10 Herr Bonner zahlt monatlich 360,74 € Lohnsteuer, das sind 17 % seines Gehalts.
a) Wie viel verdient Herr Bonner monatlich?
b) Vor zwei Monaten hat er eine Gehaltserhöhung um 8 % bekommen. Wie viel hatte er zuvor verdient?

11 An einer Tankstelle erhöhte sich der Preis für Superbenzin um ca. 1,6 %.
Das entsprach einer Preiserhöhung von 3 ct pro Liter.
a) Wie teuer war das Benzin vorher?
b) Wie teuer war das Benzin nach der Preiserhöhung?
c) Berechne den Preis für 40 l Benzin.

11 Der durchschnittliche Preis für Diesel ist gegenüber dem Vorjahr um rund 10,7 % gestiegen. Dieses Jahr kostet ein Liter im Durchschnitt rund 1,76 €.
Wie teuer war Diesel im vorigen Jahr? Runde sinnvoll.

ZU AUFGABE 13
Du kannst die Aufgabe auch mithilfe eines Koordinatensystems lösen, wie es auf S. 99 in Aufgabe 2 gezeigt ist.

12 Frau Kämper möchte ein neues Firmenauto kaufen. Sie vergleicht zwei Angebote:

Händler A bietet für das Auto „Merle" einen Preisabschlag um 10 % auf 22 000 €.

Händlerin B reduziert den Preis für das Auto „Xavier" um 1 450 €, sie verlangt 92,5 % des normalen Preises.

Wie teuer wären die beiden Autos ohne Rabatt?

Der Schwede Alfred Nobel (1833–1896) wurde durch seine Erfindung des Dynamits außerordentlich reich. Mit seinem Vermögen stiftete er die Nobelpreise für Frieden, Literatur, Physik, Chemie und Medizin.

13 In einem Einkaufszentrum befinden sich Geschäfte unterschiedlicher Branchen.
56 % von ihnen (das sind 28 Geschäfte) verkaufen Mode, 8 % Schuhe, 14 % Haushaltswaren und 22 % Elektroartikel.
a) Berechne die Gesamtzahl aller Geschäfte im Einkaufszentrum sowie die Zahl der Geschäfte in jeder Branche.
b) Stelle die Aufteilung der Geschäfte im Einkaufszentrum in einem Kreisdiagramm dar.

13 Seit 1901 werden in Stockholm jedes Jahr die 5 Nobelpreise verliehen. Die Preisgelder werden nur aus den Zinsen finanziert, die das Vermögen der Nobelstiftung abwirft. (Zu den Begriffen der Zinsrechnung vgl. die gegenüberliegende Themenseite.)
Seit 2009 beträgt das Preisgeld je Nobelpreis ca. 950 000 €. Juan überlegt, wie groß das Vermögen der Nobelstiftung ist.
Den Zinssatz, zu dem es angelegt ist, kennt er nicht. Deswegen rechnet er mit verschiedenen Zinssätzen: 1 %; 1,5 %; 3 %; 7,5 %.

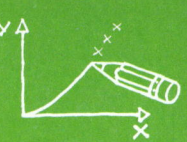

Thema: Zinsrechnung

Leonie hat vor einem Jahr 420 € zum Zinssatz von 2 % auf ihrem Sparkonto angelegt.
Die Zinsen betragen 8,40 €.
Das bedeutet: Nach einem Jahr überweist die Bank ihr die 8,40 € Zinsen auf ihr Konto.

Die Zinsrechnung ist eine Anwendung der Prozentrechnung, bezogen auf den Geldverkehr.
Die bekannten Begriffe bekommen einen neuen Namen.
Bei der Zinsrechnung rechnet man auf die gleiche Weise wie bei der Prozentrechnung.

Beispiel

2 % von   420 €   sind 8,40 €.

Begriffe der Zinsrechnung	Zinssatz p %	Kapital (Guthaben, Kredit)	Zinsen
Begriffe der Prozentrechnung	Prozentsatz p %	Grundwert	Prozentwert

bekannt: Anteil (p %)	gesucht: Betrag
100 %	420 €
1 %	4,20 €
2 %	8,40 €

: 100   · 2   : 100   · 2

1 Leas Sparbuch bietet einen Zinssatz von 1,3 %. Sie hat 230 € Guthaben auf ihrem Sparbuch.
Wie viel Zinsen erhält Lea nach einem Jahr?
Wie viel Euro hat sie dann insgesamt?

2 Tim bekommt für 150 € Guthaben 3,15 € Zinsen.
Berechne den Zinssatz, den Tim von der Bank gewährt bekommt. Wie viel Euro hat er insgesamt?

MERKE
Die **Zinsen** sind ein Geldwert.
Der **Zinssatz** ist der zugehörige Prozentsatz.

3 Jonas hat vor einem Jahr das Geld aus seinem Sparschwein zur Bank gebracht, wo es für 1,5 % verzinst wird.
Nach einem Jahr erhält er 2,26 € Zinsen.
Berechne das Kapital, das Jonas vor einem Jahr bei der Bank eingezahlt hat.
Wie viel Euro hat er jetzt?

NACHGEDACHT
In einer Anzeige aus Aufgabe 4 sind die Begriffe der Zinsrechnung durcheinander geraten. Findest du den Fehler?

4 Um Kunden zu werben, locken Banken und Kreditgeber oft mit Anzeigen in der Zeitung.

a) Schreibt alle Begriffe und Angaben heraus, die ihr nicht versteht.
Klärt die unbekannten Angaben untereinander.

b) Vergleicht die Angebote, findet also Gemeinsamkeiten und Unterschiede.
Worin unterscheiden sich die beiden Angebote ganz grundsätzlich?

c) Herr Schneider überlegt, sich für den Kauf eines großen Fernsehers 890 € zu leihen.

d) Maja überlegt, wie viel Geld sie anlegen müsste, um jedes Jahr 1 000 € Zinsen zu bekommen.

> **Anzeige**
> Attraktive Zinsen bei der **Sparbank**
> Legen Sie Ihr Gespartes nicht unter die Federn Ihres Kissens!
>
> Legen Sie es lieber ganz leicht, aber fest, für ein Jahr an.
> Nur bei uns, exklusiv für **SIE**, bieten wir **3 % Zinsen**.
>
> Rufen Sie an: 0123/43443

> **Anzeige**
> **Sie brauchen GELD – und das sofort?**
> WIR
> sind für Sie da – einfach anrufen, Kredithöhe angeben → **Sofortkredite**
> bis 50 000 €
> (Aktueller Zinssatz bei uns nur 18 %)
> ELSTER & HAI   Tel.: 0123/9876

5 Diskutiert in der Klasse:
– Warum bekommt man Zinsen?
– Wann und warum muss man Zinsen zahlen?
– Warum sind Zinsen unterschiedlich hoch?
– Wie verdienen Banken ihr Geld?

6 Warum kann man in der Zinsrechnung die gleichen Verfahren anwenden wie in der Prozentrechnung?
Erkläre in eigenen Worten.

ZUM WEITERARBEITEN
Recherchiert aktuelle Guthaben- und Kreditzinssätze.

Klar so weit?

→ Seite 88

Anteile und Prozente

1 Gib den Anteil der gefärbten Fläche als Bruch und in Prozent an.

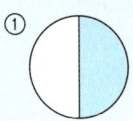
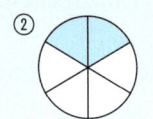
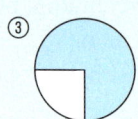

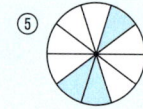
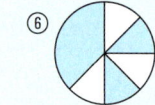

1 Gib den Anteil der gefärbten Fläche als Bruch und in Prozent an.

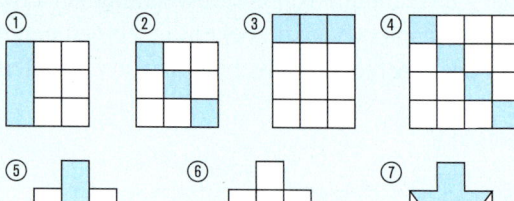

2 Schreibe als Dezimalbruch und dann in Prozentschreibweise.

a) $\frac{7}{10}$; $\frac{7}{25}$; $\frac{4}{80}$; $\frac{1}{8}$; $\frac{5}{25}$

b) $\frac{9}{25}$; $\frac{16}{40}$; $\frac{68}{102}$; $\frac{94}{141}$; $\frac{59}{177}$

2 Schreibe als Dezimalbruch. Runde, wenn nötig, auf die Tausendstelstelle.
Schreibe dann in Prozentschreibweise.

a) $\frac{18}{60}$; $\frac{36}{80}$; $\frac{11}{20}$; $\frac{72}{90}$; $\frac{10}{40}$

b) $\frac{1}{3}$; $\frac{5}{7}$; $\frac{5}{9}$; $\frac{4}{24}$; $\frac{0}{2}$

3 Alina stand bei 20 Elfmetern im Tor, sie hat 3-mal gehalten.
Jasmin war bei 25 Elfmetern Torwärterin und hat 4-mal gehalten.
Vergleiche die Anteile der gehaltenen Elfmeter.

3 In einem Fernsehquiz wurden 50 Fragen gestellt.
Frau Schilling hat 68 % der Fragen richtig beantwortet. Frau Penny hat 33-mal richtig geantwortet. Wer war besser?

→ Seite 92

Prozentsatz

4 Bestimme den Prozentsatz.

a)
2 kg	20 kg	90 kg	100 kg	150 kg
von 500 kg				

b)
10 m von				
20 m	40 m	200 m	500 m	1 km

4 Bestimme den Prozentsatz.

a)
1 l	21 l	51 l	101 l	200 l
von 200 l				

b)
1,50 € von				
15 €	30 €	75 €	150 €	225 €

5 In einer Schule mit 460 Schülerinnen und Schülern sind 69 in der 7. Jahrgangsstufe. Wie viel Prozent sind das?

5 Von 250 in einer Woche vom TÜV geprüften Fahrzeugen erhielten 175 die TÜV-Plakette.
Wie viel Prozent sind das?

6 Gib den Prozentsatz an.
Überprüfe durch einen Überschlag.

a) 13 m von 25 m   b) 18 l von 60 l
c) 176 m von 320 m   d) 144 kg von 900 kg
e) 206 € von 320 €   f) 77 g von 9 kg
g) 51 ct von 30 €   h) 14 m von 8 km

6 Überschlage zuerst das Ergebnis.
Berechne den Prozentsatz auf eine Stelle nach dem Komma.

a) 3,50 € von 12 €   b) 23 kg von 52 kg
    250 € von 2 700 €   1,75 kg von 20,4 kg
    724 € von 6 600 €   7,8 t von 12 600 kg

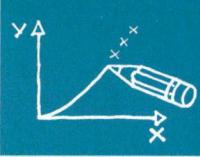

Prozentwert

→ *Seite 96*

7 Berechne.

a) 2% von 800 € (von 1 200 €; von 640 €)

b) 45% von 60 m (von 1 500 m; von 3,60 m; von 9,60 m; von 6 m; von 62 km)

c) 75% von 1 kg (von 400 g; von 5,6 kg)

8 Surfartikel im Herbst

> Surfbrett 966 € reduziert um 25%
> 4-m²-Segel 404 € reduziert um 15%

a) Wie viel Euro beträgt die Ermäßigung?

b) Berechne die neuen Preise.

9 Frau Seidel verdient monatlich 3 012 €. Sie erhält eine Gehaltserhöhung von 4%. Gib die Gehaltserhöhung in Euro an und berechne das neue Gehalt.

10 In Kleinhausen wurde gewählt. Stelle die Ergebnisse in einem Kreisdiagramm dar.

> GPD: 532 Stimmen   MDP: 412
> Die Milden: 265   Sonstige: 31

7 Korrigiere, falls vorhanden, die Fehler.

a) 70% von 70 m sind 49 m.

b) 90% eines Tages sind 1 296 min.

c) 50% von 1 h sind 50 min.

d) 105% von 140 kg sind 135 kg.

e) 7,5% von 88 l sind 66 l.

8 Ein Sportgeschäft wirbt mit Sonderangeboten.

a) Wie viel Euro beträgt die Ermäßigung?

b) Berechne die neuen Preise.

> Sonderangebote
> Ski   291,–
>   18% billiger
> Skischuhe   194,–
>   15% billiger
> Skianzug   222,–
>   25% billiger

9 Ein Vertreter hat für 15 620 € Waren verkauft. Als Honorar bekommt er 8% des Verkaufspreises der verkauften Ware. Berechne sein Honorar.

Grundwert

→ *Seite 100*

11 Gesucht ist der Grundwert.

a) 20% sind 8 kg   b) 40% sind 16 h
   5% sind 12 kg   3% sind 15 Liter
   80% sind 24 kg   70% sind 49 m
   2% sind 7 kg   6% sind 24 kg

12 Ermittle den alten Preis.

a) Der Laden „Deine Klamotte" wirbt:
„Alles muss raus! Alles 20% billiger!"
① Die Hose ist jetzt 12 € günstiger.
② Das Hemd ist jetzt 3 € günstiger.

b) Es gibt 30% Rabatt im Handy-Shop.
① Das banana-Handy kostet jetzt 76,30 €.
② Das Tinung-Handy kostet jetzt 48,65 €.

13 Bei einer Verlosung gibt es 75 Gewinnlose, das sind 25% aller Lose. Wie viele Lose gibt es insgesamt bei der Verlosung?

11 Berechne den Grundwert.

a) 168 cm sind 24%   b) 108 l sind 45%
   390 cm sind 26%   7,8 h sind 65%
   2,88 m sind 96%   45 900 m sind 9%
   7,77 m sind 37%   584,8 l sind 68%

12 Ermittle den alten Preis. Runde auf Cent.

a) „Heute alles um 27% reduziert!"
① Der Kapuzenpulli kostet jetzt 25,48 €.
② Das T-Shirt kostet jetzt 10,88 €.

b) Vor der Fußball-WM hat „Ananas" alle Preise um 5,6% erhöht.
① Der Ball „Walzer" kostet jetzt 42,13 €.
② Die Schuhe „Didi" kosten jetzt 51,59 €.

13 Die 7 d plant eine Verlosung mit 30 Gewinnen. 15% der Lose sollen Gewinnlose sein. Wie viele Lose müssen sie insgesamt erstellen?

14 Bei einer Schulveranstaltung erwirtschaftete die Klasse 7 b insgesamt 80 €, das waren 12,5% der Gesamteinnahmen in der Schule. Wie hoch waren die Gesamteinnahmen?

Vermischte Übungen

1 Wie viel Prozent sind es?
a) 500 t von 2 500 t **b)** 450 kg von 1 350 kg
c) 25 l von 250 l **d)** 28 m von 112 m

1 Wie viel Prozent sind es?
a) 28 t von 560 t **b)** 6 h von 24 h
c) 27 min von 1 h **d)** 120 kg von 1,5 t

2 Gib den gefärbten Anteil als Bruch und in Prozent an.

a) 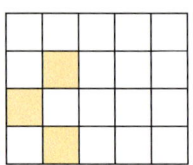 **b)**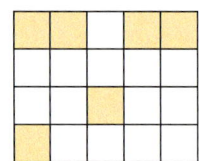

c) 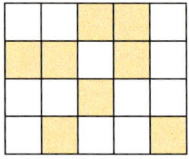 **d)**

2 Gib den gefärbten Anteil als Bruch und in Prozent an.

a) 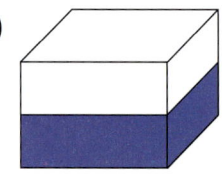 **b)**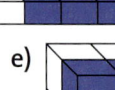

c)

d) **e)** **f)**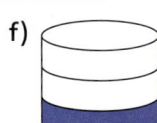

3 Berechne den Prozentwert.
a) 24 % von 650 € **b)** 45 % von 44 kg
c) 39 % von 663 m^2 **d)** 18 % von 1 750 €

3 Berechne den Prozentwert.
a) 54 % von 890 l **b)** 14 % von 4 740 €
c) 0,71 % von 30 km **d)** 5,3 % von 1,4 l

4 Der Preis für eine Jeanshose wird um 20 % auf 28 € reduziert.
a) Auf wie viel Prozent wurde reduziert?
b) Wie viel kostete die Jeans vorher?
c) Ordne den Werten die Begriffe „Prozentsatz", „Prozentwert" und „Grundwert" zu.

4 Frau Seiler kauft eine Waschmaschine mit Lackschäden.
Sie erhält 20 % Rabatt und zahlt 572 €.
a) Wie hoch war der Preis vorher?
b) Ordne den Werten die Begriffe „Prozentsatz", „Prozentwert" und „Grundwert" zu.

5 Fülle die Tabelle im Heft aus.

Grundwert	Prozentsatz	Prozentwert
1 100	35 %	
	70 %	154
820		451
3	66 %	
	12 %	45
8		0,08

5 Fülle die Tabelle im Heft aus.

Grundwert	Prozentsatz	Prozentwert
12 €	12 %	
	2,4 %	4,8 m
2,5 l		0,1 l
	0,2 %	1,2 ha
39 km	17 %	
140 g		22,49 g

67 % Stärke 2 % Salze
12 % Eiweiß 2 % Fasern
15 % Wasser 2 % Fett

6 Weizen
a) Wie viel Gramm dieser Inhaltsstoffe sind in 1,5 kg Weizen enthalten?
b) Wie viel Weizen muss man essen, um 150 g Eiweiß zu sich zu nehmen?
c) Zwei Scheiben Toastbrot liefern ca. 0,8 g Salz. Überschlage den Salzanteil von Toastbrot.

7 Ein Aquarium ist 60 cm lang, 20 cm breit und 30 cm hoch.
Es wurden 27 Liter Wasser eingefüllt.
Welcher Prozentsatz des Gesamtvolumens ist das?

8 Berechne jeweils den Zinssatz.
a) Für ein Kapital von 1 250 € erhält Max nach einem Jahr 43,75 € Zinsen.
b) Frau Griese nimmt einen Kredit über 25 000 € auf. Nach einem Jahr muss sie 2 875 € Zinsen zahlen.

9 Marathonlauf
Stelle passende Fragen und beantworte sie.
a) Von 200 Teilnehmern eines Marathonlaufs gaben 28 vor Erreichen des Zieles auf.
b) Von den 200 Teilnehmern erreichten 6 Läufer das Ziel in weniger als 3 Stunden.
c) Mit 2 054 Läuferinnen und Läufern gab es dieses Jahr 3,8 % mehr Teilnehmer als im vorigen Jahr.

10 In der Beethoven-Schule haben die Schüler vier Parteien zusammengestellt, um ein Schülerparlament mit 15 Sitzen zu wählen.

Wahlergebnis für die Parteien
„Schule macht Spaß": 135 Stimmen
„Sonnenblumen": 113 Stimmen
„Mehr Sport": 98 Stimmen
„Ohne-Lehrer-Lernen": 32 Stimmen

a) Wie viel Prozent der Stimmen haben die Parteien gewonnen?
b) Stelle das Ergebnis mit einem Kreisdiagramm dar.
c) Wie sollten deiner Meinung nach die 15 Sitze verteilt werden? Begründe.

7 Ein Würfel hat eine Kantenlänge von 2 cm.
a) Berechne den gesamten Oberflächeninhalt und das Volumen des Würfels.
Gib den Prozentanteil *einer* Seitenfläche am Oberflächeninhalt an.
b) Auf wie viel Prozent ändert sich der Oberflächeninhalt des Würfels, wenn sich die Kantenlänge verdoppelt (verdreifacht, halbiert, um 50 % verlängert)?
c) Auf wie viel Prozent ändert sich *das Volumen* des Würfels, wenn sich die Kantenlänge verdoppelt (verdreifacht, halbiert, um 50 % verlängert)?

8 Nach einem heftigen Sturm muss Familie Berns das Dach reparieren lassen. Sie nehmen einen Kredit über 6 000 € auf und zahlen nach einem Jahr 6 420 € zurück. Zu welchem Zinssatz hatte Familie Berns den Kredit erhalten?

9 Stelle passende Fragen und beantworte sie.
a) Bei den Bundesjugendspielen warf Tim den Schlagball 44,1 m weit. Er verbesserte damit die Weite des Vorjahrs um 12,3 %.
b) Lena lief die 60-m-Strecke in 11,2 s. Damit lief sie schneller als 85,6 % der 111 Jugendlichen ihres Jahrgangs.
c) Cemre verbesserte ihre Höhe beim Hochsprung um fast 13 % auf 1,05 m.

10 Auszubildende im Jahr 2010 („Top Five")

männliche Azubis insgesamt	944 001
Kraftfahrzeugmechatroniker	64 318
Industriemechaniker	49 805
Elektroniker	34 949
Anlagemechaniker (Sanitär-, Heizungs-, Klimatechnik)	32 977
Einzelhandelskaufmann	32 681

weibliche Azubis insgesamt	627 456
Einzelhandelskauffrau	42 487
Bürokauffrau	41 638
Medizinische Fachangestellte	40 713
Friseurin	34 253
Industriekauffrau	33 189

a) Berechne jeweils die Prozentsätze, auch für die Berufe außerhalb der „Top Five".
b) Erstelle jeweils ein Kreisdiagramm.

ZU DEN AUF-GABEN 8 UND 8
Die Begriffe der Zinsrechnung werden auf der Themenseite dieses Kapitels behandelt.

NACHGEDACHT
Wie viel Prozent sind das?
a) 50 % von 80 %
b) 50 % von 50 %
c) 50 % von 1 %
d) 1 % von 80 %

ZU AUFGABE 10
Diskutiert: Welche Gründe vermutet ihr für die Unterschiede in der Berufswahl?

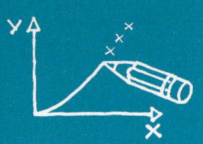
Peter und Nina sind im Urlaub an der niederländischen Nordsee in der Nähe von Rotterdam. Dort sammeln sie für ein Referat Informationen zu Containerschiffen.

Baujahr	Schiffsname	TEU
2012	Marco Polo	16 020
2006	Emma Mærsk	15 500
2010	MSC Paloma	14 000
2012	Hyundai Together	13 100
2012	APL Le Havre	10 106
2006	Xin Shanghai	9 580

HINWEIS
Die Größe eines Containerschiffes wird in TEU-Stellplatzkapazität angegeben.

TEU steht für „twenty-foot equivalent Unit". Ein solcher Standard-Container ist 20 Fuß lang und 8 Fuß hoch und breit.

Ein Schiff in Hongkong mit einer Stellplatzkapazität von 1 TEU:

11   Das Containerschiff „Xin Shanghai"

Peter und Nina beobachten, wie das Containerschiff „Xin Shanghai" einfährt.
Sie zählen die Container an Deck:
19 Container stehen nebeneinander, 7 übereinander und 18 hintereinander.
a) Wie viele Container befinden sich an Deck des Schiffes?
b) Wie viele Container könnte die „Xin Shanghai" insgesamt befördern?
c) Wie viel Prozent der insgesamt möglichen Container stehen an Deck?

12   Der Hafen von Rotterdam

Im Rotterdamer Hafen wurden im Jahr 2011 etwa 308 Mio. t Güter gelöscht, das heißt ausgeladen. 134 Mio. t davon entfielen auf Erdöl aus Tankschiffen und 61 Mio. t auf Güter aus Containerschiffen.
2011 lief die „Xin Shanghai" Rotterdam 10-mal voll beladen an. 70 % der beförderten Container wurden in Rotterdam gelöscht, der Rest wurde in Hamburg ausgeladen.
a) Wie viel TEU wurden in Rotterdam gelöscht, wie viel in Hamburg?
b) Berechne jeweils das Gewicht der gelöschten Ladung. Gehe davon aus, dass jeder Container durchschnittlich 14 t wog.
c) Welchen Anteil hatte die „Xin Shanghai" am gesamten Jahresumschlag in Rotterdam, welchen Anteil hatte sie am Umschlag aller Containerschiffe?

13   Containerschiff-Riesen

Die „Marco Polo" ist zurzeit das größte Containerschiff der Welt. Sie hat eine Länge von 396 m, die Breite beträgt 53,6 m und der Tiefgang ist mit 16 m angegeben.
a) Wie viel Prozent mehr Stellplätze hat dieses Schiff als die „Xin Shanghai"?
b) Stelle weitere Fragen zu der oben angeführten Tabelle und beantworte sie.

14   Containerschiffe im Vergleich

Deutschland hat 35,4 % TEU-Anteil an der Containerschiffflotte.
Bezogen auf die Anzahl der Schiffe beträgt der deutsche Anteil 37,3 %.
a) Berechne die Anteile der anderen Länder.
   Ergänze die Tabelle im Heft.
b) Stelle die Anteile jeweils in einem Kreisdiagramm dar.

Land	Schiffe	TEU	Anteil Schiffe	Anteil TEU
China	313	696 000		
Dänemark	243	1 075 000		
Deutschland	1 742	4 514 000	37,3 %	35,4 %
Frankreich	86	382 000		
Griechenland	188	612 000		
Hongkong	57	246 000		
Japan	317	1 139 000		
Südkorea	127	329 000		
Sonstige	1 596	3 754 000		

Zusammenfassung

Anteile und Prozente

→ Seite 88

Brüche mit dem Nenner 100 kann man in Prozentschreibweise angeben. Das Zeichen % (**Prozent**) bedeutet „von Hundert" (Hundertstel).

Will man **Anteile vergleichen**, so vergleicht man die Brüche oder die entsprechenden Zahlen in Prozentschreibweise.

1 von 100 schreibt man kurz $\frac{1}{100} = 1\%$.

Das Ganze umfasst immer 100%.

Klasse 7 a: 25 Schüler, davon 21 aus Bonn.
Klasse 7 b: 29 Schüler, davon 23 aus Bonn.
In der 7 a ist der *Anteil* der Schüler aus Bonn größer, denn:

$$\frac{21}{25} = 84\% \text{ und } \frac{23}{29} \approx 79,3\%; \ 84\% > 79,3\%$$

Prozentsatz

→ Seite 92

Der **Prozentsatz** ($p\%$) gibt den Anteil am Ganzen in Prozentschreibweise an.

Es gibt drei Möglichkeiten, den Prozentsatz zu berechnen, eine davon ist der Dreisatz.

Schreibe beim **Dreisatzschema** immer links die bekannten Werte und rechts die gesuchten Werte.

In den 7. Klassen: 26 Mädchen und 30 Jungen.
Anteil der Mädchen: $p\% \approx 46,4\%$

bekannt: Anzahl	gesucht: Anteil ($p\%$)
56	100%
1	$\frac{100\%}{56}$
26	$\frac{100\%}{56} \cdot 26 \approx 46,4\%$

: 56 ⟍   ⟍ : 56
· 26 ⟍   ⟍ · 26

Prozentwert

→ Seite 96

Der Wert, der dem Prozentsatz $p\%$ entspricht, heißt **Prozentwert**.

Der Prozentwert ist ein Teil der Gesamtmenge, also ein Teil des Grundwertes.

Auch zur Berechnung des Prozentsatzes gibt es drei Möglichkeiten, eine davon ist der Dreisatz.

Wie viel € beträgt die Ermäßigung?
Die Ermäßigung beträgt rund 11,10 €.

Jacke 74 €

alles um 15% reduziert

bekannt: Anteil ($p\%$)	gesucht: Preisanteil
100%	74 €
1%	$\frac{74\,€}{100}$
15%	$\frac{74\,€}{100} \cdot 15 \approx 11,10\,€$

: 100 ⟍   ⟍ : 100
· 15 ⟍   ⟍ · 15

Grundwert

→ Seite 100

Der **Grundwert** ist „das Ganze", er entspricht immer 100%.

Den Grundwert kann man immer mit dem Dreisatz berechnen.

Fahrradkontrolle: 2 Räder (8%) haben Mängel. Wie viele wurden insgesamt überprüft?

bekannt: Anteil ($p\%$)	gesucht: Anzahl Fahrräder
8%	2
1%	$\frac{2}{8}$
100%	$\frac{2}{8} \cdot 100 = 24$

: 8 ⟍   ⟍ : 8
· 100 ⟍   ⟍ · 100

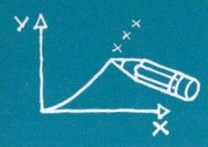

Teste dich!

6 Punkte **1** Brüche in verschiedenen Schreibweisen: Ergänze die Tabelle im Heft.

0,25	0,87			0,02		
$\frac{25}{100}$		$\frac{45}{100}$			$\frac{3}{100}$	
25 %			56 %			4,5 %

4 Punkte **2** In welcher Klasse ist der Anteil der Jugendlichen, die ein Handy besitzen, am größten? In welcher Klasse ist er am kleinsten?

Klasse	7 a	7 b	7 c
Anzahl der Schüler/-innen	20	25	27
Schüler/-innen mit Handy	12	14	16

6 Punkte **3** Die Diagramme zeigen, wie viele der Schülerinnen und Schüler den Schulbus nutzen.

a) Klasse 7 a

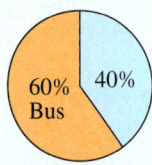

25 Jugendliche gehen in die 7 a. Wie viele Jugendliche aus der 7 a fahren mit dem Bus? Wie viele fahren nicht mit dem Bus?

b) Klasse 7 b

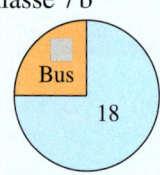

Wie viele Jugendliche gehen insgesamt in die Klasse 7 b? Wie viele fahren mit dem Bus?

c) Klasse 7 c

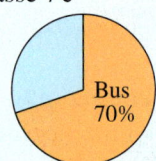

Wie viel % von den 30 Jugendlichen aus der 7 c fahren nicht mit dem Bus? Wie viele Jugendliche sind das?

9 Punkte **4** Übertrage die Tabelle ins Heft.
a) Schreibe in die linken Tabellenfelder die passenden Fachbegriffe.
b) Bestimme die fehlenden Werte.

	200 l	30 cm		1 200 h	40 cm		12,5 s
	3 %	5 %	15 %		5,1 %	15 %	
	6 l		200 kg	450 h		21,6 kg	4,5 s

2 Punkte **5** Daniel meint: „Von meinen 27 Mitschülern kamen heute Morgen 11 % zu spät."
a) Ist das überhaupt möglich?
b) Was könnte Daniel gemeint haben? Löse sinnvoll.

2 Punkte **6** Von den 120 Schülerinnen und Schülern der Klassenstufe 7 arbeiten 45 Jugendliche in einer AG mit. Wie hoch ist der Prozentsatz der Jugendlichen, die in *keiner* AG sind?

3 Punkte **7** Sponsorenlauf in der Nelson-Mandela-Schule
Die Schülerinnen und Schüler haben beim Sponsorenlauf zusammen 180 € eingesammelt.
Das sind 12,5 % der Spendengelder, die in der Schule insgesamt eingesammelt wurden.
Stelle eine passende Frage und beantworte sie.

5 Punkte **8** Im Supermarkt wird geworben: „Nussnougat-Creme um 20 % reduziert! Jetzt nur 1,32 €."
a) Wie viel hat die Nussnougat-Creme zuvor gekostet?
b) Ab kommenden Samstag gilt wieder der alte Preis. Um wie viel Prozent wird am Samstag der Preis angehoben?
c) Warum sind die Prozentsätze bei der Preisreduzierung und der Preisanhebung verschieden?

Zufall und Wahrscheinlichkeit

Bei einer Lotto-Ziehung hängen die gezogenen
Zahlen vom Zufall ab.
Viele Menschen spielen Lotto und erhoffen sich
einen großen Gewinn.
Allerdings ist die Wahrscheinlichkeit, einen
Sechser zu haben, äußerst gering.

Noch fit?

Einstieg

1 Brüche in verschiedener Schreibweise
Wandle in Prozentschreibweise um.

Beispiel $\frac{1}{5} = \frac{2}{10} = \frac{20}{100} = 20\%$

a) $\frac{7}{10}$ b) $\frac{1}{2}$ c) $\frac{3}{4}$ d) $\frac{3}{20}$

2 Brüche am Zahlenstrahl
Zeichne einen Zahlenstrahl (mit 10 cm Abstand zwischen 0 und 1) und markiere die Brüche.

$\frac{1}{2}$, $\frac{7}{10}$, $\frac{3}{4}$, $\frac{2}{5}$, $\frac{1}{20}$, $\frac{25}{100}$, $\frac{15}{50}$

3 Umfrageergebnisse auswerten
Marco hat unter zehn Freunden eine Umfrage über deren Lieblingssportarten durchgeführt.
a) Übertrage die Tabelle in dein Heft und ergänze die fehlenden Werte.

Sportart	Anzahl	absolute Häufigkeit	relative Häufigkeit
Fußball	卌	5	
Basketball	⫼		$\frac{3}{10} = 0{,}3 = 30\%$
Handball	⫼		

b) Erstelle ein Kreisdiagramm.

4 Relative Häufigkeiten berechnen
In der Mathematikarbeit der Klasse 7c wurden folgende Noten erteilt.

Note	1	2	3	4	5	6
Anzahl	2	6	8	5	3	1

a) Wie viele Schüler haben mitgeschrieben?
b) Stelle die Ergebnisse in einem Säulendiagramm dar.
c) Gib die relative Häufigkeit für jede Note an.

5 Relative Häufigkeiten vergleichen
In einem Wettkampf zweier Schulen hat die Volleyballmannschaft der Schule „Süd" gegen das Team der Schule „Nord" 5 von 7 Spielen gewonnen. Die Fußballmannschaft „Süd" hat 3 von 4 Spielen gegen die „Nord"-Mannschaft gewonnen.
Vergleiche die relativen Häufigkeiten.
In welcher Sportart war die Schule „Süd" erfolgreicher?

Aufstieg

1 Brüche in verschiedener Schreibweise
Schreibe als Dezimalzahl und in Prozent.

a) $\frac{3}{10}$ b) $\frac{9}{25}$ c) $\frac{3}{5}$ d) $\frac{9}{20}$

e) $\frac{7}{25}$ f) $\frac{14}{50}$ g) $\frac{34}{200}$ h) $\frac{15}{500}$

2 Brüche am Zahlenstrahl
Zeichne einen Zahlenstrahl (mit 12 cm Abstand zwischen 0 und 1) und markiere die Brüche.

$\frac{1}{2}$, $\frac{1}{3}$, $\frac{5}{6}$, $\frac{7}{12}$, $\frac{3}{4}$, $\frac{5}{8}$, $\frac{11}{24}$

3 Beobachtungsergebnisse auswerten
Bei einer Verkehrszählung wurden die folgenden Fahrzeuge gezählt. Übertrage die Tabelle.

Fahrzeug	Anzahl	absolute Häufigkeit	relative Häufigkeit
Pkw	卌 卌 卌 卌 卌		
Lkw	⫼⫼		
Motorrad	卌 ⫼⫼		
Fahrrad	卌 卌 ⫼⫼		

a) Berechne und ergänze die fehlenden Werte.
b) Erstelle ein Kreisdiagramm.

4 Relative Häufigkeiten berechnen
Folgende Noten wurden in der 7b vergeben:

4; 2; 1; 4; 3; 3; 2; 5; 4; 6; 2; 3; 2; 3; 4; 4; 5; 1; 1; 3; 3; 4; 2; 5; 4; 4

a) Stelle die Ergebnisse mithilfe eines geeigneten Diagramms dar.
b) Berechne die relative Häufigkeit je Note.
c) Gib das arithmetische Mittel und den Median der Ergebnisse an.

5 Relative Häufigkeiten vergleichen
Eine Polizeikontrolle vor der Schule „Süd" ergab, dass 18 von 200 kontrollierten Fahrrädern Mängel aufwiesen.
An der Schule „Nord" wiesen 15 Räder Mängel auf, 135 waren mängelfrei.
Mit welchen relativen Häufigkeiten wiesen die Räder an den beiden Schulen jeweils Mängel auf?
Welche Schule schneidet besser ab?

Lösungen ab Seite 182

Zufall und Wahrscheinlichkeit

Entdecken

1 Bei einem Gewinnspiel kann man sich zunächst entscheiden, aus welchem Topf man eine Kugel ziehen will. Dann werden die Augen verbunden.
Hauptgewinn ist die Kugel mit der Zahl „5".
Aus welchem Gefäß würdest du die Kugel ziehen? Begründe deine Wahl.

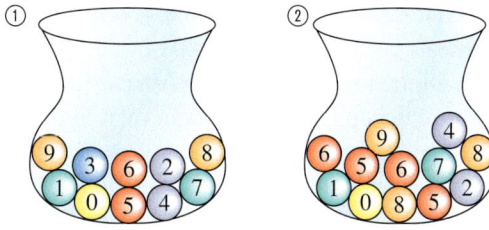

2 Im Wetterbericht wird folgende Vorhersage gemacht:

„Heute ist am Niederrhein in den Nachmittagsstunden mit heftigem Regen zu rechnen."

Würdest du dort um 11 Uhr vormittags mit Regenkleidung Fahrrad fahren?
Begründe deine Meinung.

3 Stelle dir vor, dass aus den folgenden Würfelnetzen Würfel gebastelt werden.
a) Gib für jeden Würfel alle möglichen Ergebnisse an.
b) Nenne jeweils auch ein Ergebnis, das nicht auftreten kann.
c) Welchen Würfel wählst du aus, um möglichst sicher das Ergebnis „4" zu würfeln?
d) Welchen Würfel wählst du aus, um möglichst keine „4" zu würfeln.

4 Arbeitet zu zweit.
Würfelt mit einem Legostein.
a) Überlegt euch zuerst, ob die Ergebnisse „Noppen", „Seite" und „Rücken" gleich oft gewürfelt werden können.
b) Überprüft eure Vermutung durch ein geeignetes Experiment.

Die Noppen liegen oben.

Die Seite liegt oben.

Der Rücken liegt oben.

5 Beim Drehen des Glücksrades traten bisher folgende Zahlen als Ergebnis auf:
1; 2; 1; 2; 2
Diskutiert in Kleingruppen, wie oft noch gedreht werden muss, um eine „3" als Ergebnis zu erhalten.

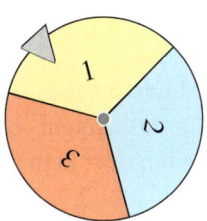

Verstehen

Pinar und Phillip drehen beim Schulfest das Glücksrad.

Hauptgewinn bei 3:
1 Tag hausaufgabenfrei
Kleingewinn bei 5 und 8

Das Glücksrad ist in acht **gleich große** Felder aufgeteilt und läuft vollkommen gleichmäßig.
Beim Drehen können die **Ergebnisse** 1 bis 8 auftreten.
Alle möglichen Ergebnisse kann man in der **Ergebnismenge S** zusammenfassen: $S = \{1, 2, 3, 4, 5, 6, 7, 8\}$.
Auf welcher Zahl der Zeiger stehenbleibt, hängt vom Zufall ab.
Die Wahrscheinlichkeit dafür kann berechnet werden.

HINWEIS
P steht für das englische Wort für Wahrscheinlichkeit (probability).

Pierre Simon Laplace (1749 – 1827)

Beispiel 1

Nur das rote Feld mit der 3 bringt den Hauptgewinn, d. h. dass ein Feld von acht möglichen Feldern günstig ist. Die Wahrscheinlichkeit für das Ergebnis „3" beträgt

$$P(3) = \frac{1}{8} = 0{,}125 = 12{,}5\,\%.$$

> **Merke** Zufallsexperimente, bei denen alle **Ergebnisse gleich wahrscheinlich** sind, nennt man **Laplace-Experimente**.
> Für die **Wahrscheinlichkeit P** für das Eintreten eines Ergebnisses e gilt:
> $$P(e) = \frac{1}{\text{Anzahl der möglichen Ergebnisse}}$$

Oft interessiert man sich bei einem Zufallsversuch nicht nur für ein einzelnes Ergebnis, sondern für mehrere Ergebnisse mit einer bestimmten Eigenschaft. Mehrere Ergebnisse können zu einem **Ereignis** zusammengefasst werden.

Beispiel 2

Wenn man am Glücksrad die Zahlen 2 oder 5 dreht, erhält man einen Kleingewinn, d. h. dass zwei Felder von acht möglichen Feldern günstig sind.
Die Wahrscheinlichkeit für das Ereignis „Kleingewinn" beträgt

$$P(\text{„Kleingewinn"}) = \frac{2}{8} = \frac{1}{4} = 0{,}25 = 25\,\%.$$

> **Merke** Mehrere Ergebnisse eines Zufallsversuchs können zu einem **Ereignis E** zusammengefasst werden.
> Für die **Wahrscheinlichkeit P** für das Eintreten eines Ereignisses E gilt:
> $$P(E) = \frac{\text{Anzahl der günstigen Ergebnisse}}{\text{Anzahl der möglichen Ergebnisse}}$$

Bei Ereignissen gibt es zwei Spezialfälle: 1. das Ereignis trifft unmöglich ein und 2. das Ereignis trifft sicher ein.

HINWEIS
Die Wahrscheinlichkeit kann in Prozentschreibweise, als Bruch oder Dezimalbruch angegeben werden.

Beispiel 3

Am Glücksrad kann kein Feld mit der Zahl 9 gedreht werden. Das Ereignis 9 ist unmöglich und die Wahrscheinlichkeit für das Ereignis beträgt 0 (0 %).
Für das sichere Ereignis „Gewinn oder kein Gewinn" beträgt die Wahrscheinlichkeit 1 (100 %).

> **Merke** Die Wahrscheinlichkeit für ein Ereignis nimmt Werte von 0 (0 %) bis 1 (100 %) an.

Üben und anwenden

1 Kann hier ein Zufallsversuch durchgeführt werden? Begründe deine Antwort.

a)

b)

2 Betrachte das Glücksrad.

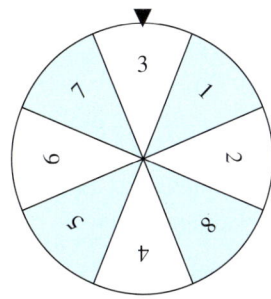

a) Gib alle möglichen Ergebnisse an.
b) Wie groß ist die Wahrscheinlichkeit dafür, dass die „3" gedreht wird?
c) Wie groß ist die Wahrscheinlichkeit für das Drehen eines weißen Feldes?

3 Entscheide und begründe, ob es sich jeweils um ein Laplace-Experiment handelt.
a) Wurf einer Münze: Kopf oder Zahl
b) Marmeladenbrot fällt vom Tisch auf die Marmeladenseite oder die Unterseite
c) Elfmeterschuss: Tor oder daneben
d) Ankreuzen im Fragebogen: ja oder nein
e) aus drei farbigen Stäbchen (gelb, grün, blau) verdeckt eines ziehen
f) Uli bekommt im Fach Sport die Note „befriedigend".
g) In einer Schule fehlen am Montag 13 Schülerinnen und Schüler.

4 Gib jeweils ein sicheres und ein unmögliches Ereignis an. Begründe.

a)

b)

2 Betrachte das Glücksrad.

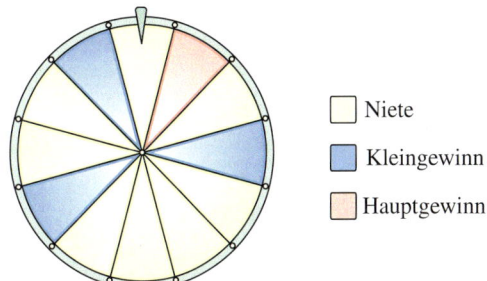

☐ Niete
☐ Kleingewinn
☐ Hauptgewinn

a) Gib alle möglichen Ergebnisse an.
b) Wie groß ist die Wahrscheinlichkeit für das Drehen des Hauptgewinns?
c) Beschreibe ein Ereignis. Gib die Wahrscheinlichkeit für das Ereignis an.

3 Begründe, warum es sich um Laplace-Experimente handelt. Gib jeweils die Wahrscheinlichkeit an.
a) Aus einem vollständigen Skatspiel mit 32 Karten möchte Angelina den Kreuz-Buben ziehen.
b) Zehn Schüler knobeln aus, wer eine Eintrittskarte für das Kino gewinnt. Fynn zieht das kürzeste Hölzchen und gewinnt.
c) Beim „Mensch ärgere dich nicht" muss Nele eine „2" werfen, um zu gewinnen.
d) Beim Fußball entscheidet der Münzwurf über die Seitenwahl.

4 Nenne drei verschiedene Beispiele für ein Laplace-Experiment.
Gib jeweils ein sicheres und ein unmögliches Ereignis an.
Begründe deine Antwort.

RÜCKBLICK
Gib den Anteil in Prozent an.
a) 22 von 44
b) 18 von 72
c) 7,2 von 12
d) 480 € von 600 €
e) 33 kg von 132 kg
f) 315 m von 500 m

115

5 Handelt es sich um Laplace-Experimente? Begründe deine Antworten.

a) 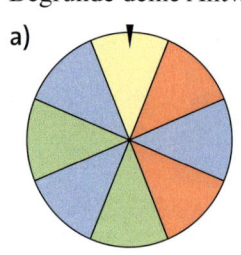   b)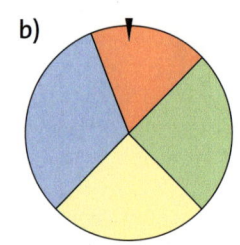

5 Wie groß ist bei jedem Würfel die Wahrscheinlichkeit für eine Drei (Sechs)?

a) 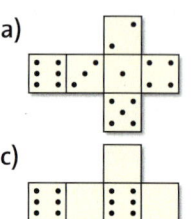   b)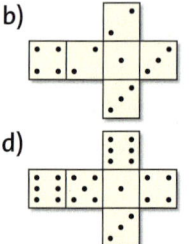

c)   d)

6 Arbeitet zu zweit.

In einer Lostrommel befinden sich 30 Lose mit den Losnummern 1 bis 30. Wie groß ist die Wahrscheinlichkeit dafür, dass beim ersten Zug eines Loses Folgendes gilt: Die Losnummer ist …

a) eine Primzahl.   b) eine Quadratzahl.   c) 21.

d) eine gerade Zahl.   e) kleiner als 18.   f) 36.

g) durch 7 teilbar.   h) durch 30 teilbar.   i) größer als null.

7 Zeichne ein Glücksrad mit 16 gleich großen Feldern. Färbe die Felder so, dass die Wahrscheinlichkeiten gelten.

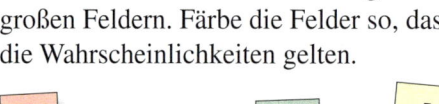

$\frac{1}{8}$ $\frac{1}{4}$ $\frac{3}{16}$ $\frac{7}{16}$

7 Zeichne ein Glücksrad, sodass folgende Wahrscheinlichkeiten gelten:

rot $\frac{1}{4}$, grün $\frac{1}{3}$ und gelb $\frac{1}{6}$.

Färbe die restlichen Felder blau.
Gib an, wie groß die Wahrscheinlichkeit für das Ergebnis „blau" ist.

TIPP ZU DEN AUF-GABEN 8 UND 8
Eine Skizze hilft beim Lösen der Aufgaben.

8 Beim Spiel „Wer wird Millionär?" muss bei einer Frage aus vier Antwortmöglichkeiten die richtige ausgewählt werden. Wie groß ist die Wahrscheinlichkeit, …

a) eine Frage durch Raten richtig zu beantworten?

b) eine Frage durch Raten richtig zu beantworten, wenn zwei Antworten mithilfe des 50 : 50-Jokers sicher ausgeschlossen werden können?

8 In einem Gefäß liegen eine schwarze und fünf weiße Kugeln.

a) Wie groß ist die Wahrscheinlichkeit, dass du beim blinden Hineingreifen die schwarze Kugel ziehst?

b) Aynur hat beim ersten Zug eine weiße Kugel erwischt. Sie legt sie nicht wieder zurück. Berechne nun die Wahrscheinlichkeit, dass sie beim zweiten Versuch die schwarze Kugel zieht.

9 Arbeitet zu zweit. In einer Schale befinden sich drei Kugeln.

a) Wie groß ist die Wahrscheinlichkeit dafür, dass beim ersten Zug das „T" gezogen wird?

b) Angenommen, beim ersten Zug wurde das „T" gezogen und nicht wieder zurückgelegt. Wie groß ist die Wahrscheinlichkeit, dass beim zweiten Zug das „O" gezogen wird?

c) Es werden nacheinander alle drei Kugeln aus der Schale gezogen. Welche Buchstabenreihenfolgen können auftreten? Notiere die Möglichkeiten.
Welche ergeben ein richtiges Wort?

Relative Häufigkeit und Wahrscheinlichkeit

Entdecken

1 Ben spielt „Mensch ärgere dich nicht".
Er ist sauer, denn schon seit 5-mal Würfeln
wartet er auf eine „6".
Er glaubt, einen schlechten Würfel erwischt
zu haben.
Was meinst du dazu?

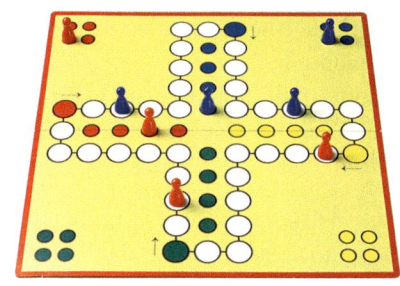

2 Arbeitet zu zweit.
Werft einen Spielwürfel 100-mal. Berechnet
nach 10, 20, 30, …, 100 Würfen jeweils
die relative Häufigkeit des Ergebnisses „Sechs
gewürfelt".
Zeichnet das Koordinatensystem in euer Heft
und tragt die berechneten Werte ein.
Was fällt euch auf?

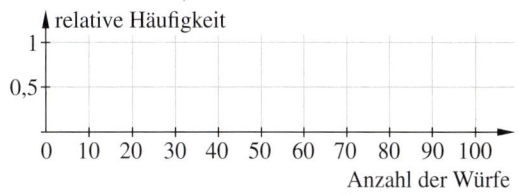

3 Nimm einen Legostein und wirf ihn
mindestens 100-mal.
a) Notiere in einer Strichliste, wie häufig
die „Noppen" oben liegen bleiben.
Vergleiche deine Ergebnisse mit denen
deiner Mitschüler.
b) Tragt eure Ergebnisse zusammen. Veran-
schaulicht in einem geeigneten Diagramm,
wie sich mit der Anzahl der Versuche die
relative Häufigkeit verändert.

4 Betrachte die drei Würfel. Sie haben unterschiedlich viele Seitenflächen.
a) Bestimme die Anzahl der Seitenflächen der Würfel.
b) Schätze, wie oft du mit jedem dieser Würfel würfeln
musst, um …
– die oben liegende Zahl zu erhalten.
– eine „Sieben" zu erhalten.
c) Wie viele Sechsen erwartest du jeweils bei 2 400 Würfen?

5 Tom und Mia möchten beim Auslosen etwas schummeln.
Sie überlegen, ob das mit einem Quaderwürfel klappen kann. Zur Sicherheit führen sie ein
Zufallsexperiment mit 1 000 Würfen durch.

Augenzahl	1	2	3	4	5	6
absolute Häufigkeit	192	78	207	214	90	
relative Häufigkeit	19,2 %					

Was hältst du von der Idee? Was rätst du den beiden?
Diskutiere darüber mit deinem Sitznachbarn oder deiner Sitznachbarin.

Verstehen

ERINNERE DICH
Beim Würfeln sind diese sechs Ergebnisse möglich:

Anna und Jonas spielen „Mensch ärgere dich nicht". Jonas' rote Figuren verfolgen Annas blaue Spielfigur.

Anna hofft, dass sie ihre blaue Figur beim nächsten Wurf ins Haus retten kann. Dazu sind die Würfelergebnisse „3" oder „4" günstig.

Da beim Würfeln alle sechs Ergebnisse gleich wahrscheinlich sind, beträgt die Wahrscheinlichkeit für das Ereignis „ins Haus retten"

$P = \frac{2}{6} = \frac{1}{3} = 33\frac{1}{3}\%$.

Anna hat 3-mal hintereinander eine Sechs gewürfelt. Jonas vermutet, dass der Würfel nicht ideal ist.

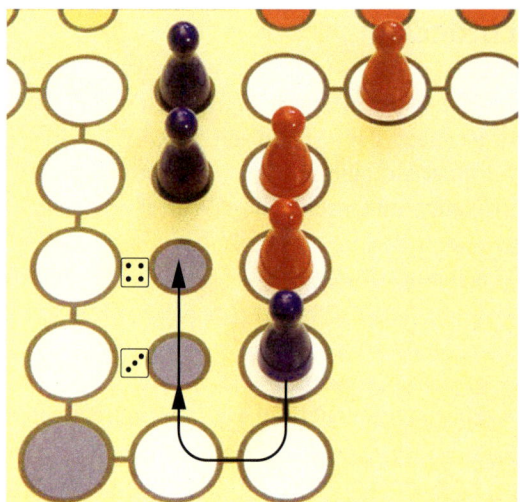

Wenn man bei einem Zufallsversuch nicht davon ausgehen kann, dass alle Ergebnisse gleich wahrscheinlich sind, dann muss die Wahrscheinlichkeit der einzelnen Ergebnisse durch ein Experiment bestimmt werden.

Beispiel 1

Anna würfelt mit dem Spielwürfel und Jonas notiert nach jeweils 15 Würfen, wie oft das Ergebnis „6" eintraf.

Gesamtzahl der Würfe	15	30	45	60	75	90	105
absolute Häufigkeit der Sechs	5	7	11	13	14	15	16
relative Häufigkeit der Sechs	≈ 33%	≈ 23%	≈ 24%	≈ 22%	≈ 19%	≈ 17%	≈ 15%

Bei einem idealen Würfel gilt für die Wahrscheinlickeit, eine „6" zu würfeln:
$P = \frac{1}{6} = 16\frac{2}{3}\%$.

Im Diagramm ist gut zu erkennen, dass die relative Häufigkeit der Sechs bei einer kleinen Anzahl von Würfen vom idealen Würfel stark abweicht. Das ändert sich, wenn die relative Häufigkeit bei einer großen Anzahl von Würfen berechnet wird.

Das Experiment zeigt, dass die Vermutung von Jonas falsch war: Der Würfel ist ideal.

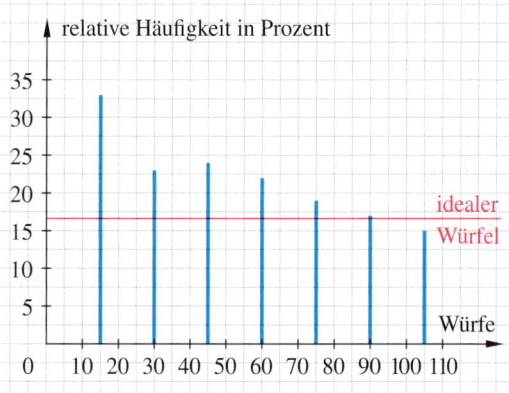

AUFGEPASST
Die Wahrscheinlichkeit sagt nichts über den Einzelfall aus, sondern nur über sehr viele Fälle.

> **Merke**   Bei einer großen Anzahl von Würfen ist die **relative Häufigkeit** eines Ereignisses ein **Schätzwert für die Wahrscheinlichkeit** des Ereignisses.

Wenn die Würfelergebnisse stark abweichen, nennt man den Würfel **unfair**.

Beispiel 2

Es wurde 200-mal gewürfelt.

Augenzahl	1	2	3	4	5	6
relative Häufigkeit	6%	18%	16%	15%	12%	33%

Üben und anwenden

1 Eine Schülergruppe hat einen Würfel getestet. Insgesamt wurde 200-mal gewürfelt. Die Ergebnisse sind in der Tabelle eingetragen.

Augenzahl	1	2	3	4	5	6
absolute Häufigkeit	30	42	21	39	46	22

a) Berechne die relative Häufigkeit für das Ereignis „Die Augenzahl ist gerade".
b) Mit welcher Wahrscheinlichkeit kann man beim nächsten Würfeln erwarten, dass die Augenzahl gerade (ungerade) ist?
c) Hältst du den Würfel für fair? Begründe.

2 Eine Schachtel mit 33 Reißzwecken wurde ausgeschüttet. Das Bild kann als Ergebnis eines 33-mal ausgeführten Zufallsversuchs aufgefasst werden.
a) Wie lauten die beiden möglichen Ergebnisse für das Werfen einer Reißzwecke?
b) Gib jeweils einen Schätzwert für beide Wahrscheinlichkeiten an.
c) Handelt es sich um ein Laplace-Experiment? Begründe.

3 Bei einer Verkehrszählung wurde ermittelt, wie viele Personen in einem Pkw sitzen.

Personen im Pkw	1	2	3	4 und mehr
absolute Häufigkeit	936	90	44	130

a) Wie viele Autos wurden beobachtet?
b) Überschlage die Wahrscheinlichkeiten folgender Ereignisse:
– Im Pkw sitzen höchstens zwei Personen.
– Im Pkw sitzen mehr als zwei Personen.
c) Berechne jeweils die Wahrscheinlichkeit für die beiden Ereignisse aus b).

3 Bei einer technischen Sicherheitskontrolle haben Experten eine große Anzahl von Autos auf Mängel untersucht. Alle Ergebnisse der Kontrolle wurden in der Tabelle zusammengefasst.

Alter des Autos in Jahren	Anzahl der Untersuchungen	Anzahl der Autos ohne Mängel
0 bis 3	365 458	264 598
4 bis 5	325 489	214 887
6 bis 7	274 334	138 790
8 bis 9	279 884	117 589
10 bis 11	468 664	139 822

a) Mit welcher Wahrscheinlichkeit hatte ein 6 bis 7 Jahre altes Auto einen Mangel?
b) Mit welcher Wahrscheinlichkeit hatte ein 8 bis 9 Jahre altes Auto *keinen* Mangel?

4 Tabea hat beim Würfeln 7-mal hintereinander eine Sechs gewürfelt.
Würdest du darauf vertrauen, dass der Würfel fair ist? Begründe.

4 Ein gezinkter Würfel ist so verändert, dass er (fast) immer die gewünschte Augenzahl zeigt. Überlege dir, wie man einen gezinkten Würfel herstellen kann.

ZUM
WEITERARBEITEN
Ermittelt auch
die Buchstaben-
häufigkeit in
anderssprachi-
gen Texten.
Was fällt euch
auf?

5 Arbeitet in Gruppen.
Führt ein Experiment zur Buchstabenhäufigkeit in deutschsprachigen Texten durch.
a) Nehmt verschiedene Texte und zählt, wie häufig bestimmte Buchstaben darin vorkommen.
b) Vergleicht eure Ergebnisse untereinander und mit Angaben im Internet.

6 In einer Fabrik werden Monitore hergestellt. Während der Produktion wird die Qualität von zufällig ausgewählten Geräten überprüft. Von 800 Monitoren waren 16 fehlerhaft.
Wie viele fehlerhafte Artikel sind bei einer Gesamtproduktion von 1 000 (10 000; 1 450) Artikeln zu erwarten?
Nutze die relative Häufigkeit als Schätzwert.

6 Wetterstationen messen, wie viele Stunden an einem Ort die Sonne scheint.

Ort	Sonnenscheindauer in einem Jahr
Göttingen	1 422 Stunden
Arkona (Rügen)	1 806 Stunden
Kempten (Allgäu)	1 721 Stunden

Ohne Bewölkung wären an jedem der drei Orte 4 464 Sonnenstunden möglich gewesen. Gib jeweils die relative Häufigkeit für Sonnenstunden an.

7 Die Tabelle enthält für die angegebenen Jahre die Anzahl an Geburten in Deutschland.

Jahr	Jungen	Mädchen	insgesamt
2009	341 249	323 877	665 126
2010	347 237	330 710	677 947
2011	339 899	322 786	662 685

a) Berechne für jedes Jahr die relativen Häufigkeiten für die Geburt eines Jungen und eines Mädchens.
b) Welche Werte konnte man 2011 für Nordrhein-Westfalen erwarten? Insgesamt wurden dort 143 097 Kinder geboren.

8 Die Grafik zeigt die Wahrscheinlichkeit für weiße Weihnachten in verschiedenen Regionen von Deutschland.

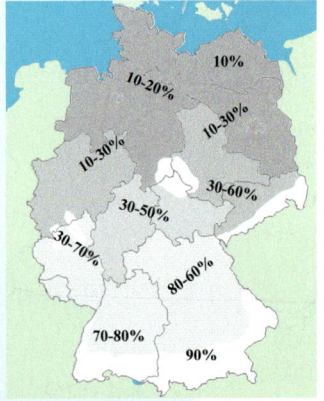
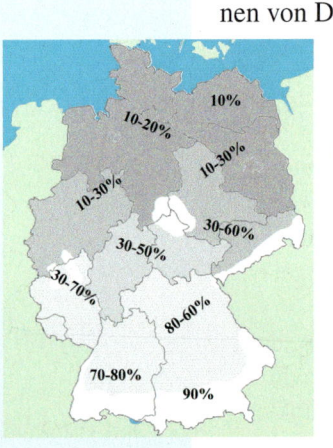

a) Wie wahrscheinlich sind weiße Weihnachten in deinem Wohnort? Lies in der Grafik ab.
b) In welcher Region ist die Wahrscheinlichkeit für weiße Weihnachten am geringsten, in welcher Region am höchsten?
c) Wie lässt sich die Wahrscheinlichkeit für weiße Weihnachten ermitteln? Diskutiert in Gruppen und beschreibt ein mögliches Verfahren.

8 In Deutschland liegt die Wahrscheinlichkeit dafür, dass ein Mann farbenblind ist, bei 8 %. Bei Frauen ist die Wahrscheinlichkeit für Farbenblindheit nur halb so groß.
2011 lebten in Deutschland 40,0 Mio. Männer und 41,5 Mio. Frauen.
a) Bestimme die Anzahl der farbenblinden Frauen und Männer in Deutschland.
b) Wie lässt sich die Wahrscheinlichkeit für Farbenblindheit ermitteln?

Wahrscheinlichkeiten nutzen

Entdecken

1 Eine Geschichte beim Arzt
Lest die Geschichte mit verteilten Rollen und diskutiert anschließend über diese
besondere Wahrscheinlichkeitsrechnung.

Arzt: Also die Lage ist ernst. Sie sind sehr krank. Statistisch gesehen überleben
           neun von zehn Patienten die Krankheit nicht.
Patient: (wird kreidebleich) Oh Gott, oh Gott!
Arzt: Sie haben aber Glück. Ich hatte schon neun Patienten mit der gleichen
           Krankheit und die sind alle schon tot.

2 Seit vielen tausend Jahren wird das Wetter beobachtet. Besonders die
Bauern haben daraus Wetterregeln entwickelt. Sie haben die Zusammenhänge genau beobachtet und für ihre Wettervorhersagen genutzt.

> **So war das Wetter im Mai 2012**
>
> Viele haben über das verregnete und zu kühle Wetter „geschimpft".
> Das Wetter im Mai 2012 war aber durchschnittlich um satte 2,2 Grad
> wärmer als in den vergangenen Jahren.
> Der Mai 2012 war zudem von gewittrigen Schauern und großen Tempe-
> raturschwankungen geprägt.
> Zu den Eisheiligen gab es Nachtfrost, während ein paar Tage später wie-
> der bis zu 33 °C erreicht werden konnten.

SCHON GEWUSST?
Pankratius, Ser-
vatius und Boni-
fatius (12.–14.
Mai) werden in
einigen Gegen-
den die „Eisheili-
gen" genannt.

Manche Gärtner sind der Meinung, dass man erst nach den Eisheiligen sicher sein kann, dass
kein Frost mehr zu erwarten ist.
Traf diese Wetterregel im Jahr 2012 zu? Glaubt ihr, dass sie in jedem Jahr zutrifft? Wie könntet
ihr die Wahrscheinlichkeit für das Eintreten der Eisheiligen-Regel bestimmen?

3 Versuch mit Gummibärchen
Ihr benötigt eine Packung Gummibärchen und
einen Schal oder ein Tuch.
Zieht mit verbundenen Augen 25 Gummibärchen aus der Packung heraus.
a) Ergänze die folgende Tabelle in deinem
   Heft:

Farbe	rot	gelb	grün	weiß	…
Anzahl					
Anteil					

b) In einer 300-g-Tüte befinden sich 125
   Gummibärchen.
   Wie viele rote Gummibärchen erwartest du in der Tüte? Vergleicht eure Rechenwege.
c) Der Hersteller gibt an, dass $\frac{1}{3}$ der Gummibärchen rot und $\frac{1}{6}$ der Gummibärchen gelb sind.
   Vergleiche die Angaben mit deinen Ergebnissen.

Verstehen

Familie Schnitzler möchte im kommenden Sommer auf der Nordsee-Insel Föhr Urlaub machen. Da sie viel Zeit am Strand verbringen möchten, hoffen sie auf gutes Wetter. Ihr Nachbar war schon mehrfach auf der Insel und sagt: „Wir hatten im Mai immer schönes Wetter."

Herr Schnitzler meint daraufhin: „Dann haben wir im kommenden August sehr wahrscheinlich auch schönes Wetter."

Frau Schnitzler möchte das Risiko für schlechtes Wetter einschätzen und sucht im Internet nach einem Klimadiagramm von Föhr.

Beispiel 1

Im Mai gab es bisher durchschnittlich acht Sonnenstunden pro Tag, im August dagegen nur sieben.

Im Mai gab es bisher acht Regentage, im August hat es durchschnittlich an elf von 31 Tagen geregnet. Damit liegt die Regenwahrscheinlichkeit im Mai bei ca. 26 %, im August bei ca. 35 %.

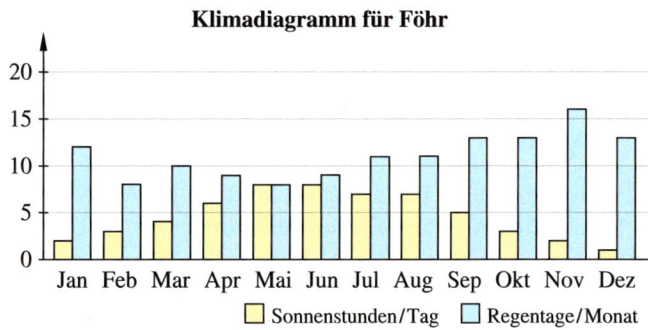

Klimadiagramm für Föhr

□ Sonnenstunden/Tag   ▨ Regentage/Monat

Gutes Urlaubswetter auf Föhr ist im Mai wahrscheinlicher als im August.

> **Merke** Um **Chancen** und **Risiken** beurteilen zu können, bedient man sich häufig der Wahrscheinlichkeitsrechnung.

Wahrscheinlichkeiten werden manchmal auch genutzt, um Vorhersagen (Prognosen) zu treffen. Voraussetzung für eine gute Vorhersage ist eine große Anzahl statistischer Erhebungen. Zum Beispiel zeichnen Wetterdienste seit vielen Jahren Wetterdaten auf.

Beispiel 2

Die Insel Föhr gehört zu den Nordfriesischen Inseln.

Wetterbericht:
Während sich das Wetter am Dienstag in der Region „Nordfriesische Inseln" noch vielfach heiter zeigt, nimmt die Bewölkung am Mittwoch zu.
Am Mittwoch muss vereinzelt mit Schauern gerechnet werden.

ZUR INFORMATION
Die Regenwahrscheinlichkeit von 100 % gibt an, dass es an diesem Tag sicher regnen wird. Sie sagt nichts darüber aus, wann und wie lange es regnen wird.

Wetter in der Region Nordfriesische Inseln

	Mi, 05.09.	Do, 06.09.
Tiefst-/Höchst-temperatur	14/17 °C	13/16 °C
Vormittag		
Nachmittag		
Abend/Nacht		
Niederschlags-wahrscheinl.	60 %	40 %

> **Merke** **Je größer die Anzahl** der Ergebnisse eines Zufallsexperiments ist, **umso genauer** kann die **Wahrscheinlichkeit** bestimmt werden. Welches der möglichen Ergebnisse als nächstes eintrifft, kann **nicht vorhergesagt** werden.
>
> Die Wahrscheinlichkeit für ein Ereignis wird oft in **Prozentschreibweise** angegeben.

Üben und anwenden

1 Fabian behauptet: „Die Wahrscheinlichkeit, einen Freiwurf beim Basketball zu verwandeln, beträgt 50 %. Denn entweder trifft ein Basketballspieler oder er trifft eben nicht." Nimm Stellung zu Fabians Aussage.

1 In einem Internetforum schreibt ein Nutzer: „Ein Wissenschaftler hat errechnet, dass es wahrscheinlicher ist, von einem Blitz getroffen zu werden als einen „Sechser" im Lotto zu haben. Dennoch gibt es jedes Jahr mehrere 100 Menschen mit 6 Richtigen, aber kaum jemand wird vom Blitz getroffen. Soviel zur Wahrscheinlichkeitsrechnung."
Was hältst du von der Aussage? Formuliere eine Antwort auf den Eintrag.

2 Paul war ein Krake, der bei der WM 2010 die Ergebnisse der Fußballspiele vorhersagen konnte. Dazu wurden zwei Behälter mit Futter und den Nationalflaggen von zwei Teams in sein Aquarium abgesenkt. Pauls Wahl für das Futter eines Behälters galt als Vorhersage des Siegers.

a) Wen hatte Paul als Sieger getippt?
b) Schreibe deine Meinung zu solchen Vorhersagen auf.

3 Schwarzfahrer

> Die Verkehrsbetriebe in Deutschland verzeichnen jedes Jahr enorme Verluste durch Schwarzfahrer. Der Verkehrsverbund Rhein Ruhr (VRR) schätzt den jährlichen Einnahmeverlust auf über 25 Millionen Euro. Nach Schätzungen des Verbandes Deutscher Verkehrsunternehmen (VDV) belaufen sich die Gesamtverluste auf über 250 Millionen Euro pro Jahr.

Welche Daten müssen die Verkehrsbetriebe sammeln, um die jährlichen Einnahmeverluste schätzen zu können?
Wie würdest du vorgehen, um die Verluste zu schätzen?

3 Ein Verkehrsunternehmen einer Stadt führt Kontrollen durch, ob alle Fahrgäste einen gültigen Fahrausweis haben.
Im letzten Jahr wurden 700 000 Personen kontrolliert. Darunter wurden 8 400 „Schwarzfahrer" ermittelt.
Das Unternehmen geht davon aus, dass in diesem Jahr der Anteil der „Schwarzfahrer" gleich bleibt und insgesamt 40 Mio. Personen befördert werden.
Welche Geldeinbuße könnte das für das Verkehrsunternehmen bedeuten, wenn keine Kontrollen durchgeführt werden würden und der Fahrpreis durchschnittlich 2,30 € beträgt?

4 Eine Tageszeitung hat eine Befragung unter 1 000 Lesern durchgeführt.
5 % von ihnen gaben an, die Werbeanzeigen zu lesen.
Die Zeitung hat 160 000 Abonnenten.
Wie viele davon lesen wahrscheinlich die Werbeanzeigen?

4 In einem Gefäß befinden sich insgesamt zehn Kugeln. Bei 100 Versuchen wird 63-mal eine weiße Kugel und 37-mal eine schwarze Kugel gezogen.
Wie viele weiße und wie viele schwarze Kugeln befinden sich wahrscheinlich in dem Gefäß? Begründe.

5 Susanne möchte Schulsprecherin werden. Um ihre Chancen einzuschätzen macht sie in ihrer Klasse eine Testwahl.
Nach diesem Ergebnis hofft Susanne auf insgesamt 420 Stimmen bei der Schulsprecherwahl. Enttäuscht erfährt sie, dass sie nur 156 Stimmen erhalten hat. Nimm Stellung zu ihrem Vorgehen.

Testwahl „Schulsprecherin"
Stimmen für Susanne
卌 卌 卌 卌 |
Gegenstimmen
卌 ||

RÜCKBLICK
Berechne den Preis pro Kilogramm.
a) 2,41 kg Fleisch kosten 4,05 €.
b) $\frac{3}{4}$ kg Käse kosten 3,74 €.

BEISPIEL ZU 6
*Bei einer relativen Häufigkeit von 6 % für einen Fehler berechnet man so die erwartete Fehlerzahl bei einer Produktion von 10 000 Stück:
0,06 · 10 000
= 600*

6 In einer Textilfirma wird die Qualität der Textilien ständig kontrolliert. Dazu werden nach der Herstellung von T-Shirts Stichproben genommen.
Bei der letzten Kontrolle wurden 700 T-Shirts überprüft, 21 davon waren fehlerhaft.
a) Berechne die relative Häufigkeit für fehlerhafte T-Shirts in dieser Stichprobe.
b) Wie viele fehlerhafte T-Shirts könnten in der Gesamtproduktion von 8 000 (5 500; 13 500) T-Shirts wahrscheinlich enthalten sein? Nutze die relative Häufigkeit aus a).

7 Ein Kurort wirbt in einem neuen Prospekt mit seiner langen Sonnenscheindauer.

Ferien in
Bad Sommerfeld

Für Sie scheint bei uns immer die Sonne. Im August erwarten Sie mehr als sieben Stunden Sonnenschein pro Tag.

Sonnenscheindauer der letzten Jahre, größtmögliche Sonnenscheindauer im August: 251 h

2012	2011	2010	2009	2008	2007
183 h	251 h	215 h	187 h	206 h	240 h

a) Stimmt die Aussage im Prospekt?
b) Schätze die Wahrscheinlichkeit, mit der im August die Sonne in Bad Sommerfeld scheint.

6 Eine Firma stellt Akkus für Handys her. Bei den letzten Kontrollen gab es folgende Anzahlen fehlerhafter Akkus je Stichprobe:
– 17 von 850
– 25 von 714
– 37 von 1 947
a) Haben sich die Produktionsergebnisse verbessert oder verschlechtert?
b) Berechne die wahrscheinliche Anzahl fehlerhafter Akkus für eine Produktion von 15 000 Stück bei den besten (schlechtesten) Produktionsbedingungen.

7 Herr Lab möchte im Sommer segeln gehen.

Soll er an die italienische Mittelmeerküste mit einer Regenwahrscheinlichkeit von 7 % fahren? Oder ist die türkische Westküste besser geeignet, wo es laut Prospekt im Sommer (Juli bis September) durchschnittlich drei Regentage gibt?
Der Wind ist an der türkischen Westküste mit durchschnittlich $2 \frac{m}{s}$ stärker als an der Mittelmeerküste mit $1,5 \frac{m}{s}$.

RÜCKBLICK
*Auf dem Flohmarkt werden CDs zum Stückpreis von 4 € angeboten. Beim Kauf von fünf Stück zahlt man nur 15 €.
Wie viel Prozent Nachlass gibt der Verkäufer?*

8 Für ein Schulfest hat sich die Klasse 7 c ein Glücksrad mit besonderen Regeln ausgedacht.
a) Lässt sich mit diesem Glücksrad ein Gewinn für die Klassenkasse erzielen, wenn alle Ergebnisse gleich wahrscheinlich sind?
b) Mario hat festgestellt, dass das Glücksrad unregelmäßig läuft und deshalb keine gleich wahrscheinlichen Ergebnisse erzeugt.

Ergebnis	1	2	3	4	5
Anzahl	40	50	60	20	10

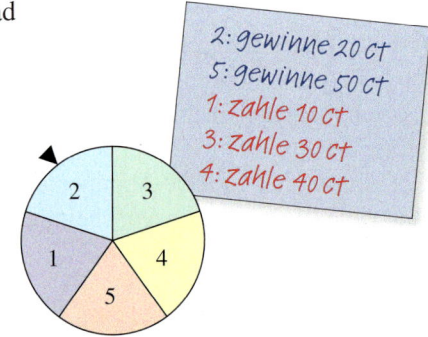

Lässt sich mit diesem Glücksrad ein Gewinn erzielen, wenn es beim Schulfest insgesamt 2 000-mal gedreht wird?
Diskutiert darüber in kleinen Gruppen und präsentiert euer Ergebnis in der Klasse.

Methode: Boxplots

In der Tabelle sind die Mittagstemperaturen von zwei Winterwochen notiert.

Tag	1	2	3	4	5	6	7	8	9	10	11	12	13	14
Temperatur (in °C)	3	2	5	−8	−10	−12	−8	−6	−10	−11	−6	0	−4	−4

Möchte man sich einen Überblick über die
Verteilung der Temperaturdaten verschaffen,
so stellt man sie z. B. in einem speziellen
Diagramm dar.

Diesen Diagrammtyp nennt man **Boxplot**.

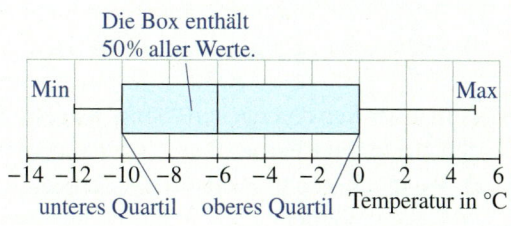

HINWEIS
Mithilfe von GeoGebra kann man Boxplots erstellen.

Boxplots zeichnen

1. Die Daten werden der Größe nach geordnet:
   −12 °C; −11 °C; −10 °C; −10 °C; −8 °C; −8 °C; −6 °C; −6 °C; −4 °C; −4 °C; 0 °C; 2 °C; 3 °C; 5 °C

2. Der Median aller Werte wird bestimmt:
   −12 °C; −11 °C; −10 °C; −10 °C; −8 °C; −8 °C; $\boxed{\text{−6 °C; −6 °C;}}$ −4 °C; −4 °C; 0 °C; 2 °C; 3 °C; 5 °C

   Der Median beträgt −6 °C.

3. Das untere Quartil (Viertel) wird mithilfe des Medians der unteren Werte bestimmt:
   −12 °C; −11 °C; −10 °C; $\boxed{\text{−10 °C;}}$ −8 °C; −8 °C; −6 °C   Der untere Median beträgt −10 °C.

4. Das obere Quartil (Viertel) wird mithilfe des Medians der oberen Werte bestimmt:
   −6 °C; −4 °C; −4 °C; $\boxed{\text{0 °C;}}$ 2 °C; 3 °C; 5 °C   Der obere Median beträgt 0 °C.

5. Es wird eine Temperaturskala gezeichnet.
   An der Skala werden der untere und obere
   Median markiert. Zwischen beiden Werten
   wird eine Box gezeichnet. Der Median
   aller Daten wird in der Box eingezeichnet.

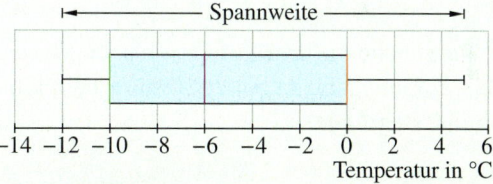

6. Die Box wird mit dem Minimum und Maximum verbunden.
   Die Verbindung nennt man **Antennen**.

ZUR INFORMATION
*Das englische Wort **Boxplot** kann man im Deutschen mit **Kasten-diagramm** über-setzen.
Im Englischen lautet das Wort für Antennen **Whiskers** wie die Schnurrhaare einer Katze.*

1 Zeichne den Boxplot zu den Termperaturdaten nach der Anleitung in dein Heft.
a) Wie viele Temperaturdaten gehören in die Box? Trage sie im Heft ein.
b) Wie viel Prozent aller Temperaturdaten liegen in der Box?

2 Dies ist der Boxplot der nächsten zwei Winterwochen.
a) Lies die höchste (niedrigste) Temperatur ab.
b) Bei welcher Temperatur liegt der Median aller Angaben?
c) Bei welcher Temperatur liegt der untere (obere) Median?
d) Vergleiche den Boxplot mit dem Boxplot von oben. Wann war es wärmer? Begründe.

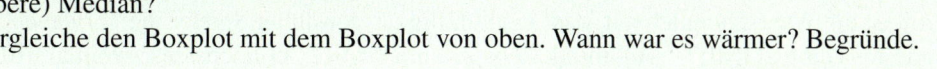

Klar so weit?

→ Seite 114

Zufall und Wahrscheinlichkeit

1 Hängen diese Vorgänge vom Zufall ab?
a) Ziehung der Lotto-Zahlen
b) Geschlecht eines Kindes
c) Beginn der Sommerferien
d) Ziehen einer Karte bei einem Quartett

1 Handelt es sich um Zufallsversuche?
Falls ja, gib die möglichen Ergebnisse an.
a) Ziehung der ersten Kugel bei „6 aus 49"
b) Ziehen eines Loses
c) Ermitteln eines Gewichtes einer Kugel

2 In einer Schale liegen 10 bunte Kugeln. Sie unterscheiden sich nur in ihrer Farbe.
a) Welche Ergebnisse sind beim Ziehen einer Kugel aus der Schale möglich?
b) Handelt es sich bei dem Zufallsversuch um ein Laplace-Experiment? Begründe.

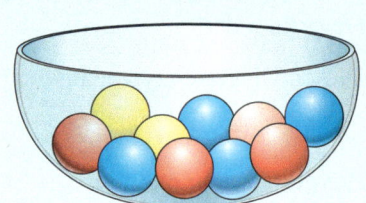

3 Ohne hinzusehen wird eine Kugel gezogen.

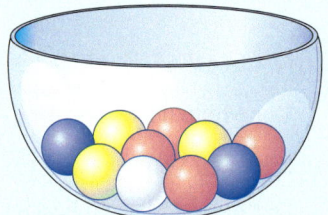

Berechne die Wahrscheinlichkeit, zufällig …
a) eine gelbe Kugel zu ziehen.
b) eine rote oder blaue Kugel zu ziehen.
c) keine rote und keine blaue Kugel zu ziehen.

3 Die Flächen des Spielwürfels sind mit den Zahlen 1 bis 12 beschriftet. Berechne die Wahrscheinlichkeit für folgende Ereignisse.
a) eine 3
b) eine 7
c) eine Primzahl
d) eine Zahl kleiner 9
e) eine ungerade Zahl
f) eine durch 4 teilbare Zahl
g) ein Vielfaches von 2

4 Vergleiche die drei Zufallsversuche. Gibt es Unterschiede bei den Wahrscheinlichkeiten? Begründe.

② Ziehen einer Karte aus den sechs gemischten Karten Ass, König, Bube, Sieben, Zehn und Neun

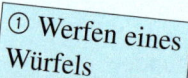
① Werfen eines Würfels

③ Ziehen einer Kugel aus einer Lostrommel, in der sich sechs verschiedenfarbige Kugeln befinden

4 Wie kommt die Klasse 7 b zur Schule?

Bus	Fahrrad	Auto	zu Fuß
10	9	5	6

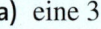

Gib die Wahrscheinlichkeit für die folgenden Ereignisse an: Eine zufällig ausgewählte Person erreicht die Schule…
a) mit dem Fahrrad,
b) zu Fuß,
c) nicht mit dem Auto,
d) mit dem Fahrrad oder zu Fuß.

→ Seite 118

Relative Häufigkeit und Wahrscheinlichkeit

5 Bei einem Fußballfest schießen die Teilnehmer dreimal auf eine Torwand. Dabei wird zu 35 % einmal getroffen, zu 15 % zweimal, zu 8 % dreimal und zu 42 % keinmal.
Wie groß ist die Wahrscheinlichkeit, dass ein zufällig ausgewählter Spieler die Torwand …
a) mindestens einmal trifft?   b) mindestens zweimal trifft?   c) höchstens zweimal trifft?

6 Ergebnisse am Glücksrad

a) Welches Glücksrad lieferte vermutlich die Zahlenreihen? Begründe.

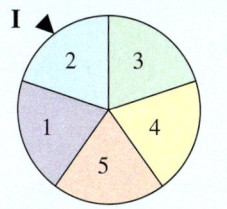   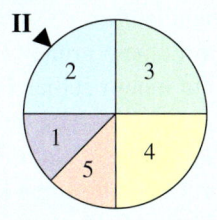

① 5; 3; 2; 2; 4;
   2; 3; 2; 3; 1;
   3; 3; 5; 4; 3;
   1; 4; 2; 2; 4;
   3; 4; 2; 1; 4

② 4; 4; 1; 5; 2;
   2; 1; 1; 2; 4;
   3; 3; 3; 5; 1;
   2; 2; 5; 5; 2;
   3; 2; 1; 5; 3

b) Stelle selbst zwei Zahlenreihen auf, die zu je einem der Glücksräder passen.

7 Die Firma BLITZ produziert USB-Sticks. Die Wahrscheinlichkeit, dass ein USB-Stick kaputt ist, beträgt 2 %.
Das bedeutet, dass erfahrungsgemäß 2 von 100 USB-Sticks kaputt sind. Wie viele kaputte USB-Sticks gibt es ungefähr bei einer Lieferung von 5 000 USB-Sticks?

6 Ein Glücksrad wird mehrfach gedreht:

weiß, rot, rot, weiß, weiß, blau, blau, gelb, rot, weiß, blau, blau, weiß, blau, weiß, blau, blau, weiß, blau, blau, weiß, blau, rot, gelb, gelb, weiß, gelb, rot, blau, weiß, blau, weiß, weiß, gelb, weiß, gelb, rot, weiß, weiß, blau, gelb, weiß, rot, weiß, blau, gelb, blau, blau, weiß, rot.

a) Liegt ein Laplace-Experiment vor? Begründe deine Ansicht.

b) Schätze zuerst und bestimme dann mithilfe der relativen Häufigkeiten die Wahrscheinlichkeit, dass das Glücksrad auf einem roten (weißen, blauen, gelben) Feld stoppt.

c) Zeichne ein Glücksrad, das zu dem Zufallsversuch oben passt.

7 In einer Schale liegen insgesamt 50 Kugeln, die gelb, rot und grün sind.
800-mal wurde je eine Kugel gezogen und zurückgelegt. 320-mal wurde eine gelbe Kugel gezogen und 384-mal eine rote. Wie viele gelbe, rote und grüne Kugeln sind vermutlich in der Schale?

Wahrscheinlichkeiten nutzen

→ Seite 122

8 An einer Kreuzung gibt es drei verschiedene Fahrspuren. Um den Verkehrsstrom festzustellen, hat man während der Hauptverkehrszeit eine Stunde lang gezählt.

Richtung	L	M	R
Anzahl	105	125	60

Gib die Wahrscheinlichkeit in Prozent an, mit der ein ankommendes Fahrzeug jeweils eine der drei Richtungen wählt.

8 Vor einem Konzert der Gruppe „Tokio Hotel" wurden 50 Personen von Redakteuren einer Schülerzeitung nach ihrer Lieblingsband befragt.
In der folgenden Ausgabe der Schülerzeitung findet sich folgende Überschrift:
„Tokio Hotel" beliebteste Band Deutschlands – 9 von 10 Befragten nennen „Tokio Hotel" als Lieblingsband
Hältst du die Überschrift für gerechtfertigt? Begründe deine Meinung.

9 Einige Schülerinnen und Schüler der 7 d haben am Kiosk eingekauft.

a) Wie viel Euro haben sie insgesamt ausgegeben?

b) Der Kioskbesitzer möchte aus diesen Verkaufszahlen seinen Einkauf für die nächste Woche berechnen.
Nimm Stellung zu seinem Vorgehen.

	Brötchen	Pizza	Riegel	Brezel
Anzahl	3	8	3	6
Preis (€)	1,10	1,00	0,80	0,80

Vermischte Übungen

1 Die einzelnen Felder des Glücksrads sind gleich groß. Wie groß ist jeweils die Wahrscheinlichkeit, beim ersten Drehen …

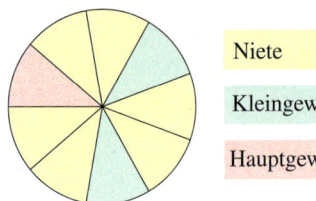

> Niete
>
> Kleingewinn
>
> Hauptgewinn

a) einen Hauptgewinn,
b) einen Gewinn,
c) eine Niete zu erzielen?

RÜCKBLICK
Eine Rechteckseite ist 15,8 cm lang. Der Flächeninhalt beträgt 353,92 cm². Berechne die zweite Seite des Rechtecks und dessen Umfang.

2 Es wird ein Würfel geworfen. Wie groß ist die Wahrscheinlichkeit dafür, dass folgende Ereignisse eintreten? Die Augenzahl ist …
a) gerade.
b) kleiner als zwei.
c) kleiner als sieben.
d) größer als eins.
e) sieben.

3 Wie groß ist die Wahrscheinlichkeit, dass die grüne Spielfigur beim nächsten Zug ins Haus gerettet wird? Begründe.

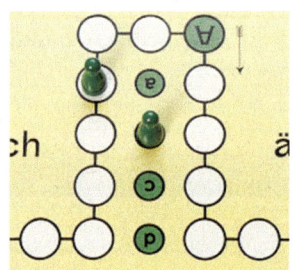

4 Ein Torwart führt eine Statistik darüber, ob er einen Elfmeter gehalten hat oder nicht.

Dabei steht „T" für Tor und „G" für gehalten:

TTGTT   TGGTT   GTTTT
TTTTG   TTTTT

Überprüfe die Aussagen.
a) Die Wahrscheinlichkeit dafür, dass ein Elfmeter gehalten wird, liegt bei 5%.
b) Der Torwart wird den nächsten Elfmeter wahrscheinlich nicht halten.
c) Von den nächsten fünf Elfmetern wird der Torwart einen halten.
d) Möglich ist, dass der Torwart von den folgenden zehn Elfmetern keinen halten wird.

HINWEIS ZU 4
Ein Skatspiel hat die Karten 7, 8, 9, 10, Bube, Dame, König und Ass jeweils in den Farben Kreuz, Pik, Herz und Karo.

1 Bestimme die Wahrscheinlichkeit dafür, dass der Kreisel wie folgt stehenbleibt.
a) auf einem grünen Feld
b) auf einem gelben Feld
c) auf einem roten oder auf einem blauen Feld
d) auf einem grünen Feld oder auf einem blauen Feld
e) weder auf einem grünen Feld noch auf einem blauen Feld

2 In einer Lostrommel liegen 25 Kugeln, die mit den Zahlen 1 bis 25 beschriftet sind. Eine Kugel wird gezogen und danach wieder in die Trommel zurückgelegt.
Bestimme die Wahrscheinlichkeit für das Ziehen einer …
a) ungeraden Zahl,
b) Primzahl,
c) Quadratzahl,
d) durch drei teilbaren Zahl,
e) geraden und durch drei teilbaren Zahl.

3 Zeichne je ein Glücksrad, sodass die Wahrscheinlichkeit für …
a) rot ein Viertel beträgt.
b) grün $\frac{1}{3}$ beträgt.
c) blau 0 beträgt.
d) gelb $\frac{1}{5}$ beträgt.
e) schwarz 30%, für weiß 60% und für grau 10% beträgt.

4 Aus 32 Skatkarten wird eine Karte gezogen. Berechne die Wahrscheinlichkeit für das Ziehen der folgende Ereignisse.
a) eine rote Karte
b) ein Bube
c) Karo-Sieben
d) ein Ass
e) Herz-Ass
f) eine Herz-Karte
g) eine Herz-Karte oder Karo-Karte
h) Kreuz-Ass oder Pik-Ass

5 Eine Streichholzschachtel wurde wie ein Würfel geworfen.

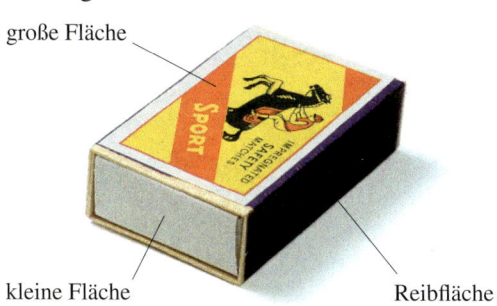

große Fläche

kleine Fläche

Reibfläche

Die Tabelle zeigt, wie oft die Schachtel auf der großen Fläche, auf der kleinen Fläche und auf der Reibefläche gelandet ist.

Ergebnis	große Fläche	kleine Fläche	Reib-fläche
Anzahl	124	28	48

a) Gib die relativen Häufigkeiten der einzelnen Ergebnisse an.
b) Ist die relative Häufigkeit ein Schätzwert für die Wahrscheinlichkeit der einzelnen Ergebnisse? Begründe.

6 In einem Gefäß liegen eine weiße und drei schwarze Kugeln. Es wird ohne hinzusehen eine Kugel gezogen.
a) Wie groß ist die Wahrscheinlichkeit, dass die gezogene Kugel …
– weiß,
– schwarz ist?
b) Die erste Kugel war schwarz. Sie wird *nicht* wieder ins Gefäß zurückgelegt. Bestimme die Wahrscheinlichkeit, beim zweiten Ziehen eine …
– weiße,
– schwarze Kugel zu ziehen.

5 Ein Drehwürfel hat drei gleich große Felder. Bei einem Zufallsversuch wurde er 120-mal gedreht.

Die Urliste zeigt die Ergebnisse:

1; 1; 3; 3; 2; 1; 3; 1; 1; 1; 2; 1;
2; 2; 1; 1; 3; 3; 3; 1; 2; 1; 3; 2;
1; 1; 1; 2; 3; 3; 3; 3; 3; 3; 2; 2;
1; 1; 1; 2; 2; 2; 2; 3; 2; 1; 2; 1;
3; 3; 1; 2; 2; 2; 1; 1; 1; 1; 3; 3;
1; 2; 1; 2; 1; 2; 3; 1; 1; 1; 1; 2;
1; 3; 2; 1; 3; 2; 1; 3; 2; 1; 3; 3;
3; 1; 1; 3; 1; 2; 3; 1; 2; 1; 1; 1;
2; 2; 1; 1; 1; 3; 1; 1; 1; 1; 2; 1;
1; 1; 1; 2; 1; 2; 1; 2; 1; 2; 1; 1

a) Fertige eine Strichliste an.
b) Gib die absoluten Häufigkeiten der einzelnen Ergebnisse an.
c) Gib Schätzwerte für die Wahrscheinlichkeiten der einzelnen Ergebnisse an.

6 In einer Lostrommel befinden sich insgesamt 112 Nieten, 69 Kleingewinne und 19 Hauptgewinne.
a) Wie groß ist die Wahrscheinlichkeit, beim ersten Ziehen …
– einen Kleingewinn,
– eine Niete oder einen Kleingewinn,
– einen Hauptgewinn zu ziehen?
b) Es wurden bereits 50 Lose verkauft und es wurde 3-mal ein Hauptgewinn gezogen. Hat sich die Wahrscheinlichkeit, einen Hauptgewinn zu ziehen, verbessert oder verschlechtert? Begründe.

ZUM WEITERARBEITEN
Tim zieht aus einem Skatblatt. Berechne die Wahrscheinlichkeit für das Ziehen einer…
a) Dame.
b) roten Karte.
c) schwarzen Acht.
d) Bildkarte.
e) roten Bildkarte.
f) Neun oder Zehn.

7 Von zwei Batterieherstellern wurden zehn Batterien auf ihre Haltbarkeit getestet. Die Tabelle zeigt die Haltbarkeit in Stunden.

Galvani	15,5	14	14	24	19	16,5	15	11,4	16	15
Volta	18	14	16	9	12	16	20	16	13	15

a) Stelle für jede Firma die Daten in einem Boxplot dar.
b) Lies jeweils im Boxplot ab:
Wie groß ist die Spannweite der Haltbarkeit insgesamt?
In welchem Bereich liegen 50 % der Werte?
c) Von welcher Firma würdest du deine Batterien kaufen? Begründe.

HINWEIS
Wie man einen Boxplot erstellt, kannst du auf Seite 125 nachlesen.

Rund ums Blutspenden

Täglich spenden Freiwillige einen kleinen Teil ihres Blutvolumens. Damit helfen sie, das Leben anderer zu retten.

Nach der Spende wird das Blut untersucht und aufbereitet, bevor es z. B. bei einer Operation eingesetzt wird.

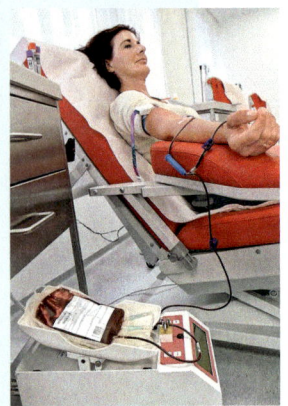

8 Jeder Mensch kann nach einem Unfall oder bei einer schweren Krankheit in die Situation kommen, Blut von einem anderen Menschen zu benötigen.

Es wird geschätzt, dass 80% aller Deutschen mindestens einmal im Leben Blut oder Blutplasma von einem anderen Menschen brauchen. Im Jahr 2011 lebten in Deutschland insgesamt 81 843 743 Menschen.

a) Wie viele Menschen in Deutschland benötigen mindestes einmal in ihrem Leben eine Blutspende?

b) Bundesweit werden jährlich etwa 5 475 000 Blutspenden benötigt. Bei einer Spende werden 450 cm³ Blut abgenommen.
 Wie viel Liter Blut werden jährlich benötigt?

c) Vergleiche dein Ergebnis aus Aufgabenteil b) mit dem Volumen eines Schwimmbads, das 50 m lang, 25 m breit und 2 m tief ist.

9 Blut ist nicht gleich Blut. Ein Merkmal der Unterscheidung sind die sogenannten Blutgruppen A, 0, B und AB.

a) Welche Blutgruppe ist in Deutschland am meisten (wenigsten) vertreten?

b) In einem Fußballstadion sind 27 500 Zuschauer. Gib an, wie viele von ihnen wahrscheinlich zu den einzelnen Blutgruppen gehören.

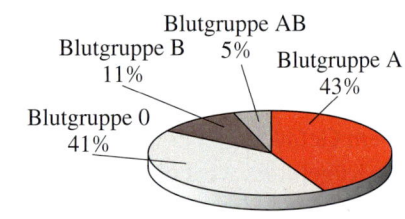

10 Die Häufigkeit der Blutgruppen ist regional verschieden.

Land \ Gruppe	A	0	B	AB	Gesamtbevölkerung
Deutschland	43%	41%	11%	5%	81 843 743
Schweiz	47%	41%	8%	4%	7 954 662
Türkei	42,5%	33,7%	15,8%	8,0%	74 724 269

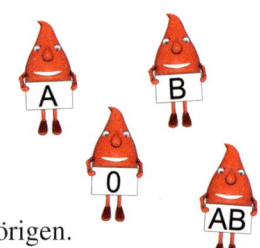

a) Berechne für jedes Land die absoluten Zahlen der Blutgruppenzugehörigen.

b) Stelle sie in einem geeigneten Balkendiagramm dar.

11 Zum Uniklinikum Aachen kommen 9 500 Dauerspender.

a) Bei wie vielen von ihnen ist nach der Statistik für Deutschland in Aufgabe 10 die Blutgruppe AB zu erwarten?

b) Die Tabelle zeigt, zu welcher Blutgruppe die Spender an einem Dienstag gehörten.
 Bei welcher Blutgruppe kommt das Tagesergebnis der statistischen Verteilung für Deutschland aus Aufgabe 10 am nächsten?

Blutgruppe	A	0	B	AB
Anzahl	48	41	16	3

c) An einem Vormittag wurde das Alter aller Spender notiert.
 Stelle an einem Ausschnitt des Zahlenstrahls die Datenverteilung als Boxplot dar.

Alter	19	21	22	28	32	39	40	49	52	60
Anzahl	4	2	6	12	4	2	8	1	1	2

Zusammenfassung

→ Seite 114

Zufall und Wahrscheinlichkeit

Zufallsexperimente, bei denen alle **Ergebnisse gleich wahrscheinlich** sind, nennt man **Laplace-Experimente**.

Für die **Wahrscheinlichkeit P** für das Eintreten eines Ergebnisses e gilt:

$P(e) = \dfrac{1}{\text{Anzahl der möglichen Ergebnisse}}$

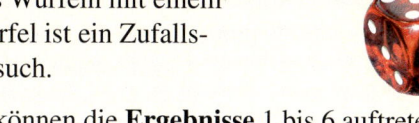

Das Würfeln mit einem Würfel ist ein Zufallsversuch.

Es können die **Ergebnisse** 1 bis 6 auftreten. Alle möglichen Ergebnisse kann man in der **Ergebnismenge S** zusammenfassen: $S = \{1, 2, 3, 4, 5, 6\}$.
Alle Ergebnisse sind gleich wahrscheinlich.

Die Wahrscheinlichkeit, eine Drei zu werfen, beträgt $P(3) = \frac{1}{6} \approx 0{,}167 \approx 16{,}7\%$.

Mehrere Ergebnisse eines Zufallsversuchs können zu einem **Ereignis E** zusammengefasst werden.
Für die **Wahrscheinlichkeit P** für das Eintreten eines Ereignisses E gilt:

$P(E) = \dfrac{\text{Anzahl der günstigen Ergebnisse}}{\text{Anzahl der möglichen Ergebnisse}}$

Die Ergebnisse 2, 4 und 6 können zum Ereignis „Es wird eine gerade Zahl geworfen" zusammengefasst werden.

Die Wahrscheinlichkeit, eine gerade Zahl zu werfen, beträgt
$P(\text{„gerade Zahl"}) = \frac{3}{6} = 0{,}5 = 50\%$.

Die Wahrscheinlichkeit für ein Ereignis nimmt Werte von 0 (0%) bis 1 (100%) an.

Das Werfen einer 7 ist ein **unmögliches Ereignis**, $P(7) = 0 = 0\%$.

Das Werfen einer der Zahlen 1 bis 6 ist ein **sicheres Ereignis**, die Wahrscheinlichkeit dafür beträgt 1 = 100%.

Relative Häufigkeit und Wahrscheinlichkeit

→ Seite 118

Bei einer großen Anzahl von Würfen ist die **relative Häufigkeit** für ein Ereignis ein **Schätzwert für die Wahrscheinlichkeit** des Ereignisses.

Gesamtzahl der Würfe	15	105
absolute Häufigkeit der Sechs	5	16
relative Häufigkeit der Sechs	≈ 33%	≈ 15%

Wahrscheinlichkeiten nutzen

→ Seite 122

Um **Chancen und Risiken** beurteilen zu können, bedient man sich häufig der Wahrscheinlichkeitsrechnung.
Für die **Vorhersage eines einzelnen Ereignisses** ist eine Wahrscheinlichkeitsberechnung nicht geeignet.

Beträgt die Regenwahrscheinlichkeit für eine Region 80%, dann ist es wahrscheinlich, dass es in einem Teil der Region regnen wird. Eventuell regnet es aber auch gar nicht.

Teste dich!

4 Punkte

1 Handelt es sich um Zufallsversuche? Falls ja, gib je zwei mögliche Ergebnisse an.
a) Werfen einer Münze
b) Ziehen einer Kugel ohne Hinsehen aus einer Schale mit mehreren Kugeln
c) Ermitteln des Volumens eines Quaders mit $a = 2\,cm$, $b = 3\,cm$ und $c = 4\,cm$
d) Note deiner nächsten Klassenarbeit

4 Punkte

2 Bestimme die Wahrscheinlichkeit dafür, dass das Glücksrad …
a) auf dem grünen Feld stehen bleibt.
b) auf einem gelben Feld stehen bleibt.
c) auf einem roten oder auf einem blauen Feld stehen bleibt.
d) weder auf dem grünen noch auf einem blauen Feld stehen bleibt.

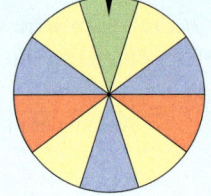

2 Punkte

3 Es gibt Spielwürfel mit 6, 8 oder 12 Flächen. Mit jedem von ihnen wird einmal geworfen.
a) Begründe, ob ein Laplace-Experiment vorliegt oder nicht.
b) Ergänze im Heft die Tabelle mit den Wahrscheinlichkeiten der angegebenen Ereignisse.

Würfel mit …	6 Flächen	8 Flächen	12 Flächen
Wahrscheinlichkeit eine „1" zu werfen	$\frac{1}{6}$		
Wahrscheinlichkeit eine „gerade Zahl" zu werfen			
Wahrscheinlichkeit eine „1" oder eine „2" zu werfen			

5 Punkte

4 In einer Lostrommel liegen 25 Kugeln, die mit den Zahlen 1 bis 25 beschriftet sind. Eine Kugel wird gezogen und danach wieder in die Trommel zurückgelegt. Bestimme die Wahrscheinlichkeit für folgende Ereignisse: Es wird eine …
a) ungerade Zahl gezogen.
b) Primzahl gezogen.
c) Quadratzahl gezogen.
d) durch drei teilbare Zahl gezogen.
e) gerade und durch drei teilbare Zahl gezogen.

3 Punkte

5 Bei einer Tombola sollen $4\,500\,€$ durch den Verkauf der Lose zu je $1,50\,€$ erzielt werden. Nachdem die Kosten für die Gewinne abgezogen wurden, soll der Rest einer Kinderkrippe gestiftet werden.
a) Wie viele Lose müssen verkauft werden?
b) Wie groß ist die Wahrscheinlichkeit, den Hauptpreis zu gewinnen?
c) Mit welcher Wahrscheinlichkeit ist überhaupt ein Gewinn zu erwarten?

Kosten für die Gewinne:
1 Fahrrad $\qquad$ 760 €
5 Skateboards $\qquad$ je 98 €
12 Basecaps $\qquad$ je 32 €
15 Gelenkschoner $\qquad$ je 25 €

2 Punkt

6 Im Jahr 2011 lebten in Deutschland 81 843 743 Menschen. Die Stadt Münster hatte zu diesem Zeitpunkt 288 050 Einwohner.
a) In Deutschland gab es in diesem Jahr 10 851 500 Kinder und Jugendliche unter 15 Jahren. Schätze, wie viele Kinder und Jugendliche zu diesem Zeitpunkt in Münster lebten.
b) In Deutschland waren zu diesem Zeitpunkt 20,6 % der Menschen über 65 Jahre alt. Schätze entsprechend die Anzahl der Menschen über 65 Jahre in Münster.

Hallo Tobi,

hier ist ein kleines Rätsel für dich:
1) Mein Bruder rechts auf dem Foto ist 5 Jahre jünger als ich.
2) Mein kleiner Cousin ist 2 Jahre alt. Er und meine Schwester zusammen sind so alt wie mein Bruder.
3) Mein Vater ist dreimal so alt wie ich.
4) Wenn ich das halbe Alter meines Bruders vom Alter meines Vaters subtrahiere, dann erhalte ich das Alter meiner Mutter.
5) Meine Oma ist so alt wie mein Vater und meine Mutter zusammen.
6) Der Altersunterschied zwischen meinen Großeltern ist derselbe wie der zwischen meinen Eltern.

Viel Spaß beim überlegen,
deine Clara

PS: Du weißt nicht mehr, wie alt ich bin??
Ein Tipp: Ich gehe in die 7. Klasse und mein Alter gehört zu den Primzahlen!

Noch fit?

Einstieg

1 Zahlenfolgen
Ergänze um drei weitere Zahlen.
Formuliere jeweils eine Regel.
a) 17; 34; 51; 68; …
b) 1; 3; 5; 7; …
c) 200; 195; 190; …
d) 4; 9; 14; 19; …

2 Einfache Gleichungen
Setze jeweils eine geeignete Zahl ein.
a) $15 \cdot \blacksquare = 105$
b) $14 + 2 \cdot \blacksquare = 24$
c) $121 = \blacksquare \cdot \blacksquare$
d) $121 - \blacksquare = 89$
e) $5 \cdot \blacksquare - 12 = 13$

3 Addieren und Subtrahieren
Schreibe eine Aufgabe und löse sie.
a) Bilde die Differenz aus 37 und 17.
b) Addiere die Zahlen 54 und 226.
c) Der erste Summand ist 527, der Wert der Summe ist 617. Gesucht ist der zweite Summand.
d) Der Wert der Differenz ist 36, der Minuend ist 47. Wie lautet der Subtrahend?

4 Rechenregeln
Ergänze die Regeln zum Rechnen mit Brüchen im Heft.
a) Brüche werden addiert oder subtrahiert, indem man …
b) Zwei Brüche werden multipliziert, indem man …
c) Man dividiert eine Zahl durch einen Bruch, indem man …

5 Rechnen mit Brüchen
a) $\frac{2}{3} + \frac{4}{5}$
b) $3 - \frac{2}{7}$
c) $-\frac{3}{5} - \frac{5}{6}$
d) $\frac{5}{6} \cdot \frac{18}{25}$
e) $\frac{3}{4} \cdot \left(-\frac{5}{6}\right)$
f) $\frac{12}{7} : \frac{36}{77}$

Aufstieg

1 Zahlenfolgen
Ergänze um drei weitere Zahlen.
Formuliere jeweils eine Regel.
a) 1; 4; 9; 16; 25; …
b) 1; 3; 6; 10; 15; …
c) $\frac{1}{2}; \frac{1}{4}; \frac{1}{8}; \frac{1}{16}; …$
d) $\frac{1}{4}; \frac{1}{2}; 1; 2; …$

2 Einfache Gleichungen
Setze jeweils eine geeignete Zahl ein.
a) $125 = 75 + 10 \cdot \blacksquare$
b) $63 : \blacksquare = 7$
c) $47 - 3 \cdot \blacksquare = 41$
d) $\blacksquare \cdot 8 = 56$
e) $12 + \blacksquare : 6 = 21$

3 Addieren und Subtrahieren
Schreibe eine Aufgabe und löse sie.
a) Der erste Summand ist 158, der zweite Summand ist um 50 größer als der erste Summand. Berechne die Summe.
b) Der Wert der Differenz ist 148, der Subtrahend ist 60. Berechne den Minuenden.
c) Der Wert der Summe beträgt 1 328. Beide Summanden sind gleich groß.

5 Rechnen mit Brüchen
a) $\frac{8}{5} : \frac{12}{15}$
b) $\frac{2}{3} + \frac{4}{7} \cdot \frac{14}{8}$
c) $\frac{9}{8} - \frac{3}{4} : \frac{1}{2}$
d) $\frac{1}{3} : \frac{1}{4} \cdot \frac{4}{6}$
e) $\frac{4}{3} - \frac{2}{3} \cdot \frac{7}{4}$
f) $\frac{7}{5} : \frac{2}{3} \cdot \frac{1}{4}$

6 Berechnungen am Rechteck
Übertrage die Tabelle in dein Heft und ergänze sie.

Länge a	Breite b	Umfang des Rechtecks	Flächeninhalt des Rechtecks
4 cm	3,5 cm		
7,5 dm	1,5 dm		
7 cm		22 cm	
	6 cm		102 cm²

Lösungen ab Seite 182

Variablen und Terme

1 Im Buchstabendschungel

Ihr braucht: den Spielplan, einen Würfel und je Mitspieler einen Spielstein.

– Jeder Mitspieler stellt seinen Spielstein auf das Startfeld.
– Wer an der Reihe ist, würfelt. Beachte den Rechenausdruck, auf dem du stehst. Setze die gewürfelte Augenzahl anstelle des Buchstabens ein und berechne.
– Ist das Ergebnis positiv, ziehe die entsprechende Anzahl der Felder vor. Bei einem negativen Ergebnis gehe entsprechend zurück. Bei 0 bleibst du stehen.
– Kommst du auf ein hellgrünes Feld mit Liane, kletterst du hoch; kommst du auf ein oranges Lianenfeld, rutschst du herunter.

2 Fotobestellung

Anna war in den Ferien auf Madagaskar und hat viele Fotos geschossen.
Nun möchte sie bei einem Online-Fotoversand Abzüge für 40 Fotos bestellen.

a) Wie viel muss sie bezahlen, wenn alle Fotos im Format 9×13 gedruckt werden?

b) Wie viel muss sie bezahlen, wenn alle Fotos im Format 10×15 gedruckt werden?

Format	Preis
9×13	0,10 €
10×15	0,13 €

Postversand: 2,85 € für Verpackung & Versand
Lieferzeit: Je nach Bestellung 2–5 Arbeitstage

c) Anna möchte möglichst viele große Fotos, will aber nicht mehr als 7,50 € ausgeben.
Tipp: Sie sucht die optimale Lösung mithilfe einer Tabelle:

	Anzahl 9×13	Anzahl 10×15	Preis für 9×13	Preis für 10×15	Gesamtpreis (incl. Versand)
①	35	5			
②	20	20			
③					

d) Welche der folgenden Gleichungen eignet sich zur Berechnung des Gesamtpreises?
Wofür stehen die Zeichen ▲ und ⬤? Begründe.

① Gesamtpreis = (▲ + ⬤) · (0,10 € + 0,13 €) + 2,85 €
② Gesamtpreis = ▲ · 0,10 € + ⬤ · 0,13 € + 2,85 €
③ Gesamtpreis = ▲ · 0,10 € + ⬤ · 0,13 € + 40 · 2,85 €

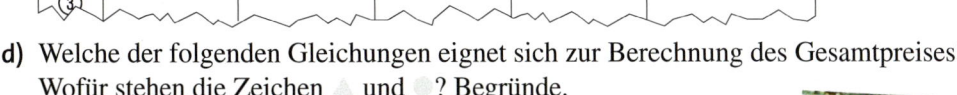
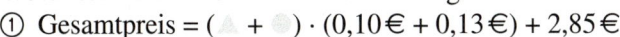

Verstehen

Nico darf sich zum Geburtstag ein Handy aussuchen.
Die laufenden Kosten muss er aber selbst tragen.
Seine Schwester hilft ihm, zwei Angebote zu vergleichen.

PREPAID	
pro SMS	0,19 €
Telefonieren (pro Minute):	0,15 €

BASIS	
monatliche Grundgebühr	8 €
SMS Flatrate	5 €
Telefonieren (pro Minute):	0,07 €

Wie viele SMS schreibst du denn jeden Monat? Und wie viele Minuten telefonierst du?

Hm, das weiß ich doch nicht so genau.

Nicos Schwester hat eine Idee und schreibt auf ein Blatt:

„Prepaid"		„Basis"	
		monatl. Grundgebühr:	8 €
SMS:	0,19 € · ◆	Flatrate SMS (monatl.):	5 €
Telefonminuten:	0,15 € · ●	Telefonminuten:	0,07 € · ●
insgesamt:		insgesamt:	
0,19 · ◆ + 0,15 · ●		13 + 0,07 · ●	

Super! Jetzt kann ich statt ◆ und ● verschiedene Zahlen einsetzen und berechnen, wie viel ich dann zahlen müsste.

Ein Platzhalter, für den man verschiedene Zahlen oder Größen einsetzen kann, heißt **Variable**.
Statt Zeichen wie ■, ▲, ◆ oder ● verwendet man für Variablen meist kleine Buchstaben, z. B. a, b, c oder auch x, y, z.

BEACHTE
„13 –" oder „x +" sind **keine** Terme.

Beispiel 1
12; m; 12 + 3; 27 : 9; y^2; 2 − (r + s)
13 + 0,07 · y (der Tarif „Basis")

Merke Eine sinnvolle Verbindung von Variablen, Zahlen und Rechenzeichen heißt **Term** (Rechenausdruck).

... pro Monat 30 SMS und 60 Minuten, also: x = 30 und y = 60

„Prepaid"	„Basis"
0,19 · x + 0,15 · y	13 + 0,07 · y
0,19 · 30 + 0,15 · 60 =	13 + 0,07 · 60 =
= 5,7 + 9 = 14,7	= 13 + 4,2 = 17,2

Nico müsste für „Prepaid" 14,70 € und für „Basis" 17,20 € bezahlen.

... vielleicht 45 SMS und 100 Minuten, also: x = 45 und y = 100

„Prepaid"	„Basis"
0,19 · x + 0,15 · y	13 + 0,07 · y
0,19 · 45 + 0,15 · 100 =	13 + 0,07 · 100 =
= 8,55 + 15 = 23,55	= 13 + 7 = 20

In diesem Fall müsste er für „Prepaid" 23,55 € und für „Basis" 20 € bezahlen.

Beispiel 2
2 · y − 6
mit $y = \frac{1}{2}$ $2 \cdot \frac{1}{2} - 6 = 1 - 6 = -5$

Merke Wenn man für die Variablen Zahlen einsetzt, kann man den **Wert des Terms** bestimmen.

Variablen und Terme

1 Im Buchstabendschungel

Ihr braucht: den Spielplan, einen Würfel und je Mitspieler einen Spielstein.

– Jeder Mitspieler stellt seinen Spielstein auf das Startfeld.
– Wer an der Reihe ist, würfelt. Beachte den Rechenausdruck, auf dem du stehst. Setze die gewürfelte Augenzahl anstelle des Buchstabens ein und berechne.
– Ist das Ergebnis positiv, ziehe die entsprechende Anzahl der Felder vor. Bei einem negativen Ergebnis gehe entsprechend zurück. Bei 0 bleibst du stehen.
– Kommst du auf ein hellgrünes Feld mit Liane, kletterst du hoch; kommst du auf ein oranges Lianenfeld, rutschst du herunter.

2 Fotobestellung

Anna war in den Ferien auf Madagaskar und hat viele Fotos geschossen.
Nun möchte sie bei einem Online-Fotoversand Abzüge für 40 Fotos bestellen.

a) Wie viel muss sie bezahlen, wenn alle Fotos im Format 9×13 gedruckt werden?

b) Wie viel muss sie bezahlen, wenn alle Fotos im Format 10×15 gedruckt werden?

Format	Preis	Postversand: $2,85\,€$ für Verpackung & Versand
9×13	$0,10\,€$	Lieferzeit: Je nach Bestellung
10×15	$0,13\,€$	2–5 Arbeitstage

c) Anna möchte möglichst viele große Fotos, will aber nicht mehr als $7,50\,€$ ausgeben.

Tipp: Sie sucht die optimale Lösung mithilfe einer Tabelle:

	Anzahl 9×13	Anzahl 10×15	Preis für 9×13	Preis für 10×15	Gesamtpreis (incl. Versand)
①	35	5			
②	20	20			
③					

d) Welche der folgenden Gleichungen eignet sich zur Berechnung des Gesamtpreises?
Wofür stehen die Zeichen △ und ◯? Begründe.

① Gesamtpreis = (△ + ◯) · ($0,10\,€$ + $0,13\,€$) + $2,85\,€$

② Gesamtpreis = △ · $0,10\,€$ + ◯ · $0,13\,€$ + $2,85\,€$

③ Gesamtpreis = △ · $0,10\,€$ + ◯ · $0,13\,€$ + $40 · 2,85\,€$

Verstehen

Nico darf sich zum Geburtstag ein Handy aussuchen.
Die laufenden Kosten muss er aber selbst tragen.
Seine Schwester hilft ihm, zwei Angebote zu vergleichen.

PREPAID	
pro SMS	0,19 €
Telefonieren (pro Minute):	0,15 €

BASIS	
monatliche Grundgebühr	8 €
SMS Flatrate	5 €
Telefonieren (pro Minute):	0,07 €

Wie viele SMS schreibst du denn jeden Monat? Und wie viele Minuten telefonierst du?

Hm, das weiß ich doch nicht so genau.

Nicos Schwester hat eine Idee und schreibt auf ein Blatt:

„Prepaid"		„Basis"	
		monatl. Grundgebühr:	8 €
SMS:	0,19 € · ◆	Flatrate SMS (monatl.):	5 €
Telefonminuten:	0,15 € · ●	Telefonminuten:	0,07 € · ●
insgesamt:		insgesamt:	
	0,19 · ◆ + 0,15 · ●		13 + 0,07 · ●

Super! Jetzt kann ich statt ◆ und ● verschiedene Zahlen einsetzen und berechnen, wie viel ich dann zahlen müsste.

Ein Platzhalter, für den man verschiedene Zahlen oder Größen einsetzen kann, heißt **Variable**.
Statt Zeichen wie ▨, △, ◆ oder ● verwendet man für Variablen meist kleine Buchstaben, z. B. a, b, c oder auch x, y, z.

BEACHTE
„13 –" oder „x +"
sind **keine** Terme.

Beispiel 1

12; m; $12 + 3$; $27 : 9$; y^2; $2 - (r + s)$
$13 + 0,07 \cdot y$ (der Tarif „Basis")

Merke Eine sinnvolle Verbindung von Variablen, Zahlen und Rechenzeichen heißt **Term** (Rechenausdruck).

... pro Monat 30 SMS und 60 Minuten, also:
$x = 30$ *und* $y = 60$

„Prepaid"	**„Basis"**
$0,19 \cdot x + 0,15 \cdot y$	$13 + 0,07 \cdot y$
$0,19 \cdot 30 + 0,15 \cdot 60 =$	$13 + 0,07 \cdot 60 =$
$= 5,7 + 9 = 14,7$	$= 13 + 4,2 = 17,2$

Nico müsste für „Prepaid" 14,70 € und für „Basis" 17,20 € bezahlen.

... vielleicht 45 SMS und 100 Minuten, also:
$x = 45$ *und* $y = 100$

„Prepaid"	**„Basis"**
$0,19 \cdot x + 0,15 \cdot y$	$13 + 0,07 \cdot y$
$0,19 \cdot 45 + 0,15 \cdot 100 =$	$13 + 0,07 \cdot 100 =$
$= 8,55 + 15 = 23,55$	$= 13 + 7 = 20$

In diesem Fall müsste er für „Prepaid" 23,55 € und für „Basis" 20 € bezahlen.

Beispiel 2

$2 \cdot y - 6$
mit $y = \frac{1}{2}$ $2 \cdot \frac{1}{2} - 6 = 1 - 6 = -5$

Merke Wenn man für die Variablen Zahlen einsetzt, kann man den **Wert des Terms** bestimmen.

Üben und anwenden

1 Terme bilden
a) Bilde aus diesen Zahlen und Variablen mehrere Additionsterme.
b) Bilde aus den Zahlen und Variablen Subtraktionsterme.
c) Überlegt zu zweit: Habt ihr zusammen alle Terme gefunden? Begründet.

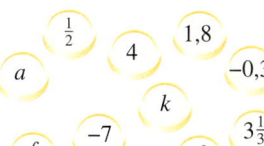

$\frac{1}{2}$ 4   1,8 a k $-0,3$ f -7 d $3\frac{1}{3}$

2 Berechne den Wert des Terms $4 \cdot x$.
a) $x = 5$ b) $x = 25$ c) $x = 0,7$
d) $x = -3,5$ e) $x = 2,7$ f) $x = -1\frac{1}{2}$

3 Übertrage die Tabelle in dein Heft und berechne die Werte der Terme.

x	0	1	2	–3	0,4	$-\frac{1}{5}$
$x + 10$						
$x + 2,5$						
$8 \cdot x$						
$3,5 \cdot x$						
$x - 5$						
$17 - x$						
$12 : x$						
$x : 2$						

4 Übertrage das Kreuzzahlrätsel ins Heft.

	①	②		③	④
⑤				⑥		⑦
⑧			⑨		
⑩					⑪
⑫			⑬	⑭	
		⑮			
	⑯				

waagerecht:
① $4 \cdot a - 1972$; $a = 4000$
⑤ $-15 \cdot a$; $a = -15$
⑥ $15 \cdot a + 38$; $a = 5$
⑧ $124 \cdot a$; $a = 160$
⑩ $18 \cdot (b - 37)$; $b = 300$
⑪ $\frac{1}{2} \cdot b + 5$; $b = 22$
⑫ $-14 \cdot b$; $b = -2,5$
⑬ $15 \cdot b + 100$; $b = 180$
⑮ $34 \cdot c + 1$; $c = 900$
⑯ $161 \cdot c + 100$; $c = 71$

senkrecht:
① $173 \cdot x$; $x = 75$
② $7 \cdot x + 5$; $x = 654$
③ $-3,5 \cdot x$; $x = -60$
④ $9 \cdot (y + 4)$; $y = 5$
⑤ $1429 \cdot y$; $y = 15$
⑦ $47 \cdot y + 1$; $y = 800$
⑨ $421 \cdot y$; $y = 105$
⑪ $125 \cdot z + 1$; $z = 8$
⑭ $-30 \cdot z - 37$; $z = -30$
⑮ $15 \cdot z - 11$; $z = 2,8$

1 Terme bilden
a) Bilde aus diesen Zahlen und Variablen mindestens zehn Terme. Nutze dabei alle Rechenzeichen und auch Klammern.
b) Überlegt zu zweit: Habt ihr zusammen alle Terme gefunden? Begründet.

2 Berechne den Wert des Terms $2 \cdot a + 4$.
a) $a = 13$ b) $a = 24$ c) $a = 0$
d) $a = -0,4$ e) $a = -1\frac{3}{4}$ f) $a = -0,245$

3 Übertrage in dein Heft und berechne.

a)
x	4	6		9		48
$x + 28$			35		42	

b)
x	25		32		100	
$x - 16$		14		34		100

c)
x		5		11		17
$5 \cdot x$	15		35		65	

d)
x		3	4			12
$144 : x$	–72			24	18	

4 Der Term-Flipper zeigt zu Beginn $x = 0$ an. Berechne den Termwert nach dem ersten Anstoß. Nun wird für x dieser erste Termwert angezeigt. So geht es weiter.
Welchen Wert zeigt das Gerät am Ende an?

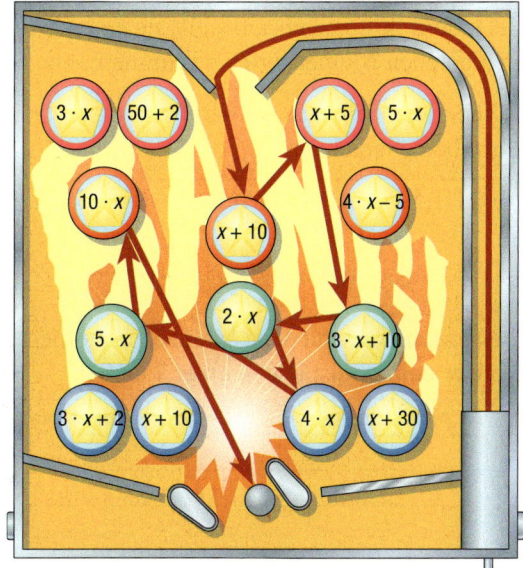

$3 \cdot x$ $50 + 2$ $x + 5$ $5 \cdot x$ $10 \cdot x$ $4 \cdot x - 5$ $x + 10$ $2 \cdot x$ $5 \cdot x$ $3 \cdot x + 10$ $3 \cdot x + 2$ $x + 10$ $4 \cdot x$ $x + 30$

NACHGEDACHT
Max behauptet: „Ich kann einen Term auch ohne Rechenzeichen bilden.“

ZU AUFGABE 4
Ziel ist, am Ende des Flipperspiels möglichst nah an 50 000 zu kommen.
Der Weg der Flipperkugel bleibt gleich. Probiere mit verschiedenen Startwerten für x.

RÜCKBLICK
Übertrage ins Heft und setze das richtige Zeichen (<; >; =).

a) $5\frac{2}{3}$ ▧ $5{,}6$

b) $59\,\%$ ▧ $\frac{115}{200}$

c) $\frac{4}{5}$ ▧ $80\,\%$

d) $11\frac{4}{9}$ ▧ $11{,}4$

5 Übertrage die Tabellen ins Heft.
Setze für die Variablen den gegebenen Wert ein und überprüfe wie im Beispiel, ob die Aussage wahr (w) oder falsch (f) ist.

a)

x	$x+2=4$	$x+2<4$	$x+2>4$
0	$2=4$ f		
1			
2			
3			

b)

x	$x-8=2$	$x-8<2$	$x-8>2$
8			
9			
10			
11			

5 Übertrage die Tabellen ins Heft.
Setze für die Variablen den gegebenen Wert ein und überprüfe wie im Beispiel, ob die Aussage wahr (w) oder falsch (f) ist.

a)

x	$2\cdot x+6=9$	$2\cdot x+6<9$	$2\cdot x+6>9$
0	$6=9$ f		
1			
2			
3			

b)

x	$5\cdot x-8=12$	$5\cdot x-8<12$	$5\cdot x-8>12$
3			
4			
5			
6			

6 Die neue Mathematiklehrerin stellt sich vor.

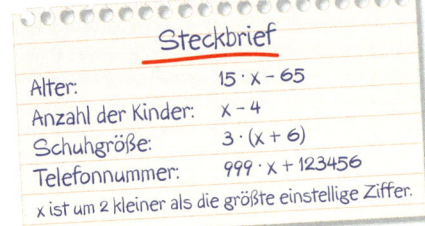

Schreibe einen Steckbrief über dich und gebe ihn einer Partnerin oder einem Partner zum Lösen.

6 Ersetze die Variablen so durch Zahlen, dass in jeder Zeile das Ergebnis die außen stehende Zahl ist und dass in jeder Spalte das Ergebnis die unten stehende Zahl ist.
Gleiche Variablen bedeuten gleiche Zahlen.

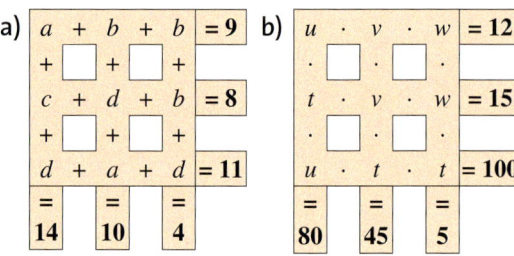

7 Anna möchte ihrer Großmutter zum Geburtstag einen schönen Blumenstrauß schenken.
Bei einem Blumenversand stellt sie einen Strauß aus den angebotenen Blumensorten zusammen.

Sie überlegt sich, dass sie den Gesamtpreis mit folgendem Term berechnen kann:

Rosen:	Stück 1,50 €
Gerbera:	Stück 0,85 €
Nelken:	Stück 0,65 €
Anemonen:	Stück 1,35 €
Glückwunschkarte:	2,50 €

$$1{,}50\cdot r+0{,}85\cdot g+0{,}65\cdot n+1{,}35\cdot a+2{,}50\cdot k$$

r = Anzahl Rosen; g = Anzahl Gerbera; n = Anzahl Nelken;
a = Anzahl Anemonen; k = Anzahl Glückwunschkarten

Stelle sechs verschiedene Sträuße zusammen und berechne jeweils den Gesamtpreis.
Notiere deine Beispiele in einer Tabelle:

	Anzahl Rosen	Anzahl Gerbera	Anzahl Nelken	Anzahl Anemonen	Karte ja/nein	Gesamtpreis
①	5	5	5	5	ja	
②						
③						

Terme vereinfachen

Entdecken

1 Die Firma Hell beginnt bereits im Mai mit der Herstellung von Weihnachtsbeleuchtungen. Das Modell Weihnachtsbaum (siehe Grafik rechts) ist aus einem Leuchtschlauch hergestellt und wird in verschiedenen Größen angeboten.

a) Beschreibe mit eigenen Worten, in welchem Größenverhältnis die anderen Längen zur „Dicke des Stamms" x stehen.

b) Gib die Gesamtlänge des Leuchtschlauches mithilfe der Variablen x an.

c) Rechne mit deinem Term aus, wie lang der Leuchtschlauch insgesamt sein muss, wenn der „Stamm" eine Dicke von $x = 10\,\text{cm}$ haben soll.

d) Welche „Stammdicke" muss der Baum haben, wenn man den Baum aus genau 4,55 m Leuchtschlauch herstellen möchte?

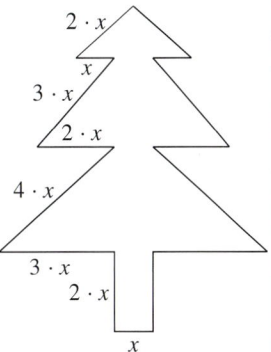

2 Betrachte die folgenden Figuren.

    ① 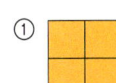   ② 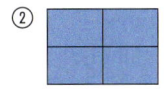   ③ 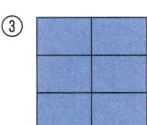   ④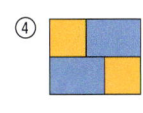

a) Gib jeweils einen möglichst einfachen Term für den Umfang der abgebildeten Figuren an.

b) Die folgenden Terme geben die Flächeninhalte der Figuren an.
Ordne jeder Figur mindestens einen Term zu. Welche Terme bleiben übrig?

x^2	$4x^2$	$2xy$	$2x \cdot 2y$	$6xy$	$2x \cdot x + 2x \cdot x$	$2x \cdot y$	$x^2 + xy + x^2 + xy$	$2x^2 + 2x^2$
$4xy$		$3x \cdot 2y$		$2x^2 + 2xy$		$3xy + 3xy$	$x \cdot y$	$2x \cdot 2x$	$x \cdot x$

TIPP
Schreibe in Aufgabe 2 a) wie folgt:
① u = …

c) Arbeitet in Kleingruppen: Vergleicht eure Zuordnungen. Für einige Figuren gibt es mehrere Terme, die aber gleichwertig sind.
Formuliert Rechenregeln, wie man Terme vereinfachen kann. Notiert die Regeln auf einer Folie oder einem Plakat und präsentiert sie.

3 Berechne die Aufgaben und vergleiche die Ergebnisse.

① $3 + (17 + 12)$
$3 + 17 + 12$
$3 + 17 - 12$

② $25 + (18 - 7)$
$25 + 18 - 7$
$25 + 18 + 7$

③ $100 - (27 + 43)$
$100 - 27 + 43$
$100 - 27 - 43$

④ $80 - (-15 + 25)$
$80 - 15 - 25$
$80 + 15 + 25$

a) Wann kann man eine Klammer weglassen, ohne dass sich das Ergebnis ändert?

b) Erkläre, wie man vorgehen muss, wenn vor der Klammer ein Minuszeichen steht.

c) Finde zu der Aufgabe $8 - (4 + 1)$ eine Aufgabe mit den Zahlen 8; 4; 1 und den Rechenzeichen + und −, die das gleiche Ergebnis, aber keine Klammern hat.

Verstehen

Akin und Rabia wollen für die Welpen ihres Hundes im Garten einen Unterschlupf mit Auslauf bauen. Zur genaueren Planung bauen sie zunächst ein großes Modell aus Draht.

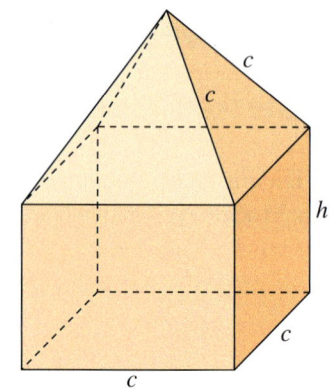

Zuerst berechnet Akin, wie viel Draht sie für die Hütte (ohne den Auslauf) benötigen:

$$\underbrace{c+c+c+c}_{\text{Boden}} + \underbrace{h+h+h+h}_{\text{Seiten}} + \underbrace{c+c+c+c}_{\text{Dachboden}} + \underbrace{c+c+c+c}_{\text{Dachschrägen}}$$

HINWEIS
Man kann so schreiben:
$2 \cdot a = 2a$
$a \cdot b = ab$

Akin schreibt kürzer:

$$4c \quad + \quad 4h \quad + \quad 4c \quad + \quad 4c \quad = \quad 12c + 4h$$

Er setzt für die Seite $c = 50\,\text{cm}$ ein und für die Höhe $h = 40\,\text{cm}$:

$$12 \cdot 50 + 4 \cdot 40 = 600 + 160 = 760$$

Sie benötigen 7,60 m Draht.

TIPP
Sortiere zuerst die Variablen. Das Rechenzeichen vor einer Variable musst du beim Sortieren mitnehmen.

Beispiel 1

$$3a + 2b + 5a - 6b + 2a$$
$$= \underline{3a + 5a + 2a} + \underline{2b - 6b} = 10a - 4b$$

$$\underline{x} + \underline{y} - \underline{x} - \underline{2y} = \underline{x - x} + \underline{y - 2y}$$
$$= 0x - 1y = -y$$

Merke Beim Addieren und Subtrahieren kann man gleiche Variablen zusammenfassen.
Achtung: Unterschiedliche Variablen dürfen nicht addiert bzw. subtrahiert werden.

Rabia plant den Auslauf: „Der Auslauf soll 3-mal so lang und 4-mal so breit werden wie die Grundseite der Hütte. Wie groß wäre dann der Flächeninhalt des Auslaufs?"

$$3c \cdot 4c$$

Rabia sortiert und schreibt kürzer:

$$3 \cdot 4 \cdot c \cdot c = 12c^2$$

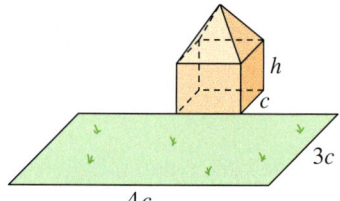

Beispiel 2

$$3a \cdot 7b = 3 \cdot 7 \cdot a \cdot b = 21ab$$

$$x \cdot 3x \cdot y \cdot 2 = 2 \cdot 3 \cdot x \cdot x \cdot y = 6x^2 y$$

Merke Beim Multiplizieren kann man die Reihenfolge der Faktoren vertauschen. Gleiche Faktoren kann man zu einer Potenz zusammenfassen.

Akin möchte den alten Wassertrog von außen mit wasserfester Folie bekleben. Er hat noch ein Stück Folie und prüft, ob ihre Größe ausreicht. Dafür berechnet er die einzelnen Außenflächen des Trogs:

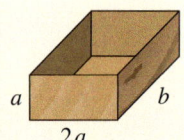

$$2a \cdot a + a \cdot b + 2a \cdot a + a \cdot b + 2a \cdot b = \underline{2a^2} + \underline{ab} + \underline{2a^2} + \underline{ab} + \underline{2ab}$$
$$= \underline{2a^2 + 2a^2} + \underline{ab + ab + 2ab} = 4a^2 + 4ab$$

BEACHTE

9^4
Basis   Exponent

Beispiel 3

$$x^3 + 5x^3 = 6x^3$$

$$\underline{a^2} + ab + \underline{a^3} + ab + \underline{a^2} + 2ab$$
$$= a^3 + 2a^2 + 4ab$$

Merke Beim Addieren und Subtrahieren kann man gleiche Potenzen zusammenfassen. Die höchste Potenz schreibt man nach vorne.
Potenzen mit verschiedenen Exponenten dürfen nicht zusammengefasst werden.

Akin und Rabia haben 100 € für den Welpenstall zur Verfügung.
Auf dem Zettel haben sie ihre Ausgaben notiert. Wie viel Geld behalten
sie übrig?
Akin stellt folgende Rechnung auf:

$100 - (32,45 + 40,21 + 19,99) = 100 - 92,65 = 7,35$

Rabia möchte lieber ohne Klammern rechnen. Sie rechnet:

$100 - 32,45 - 40,21 - 19,99 = 7,35$

Sie behalten 7,35 € übrig.

Holz 32,45 Euro
Draht 40,21 Euro
Farbe 19,99 Euro

Merke Bei Klammern in Summen und Differenzen gibt es zwei Fälle:
Eine Klammer, vor der ein Pluszeichen steht, kann man weglassen.
Die Vorzeichen und Rechenzeichen im Term ändern sich nicht.

Eine Klammer, vor der ein Minuszeichen steht, kann man auflösen.
Die Glieder in der Klammer bekommen das entgegengesetzte Vorzeichen:

aus + wird −;   aus − wird +.

Beispiel 4

$8 + (4 + 3) = 8 + 4 + 3$
$a + (b - c) = a + b - c$
$a + (-b + c - d) = a - b + c - d$

Beispiel 5

$8 - (4 + 3) = 8 - 4 - 3$
$8 - (4 - 3) = 8 - 4 + 3$
$a - (b - c) = a - b + c$
$a - (-b + c - d) = a + b - c + d$

Üben und anwenden

1 Fasse zusammen.
a) $m + m + m + m + m + m + m$
b) $s + s + s + s + s + s + s + s + s + s$
c) $-a + a + a + a - a + a - a$
d) $a + b + b + a + a + b + b + a$

1 Ordne die Variablen und fasse zusammen.
a) $x + y + y + x + y + y + x + x$
b) $m + k + k + m - k - m + k$
c) $r + s + t + r + s + t + r - s - s$
d) $a + a + b + c - a - b - c - b + a$

2 Vereinfache die Terme, falls möglich.
a) $3x + 4y + 2x + 19y + 13x$
b) $4x + 17x + 5 + 18x + 9$
c) $25m - 45n - 19m - 55n + 7$
d) $44z - 33a - 44z + 33a$

2 Vereinfache die Terme, falls möglich.
a) $7a + 12b + 10a + 13b - 4b$
b) $17a + 19b + 26c + 4$
c) $0,5a + 1,3b + 2,8a$
d) $a + a + 2 \cdot 3b$

3 Vereinfache die Produkte.
a) $b \cdot b$ b) $z \cdot z \cdot z \cdot z$
c) $4a \cdot 5a$ d) $12x \cdot 3y$
e) $0,5a \cdot 8b$ f) $25f \cdot 5g$
g) $4a \cdot 2a$ h) $13x \cdot 7x$
i) $2x \cdot 3x \cdot 4x$ j) $14y \cdot 2y \cdot y$

3 Vereinfache die Produkte.
a) $r \cdot r \cdot r \cdot r \cdot r$ b) $b \cdot a \cdot b$
c) $y \cdot x \cdot y \cdot x \cdot x$ d) $z \cdot z \cdot v \cdot z \cdot z$
e) $3a \cdot 17b \cdot 5a$ f) $12x \cdot 3y \cdot 5y$
g) $0,1m \cdot 3x^2 \cdot 6m$ h) $4y^2 \cdot 3x^2 \cdot 2a$
i) $20a \cdot 3b^2 \cdot 5a$ j) $a \cdot 7b \cdot 2a \cdot 25b$

4 Ordne zuerst und fasse dann zusammen.
a) $4t^2 + 6s^3 + 2s^3 + 5t^2$
c) $14x^3 - 6x^3 + 14x^2 - 6x^2 + 2x^3$
e) $3x^3 + 4y - 7x + 5x^3 + 6y + x$

b) $2u^2 + 3w^3 + 2u^2 + w^3$
d) $2x + 2x^2 + 3x^3 + 2x^3 + 3x^2 + 3x + x$
f) $6x^2 + 9x + 7x^3 + 16x - 4x^3 - x^2$

ZUM WEITERARBEITEN
Betrachte auf der gegenüberliegenden Seite Rabias Rechnung zur Größe des Auslaufs: Setze Akins Wert für c ein und berechne den Flächeninhalt.

Wie beurteilst du die Größe der Hütte? Berechne Drahtlänge und Auslauf auch für andere Werte von c und h.

5 Schreibe die Terme ohne Klammern.

a) $5 - (a + b)$
b) $6 - (x + a)$
c) $x + (14 - y)$
d) $8 - (r - s)$
e) $y + (z + 5)$
f) $y + (-x + 7)$
g) $y + (-8 - x)$
h) $y - (-m - z)$
i) $a + (b + d)$
j) $a - (b + d)$

5 Fasse die Terme zusammen.

a) $5 - (b + 7 + b)$
b) $x + (x + 9 + 10)$
c) $y - (y + 9 - y)$
d) $a + (a - 2 + 9)$
e) $a + (a - b + c)$
f) $3x + (2 - x)$
g) $c - (6d + 3c - 8c + 13) + 20$
h) $18ab - (17a - 4ab + 6b + 25)$

6 Setze Klammern so, dass die Aussage wahr wird.

a) $12 - 4 - 9 = 17$
b) $8 - 3 + 5 = 0$
c) $17 - 4 - 5 + 3 = 5$
d) $24 - 7 - 3 - 4 = 24$

6 Wie muss ein Klammernpaar gesetzt werden, damit der Term $3 - 5 - 4 + 8$ einen möglichst großen (einen möglichst kleinen) Wert erhält?

7 Jo und Carina haben noch Probleme beim Vereinfachen der Terme. Erkläre ihnen, welche Fehler sie gemacht haben.

$13x + 18x = 21x$
$6y + 5 = 11y$
$9b - 7 = 2b$
$m + 7m + 5 = 7m + 5$

$9a \cdot 8b = 17ab$
$a \cdot a \cdot a = 3a$
$x + x + x + x = x^4$

7 Jo und Carina haben noch Probleme beim Vereinfachen der Terme. Erkläre ihnen, welche Fehler sie gemacht haben.

$20a + 20b = 20ab$
$- 12x - 13x = 25x$
$30x + 6y = 36y$

$7x \cdot 3x = 21x$
$12a^2 \cdot 4a = 48a^2$
$2a \cdot 4b \cdot 3a = 24a^2b^2$
$12a + 12b = 12ab$

8 Welche dieser Terme musst du addieren, um den Term $7x^2 - 13x$ zu erhalten? Schreibe die Addition auf.

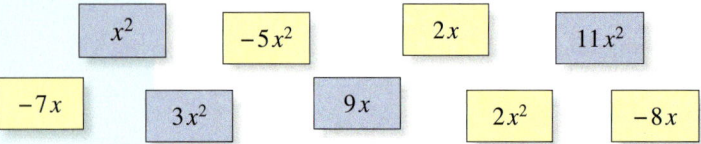

x^2 $\quad$ $-5x^2$ $\quad$ $2x$ $\quad$ $11x^2$

$-7x$ $\quad$ $3x^2$ $\quad$ $9x$ $\quad$ $2x^2$ $\quad$ $-8x$

8 Welche dieser Terme musst du addieren, um den Term $\frac{9}{10}x + \frac{14}{15}y$ zu erhalten? Schreibe die Addition auf.

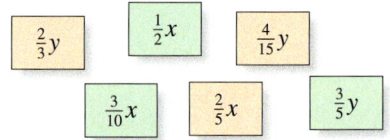

$\frac{2}{3}y$ $\quad$ $\frac{1}{2}x$ $\quad$ $\frac{4}{15}y$

$\frac{3}{10}x$ $\quad$ $\frac{2}{5}x$ $\quad$ $\frac{3}{5}y$

ZU AUFGABE 9
*Beispiel für ein magisches Quadrat: In **jeder** Zeile, Spalte und Diagonale ist die Summe 12.*

1	6	5
8	4	0
3	2	7

9 Termmauern

a) Ergänze die Termmauern, indem du jeweils die zwei benachbarten Terme addierst.

①
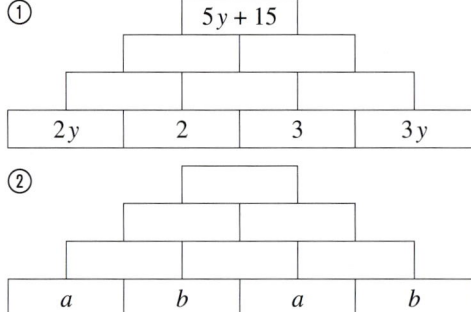

$5y + 15$

$2y$ $\quad$ 2 $\quad$ 3 $\quad$ $3y$

②

a $\quad$ b $\quad$ a $\quad$ b

b) Vertausche jeweils die beiden mittleren Steine in der untersten Zeile: Welcher Term ergibt sich an der Spitze der Mauern?

c) Probiere auch, andere Steine der untersten Zeile zu tauschen: Was passiert mit dem Term an der Spitze?

9 Bei magischen Quadraten ist die Summe in den Zeilen, Spalten und Diagonalen gleich.

a) Prüfe: Sind es magische Quadrate?

①

$a + b$	$a - b - c$	$a + c$
$a - b + c$	a	$a + b - c$
$a - c$	$a + b + c$	$a - b$

②

$c + a$	$c - 2 \cdot a$	$c + b + a$
$c + b$	c	$c - b$
$c - b - a$	$c + 2 \cdot b$	$c - a$

b) Denke dir Zahlen für a, b und c aus und setze sie in eines der magischen Quadrate ein. Lass deine Klassenkameraden raten, welche Zahlen du eingesetzt hast.

Terme aufstellen

Entdecken

1 Stellt zu jedem der Köper einen Term auf, mit dem man sein Volumen bestimmen kann.

NACHGEDACHT
Wie kann man die Oberfläche der Würfel- bauten geschickt bestimmen?

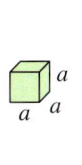

①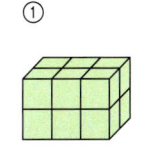

②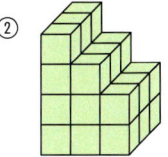

③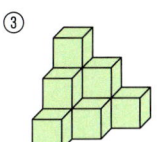

④

⑤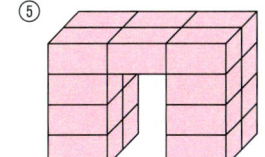

⑥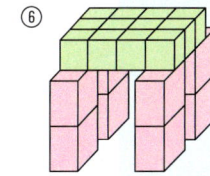

2 In einem dreistöckigen Haus wohnen im 1. Stockwerk doppelt so viele Leute wie im Erdgeschoss. Im 2. Stockwerk wohnen doppelt so viele Leute wie im 1. Stock.

a) Wie viele Leute würden in dem Haus wohnen, wenn im Erdgeschoss 6 Personen wohnen?

b) Kann es sein, dass 21 Leute in dem Haus wohnen?

c) Gib weitere Gesamtzahlen der Hausbewohner an, die zu der oben genannten Regel passen würden.

d) Gib einen Term an für die Gesamtzahl der Bewohner des Hauses.

e) Erfinde eine ähnliche Geschichte für die folgenden Terme:
  ① $2x + 4x + 5$ ② $0,5x + x + 5x$

3 Streichholzketten

a) Lege die Streichholzmuster ① und ② nach.

b) Bestimme die Anzahl der Streichhölzer, die man jeweils für die 1., 2., 3., 4. und 5. Stufe beider Ketten benötigt.

c) Kannst du eine Gesetzmäßigkeit erkennen, wie die Anzahl der benötigten Hölzer von Stufe zu Stufe steigt?

d) Bestimme jeweils die Anzahl der Hölzer für die 10. und 20. Stufe der Kette.

e) In einem Knobelbuch wird die Kette ③ behandelt.
Man soll einen Term finden, mit dem man berechnen kann, wie viele Hölzchen für die x-te Stufe benötigt werden.
Als Lösung wird der Term
  $3x + 1$
angegeben. Das bedeutet, dass man z. B. für die **2.** Stufe
  $3 \cdot \mathbf{2} + 1 = 7$ Hölzchen braucht.
Überprüfe, ob man mit dem Term die Hölzchen der 4. und 5. Stufe richtig berechnen kann.
Wie viele Hölzchen enthält die 10. Stufe der Kette?
Erkläre mithilfe der Zeichnung, warum die Zahlen 3 und 1 im Term $3x + 1$ vorkommen.

f) Bestimme für die Streichholzketten ① und ② ebenfalls einen Term, wobei x die Anzahl der Stufen angeben soll.
Prüfe, ob dein Term für alle Stufen der Streichholzkette die richtige Lösung angibt.

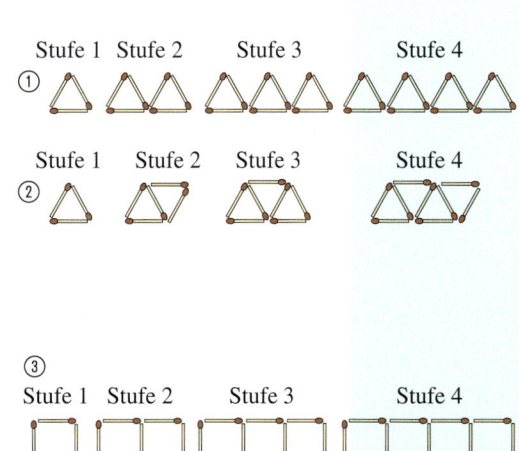

Verstehen

Kinder (bis einschl. 16 Jahren)	3,90 €
Ermäßigte (Schüler, Studenten)	5,40 €
Erwachsene	6,50 €

Die Geschwister Adriana und Jakob planen für ihre Familie einen Schwimmbadausflug. Im Internet finden sie die Preise des Spaßbads. Adriana überlegt: „Wer kommt wohl alles mit? Und wie teuer wird's dann?"

Jakob hat eine Idee: „Wir können erst einmal einen ganz allgemeinen Term aufstellen!" In drei Schritten gelangt Jakob zum Term.

① Anzahl der Kinder: x
   Anzahl der Ermäßigten: y
   Anzahl der Erwachsenen: z

② Preis für die Kinder (in €): $3{,}90 \cdot x$
   Preis für die Ermäßigten (in €): $5{,}40 \cdot y$
   Preis für die Erwachsenen (in €): $6{,}50 \cdot z$

③ Gesamtpreis für den Eintritt (in €):
   $3{,}90 \cdot x + 5{,}40 \cdot y + 6{,}50 \cdot z$

Merke So gehst du vor:

① Variablen festlegen

② Terme bilden

③ Terme zusammenfügen

Endlich haben sich alle entschieden: Außer Adriana und Jakob (14 und 11 Jahre) kommen der große Bruder Johannes mit vier Freunden (alles 17-jährige Schüler) und der Vater mit. Nun können sie ausrechnen, wie viel der Schwimmbadbesuch kostet.

$x = 2$; $y = 5$; $z = 1$
$3{,}90 \cdot \mathbf{2} + 5{,}40 \cdot \mathbf{5} + 6{,}50 \cdot \mathbf{1} = 41{,}30$ Der Schwimmbadbesuch kostet 41,30 €.

Beispiel 1

Subtrahiere vom Dreifachen einer Zahl das Zweifache einer anderen Zahl.

① „eine Zahl" x
   „eine andere Zahl" y

② „Dreifaches der einen Zahl" $3 \cdot x$
   „Zweifaches der anderen Zahl" $2 \cdot y$

③ Gesamtterm: $3 \cdot x - 2 \cdot y$

Beispiel 2

Gib einen Term für den Umfang eines Rechtecks an, bei dem die Breite ein Drittel der Länge beträgt.

① „Länge" a

② „Breite beträgt ein Drittel der Länge" $\frac{1}{3}a$

③ Gesamtterm: $2 \cdot a + 2 \cdot \frac{1}{3}a$

Üben und anwenden

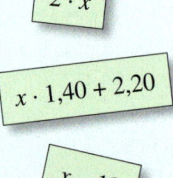

ZU AUFGABE 1
Finde Aussagen zu den übrigen Termen.

1 Welcher Term beschreibt die Aussage? Wofür steht in dem Term die Variable?

$x + 2$ $1{,}40 + x \cdot 2{,}20$ $19 \cdot x$

a) Paul ist 19 Jahre jünger als Max.
b) Die Katze ist 2 Jahre älter als mein Hund.
c) Die Grundgebühr für eine Taxifahrt beträgt 2,20 €. Man zahlt 1,40 € pro Kilometer.
d) Jede Rose kostet 2,20 €, der Versand kostet 1,40 €.

1 Finde jeweils einen passenden Term mit einer oder mit zwei Variablen. Wofür stehen dabei die Variablen?

a) Der Eintritt ins Schwimmbad kostet für Kinder 1,40 €, für Erwachsene 2,20 €.
b) Das Kantenmodell eines Würfels lässt sich aus 12 gleich langen Drahtstücken bauen.
c) Jedes Foto im Format 13 cm × 18 cm kostet 0,39 €. Der Versand kostet 2,20 €.
d) | kleine Pizza 3,50 € | große Pizza 7 € |
   | Lieferung (in der Stadt) | 2,50 € |

2 Paul bastelt Figuren aus Hölzchen, wie du sie in der Randspalte siehst.
Er hat Hölzchen in drei unterschiedlichen Längen.
a) Gib jeweils einen Term für die Gesamtlänge der verwendeten Hölzchen an.
b) Zeichne selbst Figuren zu den folgenden Termen:

⑦ $4 \cdot l + 4 \cdot k$ ⑧ $6 \cdot k + 2 \cdot m + 2 \cdot l$
⑨ $4 \cdot m + 2 \cdot k$ ⑩ $2 \cdot l + 4 \cdot k + 2 \cdot m$

---

3 Frau Greta spricht über ihre Familie in Rätseln.
a) Übersetze ihre Aussagen in Terme. Benutze für das Alter von Frau Greta die Variable x.

① Mein Mann ist 2 Jahre älter als ich.
② Mein Vater ist doppelt so alt wie ich.
③ Meine Tochter ist halb so alt wie ich.
④ Mein Sohn ist 26 Jahre jünger als ich.
⑤ Ich bin 10-mal so alt wie meine Katze.
⑥ Wenn ich mein Alter verdopple und 5 addiere, so erhalte ich das Alter meiner Mutter.

b) Frau Greta ist 28 Jahre oder 40 Jahre alt. Berechne für beide Fälle das dazu passende Alter ihrer Familienangehörigen. Welches Alter passt besser zu Frau Greta?

3 Rechenausdrücke gesucht
Ben: „Ich denke mir eine Zahl x aus. Dann addiere ich zu dieser Zahl das Dreifache der Zahl und ziehe anschließend 15 ab.“
Lea: „Ich subtrahiere vom Vierfachen meiner Zahl 15 und addiere dann die Zahl.“
Marie: „Ich addiere zum Zehnfachen meiner Zahl z das Sechsfache der Zahl. Anschließend subtrahiere ich 7.“
Samira: „Zum Doppelten meiner Zahl addiere ich 27.“

a) Übersetze jedes Zahlenrätsel in einen Term.
b) Welche Ergebnisse erhalten die vier, wenn sie für ihre gedachte Zahl 6 einsetzen?
c) Welche Zahlen haben sie sich jeweils gedacht, wenn jeder als Ergebnis 25 erhält?

---

4 Der Eintritt in einen Freizeitpark kostet 5 €. Für jede Karussellfahrt zahlt man zusätzlich 1,20 €.
a) Gib einen Term an, mit dem man die Gesamtkosten für x Karussellfahrten berechnen kann.
b) Berechne mit dem Term aus a), was die Kinder insgesamt ausgegeben haben.
Aileen: 6 Fahrten; Moritz: 12 Fahrten;
Nicole: 8 Fahrten; Sabine: 10 Fahrten

4 Ein Baum ist 2,20 m hoch. Er wächst jedes Jahr um weitere 5 cm.
a) Gib einen Term an, mit dem man die Höhe des Baums nach n Jahren berechnet.
b) Berechne mit dem Term, wie hoch der Baum nach 3, 7, 12 und 15 Jahren ist.
c) Nach wie vielen Jahren ist der Baum 3,50 m hoch?

---

5 Die Kanten eines Tisches sollen mit einer Schmuckleiste beklebt werden.
a) Stelle einen Term für die Gesamtlänge auf.
b) Berechne für $x = 0,65$ m und $y = 1,25$ m.

5 Stelle einen Term auf, um die Länge des Geschenkbandes zu bestimmen.
Für die Schleife rechnet man 40 cm Band hinzu.
Setze einen sinnvollen Wert für b ein und berechne.

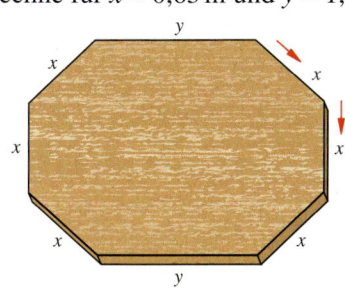

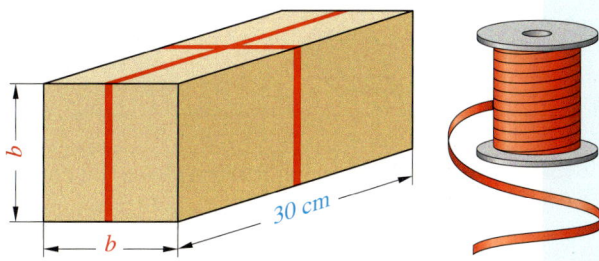

6 Schreibe den zugehörigen Term auf.
a) Subtrahiere von einer Zahl x die Zahl 6.
b) Dividiere eine Zahl durch 2.
c) Addiere zu 20 eine Zahl a.
d) Multipliziere eine Zahl mit 10.
e) Bilde das Produkt von zwei Zahlen und addiere zum Ergebnis 7.

7 Wähle den passenden Term und begründe deine Wahl.
a) Mila hat von ihrem Taschengeld x Euro gespart. Sie kauft sich eine Musik-CD ihrer Lieblingsgruppe für y Euro. Wie viel Euro bleiben übrig?
① $x + y$ ② $y - x$ ③ $x - y$ ④ $x \cdot y$
b) In einem Zoo sind x Löwen und doppelt so viele Bären. Wie viele Löwen und Bären sind es insgesamt?
① $x - y$ ② $x + y$ ③ $x + 2 \cdot x$ ④ $x \cdot y$
c) Eine Wasserrechnung setzt sich zusammen aus 15,40 € Grundpreis und dem Wasserverbrauch mit 2,40 € pro m³.
① $15{,}40 + 2{,}40 + x$ ② $15{,}40 + 2{,}40 \cdot x$
③ $15{,}40 \cdot x + 2{,}40$ ④ $15{,}40 - 2{,}40 \cdot x$

8 Erfinde zu jedem Term eine Sachaufgabe.
a) $z + 2$ b) $m - 8$ c) $2 \cdot x - 4$

9 Die Terme geben jeweils den Umfang einer der Flächen an.

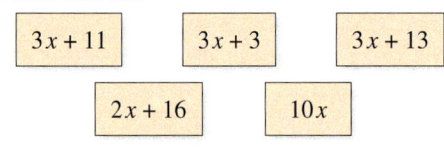

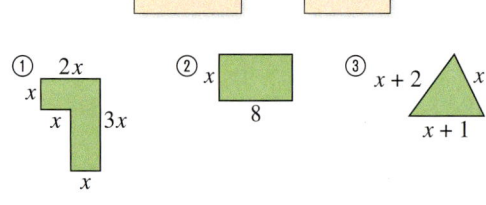

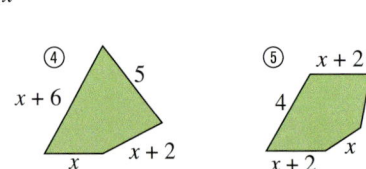

a) Welcher Term gehört zu welcher Fläche?
b) Gib jeweils den Umfang der Flächen an, wenn $x = 5$ cm ist.

6 Schreibe einen Term zu dem Text.
a) Vom Achtfachen einer Zahl wird das Dreifache einer anderen Zahl subtrahiert.
b) Der Quotient zweier Zahlen wird um 5 vermindert.
c) Addiere zu einer Zahl das Doppelte dieser Zahl und addiere zu dieser Summe 20.

7 In einem kleinen Zirkus hat die erste Reihe 10 Plätze, die zweite Reihe hat 12 Plätze, die dritte Reihe hat 14 Plätze usw.
a) Wie viele Sitzplätze befinden sich in Reihe 7?
b) Jana und ihre 27 Klassenkameraden passen genau in eine Sitzreihe. Welche Reihe ist das?
c) Die Anzahl der Plätze in der Reihe x kann man mit einem Term bestimmen. Welcher der Terme ist richtig?
① $10x + 2$ ② $2x + 10$
③ $2x + 8$ ④ $10x + 8$
d) Gibt es eine Reihe mit 35 Plätzen? Begründe.

8 Erfinde zu jedem Term eine Sachaufgabe.
a) $3 \cdot y - 5$ b) $x \cdot y + 10$ c) $r : 4 - 3$

9 Flächeninhalte berechnen
a) Welcher Term beschreibt den Flächeninhalt welcher Fläche?
① a^2 ② $2 \cdot a \cdot b$ ③ $a^2 + b^2$
④ $a \cdot b$ ⑤ $a \cdot b + a^2$ ⑥ $2a^2 + a \cdot c$

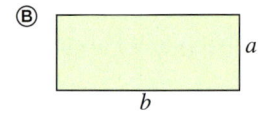

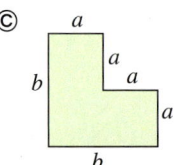

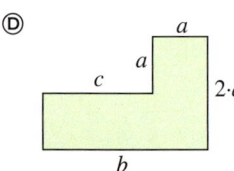

b) Berechne den Flächeninhalt der Fläche Ⓒ mit $a = 12$ mm und $b = 24$ mm.
c) Berechne den Flächeninhalt der Fläche Ⓓ mit $a = 12$ mm und $b = 3a$.

RÜCKBLICK
50 ℓ frisch gepresster Apfelsaft soll in 0,75-ℓ-Flaschen gefüllt werden. Wie viele Flaschen werden benötigt?

10 Gib passende Terme an und vereinfache sie.

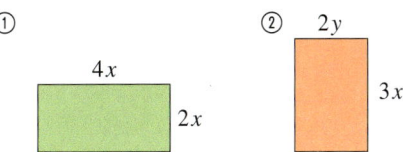

① 4x, 2x

② 2y, 3x

a) Gib zu den beiden Flächen jeweils einen Term zur Umfangsberechnung an.
b) Gib zu den beiden Flächen je einen Term zur Berechnung des Flächeninhaltes an.

11 Zeichne ein Netz eines Quaders (s. Randspalte). Beschrifte unterschiedlich lange Kanten des Quaders mit a, b, c und gib einen Term für seine Oberfläche an.

12 Wie verändert sich der Flächeninhalt eines Rechtecks, wenn man seine Seitenlängen a und b verändert?
Übertrage die Tabelle in dein Heft und fülle sie aus.
Formuliere dann eine allgemeine Aussage.

	b wird verdoppelt	b wird verdreifacht	b wird vervierfacht
a wird verdoppelt	$2a \cdot 2b = 4ab$		
a wird verdreifacht			
a wird vervierfacht			
a wird halbiert		$\frac{1}{2}a \cdot 3b = 1\frac{1}{2}ab$	

13 Beim Paketdienst: Paket A wiegt a kg, Paket B wiegt b kg usw.
a) Was bedeuten die folgenden Aussagen? Formuliere jeweils einen Satz.
  ① $b + 2\,\text{kg} = a$ ② $c + d = 15\,\text{kg}$
  ③ $e = 2 \cdot f$ ④ $2 \cdot g - 2\,\text{kg} = h$
b) Für die Pakete X und Y gilt:
  ① $x + 5\,\text{kg} = y$ und   ② $x + y = 17\,\text{kg}$
  Finde heraus, wie schwer die Pakete jeweils sind. Erläutere deine Vorgehensweise.

14 Betrachte die Musterfolge.

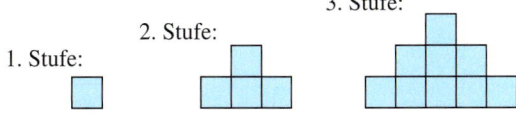

1. Stufe: 2. Stufe: 3. Stufe:

a) Zeichne die nächsten drei Figuren der Musterfolge in dein Heft.
b) Gib einen Term an, mit dem man die Anzahl der Quadrate in jeder Stufe berechnen kann.
c) Berechne die Anzahl der Quadrate in der 10. und in der 100. Stufe.

---

10 Gib jeweils für beide Quader einen passenden Term an und vereinfache ihn.

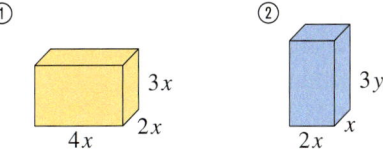

① 3x, 2x, 4x

② 3y, x, 2x

a) Berechnung des Volumens
b) Berechnung der Kantenlänge
c) Berechnung der Oberfläche

11 Betrachte das grüne Rechteck in der Aufgabe 10. Es soll Grundfläche eines Quaders werden.
Zeichne ein mögliches Netz und berechne Volumen und Oberfläche.

13 Was bedeuten die folgenden Aussagen, wenn das Taschengeld der drei Geschwister mit x (Sandy), y (Tim) und z (Lea) bezeichnet wird?
  ① $2x = y$ ② $x + y + z = 12$
  ③ $x + y = z$ ④ $y + 2 = z$
  ⑤ $z - 4 = x$ ⑥ $x = y - 2$
Finde heraus, wie viel Taschengeld die drei Geschwister jeweils erhalten.
Erläutere deine Vorgehensweise.

14 Die Figur wird in jeder Stufe größer.
a) Wie viele Quadrate enthält die 1. (die 2.; die 3.) Stufe der Figur?
Wie viele werden es in der 4. Stufe sein?

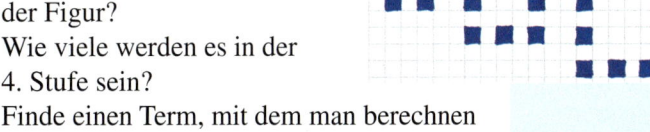

Stufe 1   Stufe 2   Stufe 3

b) Finde einen Term, mit dem man berechnen kann, wie viele Quadrate man in den nächsten beiden Stufen benötigt.
c) Berechne mit deinem Term die Anzahl der Quadrate, die man in der 8. und in der 12. Stufe benötigt.

HINWEIS
Netz eines Quaders:

Methode: Tabellenkalkulation – Terme berechnen

Janina soll für das Grillfest ihres Vereins den Einkauf erledigen. Jedes Vereinsmitglied bestellt für sich und seine Familie Getränke in 0,5-l-Flaschen und Bratwurst oder Fleisch.

Janina trägt die Bestellungen in ein **Tabellenblatt** eines Tabellenkalkulationsprogramms ein. Dieses Blatt ist wie eine Tabelle aufgebaut. Die Spalten werden mit Großbuchstaben und die Zeilen mit Zahlen bezeichnet. Jedes einzelne Feld der Tabelle, man sagt auch **Zelle**, kann durch den Spaltennamen und die Zeilennummer genau angegeben werden.

Menüleiste

Menüband

Eingabezeile: Eingabe oder Bearbeitung von Inhalten der aktiven Zelle

Spaltenbezeichnung

D9 f_x 1

	A	B	C	D	E	
1		Bratwurst	Steak	Cola	Limo	Wasser
2	Carina	3	3	2	1	1
3	Natalie	2	2	1	1	0
4	Linda	5	1	4	2	0
5	Sara	0	4	0	3	1
6	Janina	2	3	1	1	4
7	Alessia	3	3	0	2	4
8	Christina	4	1	3	2	2
9	Jana	0	3	1	0	2
10	**Summe**					
11						

Zeilenbezeichnung

Aktive Zelle mit der Adresse **D9**

1 Anlegen einer Tabelle

a) Lege in einem Tabellenkalkulationsprogramm eine neue Datei an und speichere sie unter dem Namen „Grillfest".

b) Übertrage die Bestellungen genau in die entsprechenden Felder. Dazu musst du die entsprechende Zelle mit der linken Maustaste anklicken. Dann kannst du in der Eingabezeile das Wort oder die Zahl eingeben.

2 Rechnen in der Tabelle

Janina möchte nun ausrechnen, wie viele Getränke und Fleisch insgesamt eingekauft werden müssen. Dazu klickt sie die Zelle B10 an und gibt in der Eingabezeile die Formel „=B2+B3+B4+B5+B6+B7+B8+B9" ein.

a) Gib die Formel in das Feld B10 ein. Sobald du die Eingabe-Taste ⏎ gedrückt hast, berechnet das Programm die Summe der bestellten Bratwürste.

b) Um die Summe der anderen Spalten zu berechnen, kannst du genauso vorgehen (du musst aber beachten, dass die Zellen anders heißen).

Es geht aber auch einfacher:

Klicke auf das Feld B10. Es zeigt einen Rahmen mit einer „Ecke" unten rechts: [19]
Wenn man diese „Ecke" mit der linken Maustaste anfasst und nach rechts in die Felder C10 bis F10 zieht, werden diese Felder automatisch mit der zugehörigen Formel ausgefüllt. Überprüfe, ob du alles richtig gemacht hast, indem du selbst die Spaltensumme einer Spalte berechnest.

c) Christina möchte ihre Bestellung ändern, weil ihr Bruder krank ist. Sie bestellt nun nur 2 Bratwürste, 1 Steak, 1 Cola und 2 Limos.

Ändere ihre Bestellung in der Tabelle. Was passiert in Zeile 10?

HINWEIS
Noch schneller lässt sich die Summe wie folgt bestimmen:
Klicke die Zelle B10 an und klicke dann auf das Summenzeichen Σ *im Menüband.*

3 Erstellen einer Abrechnung

Janina möchte für jeden eine eigene Kostenabrechnung erstellen. Dazu legt sie ein neues Tabellenblatt an, in das sie die Bestellungen und die Preise eingibt.

	A	B	C	D	E
1	**Abrechnung für**	**Carina**			
2					
3	Fleisch u. a.	Anzahl	Stückpreis in €	Preis in €	
4	Bratwurst	3	0,8	=B4*C4	
5	Steak	3	1,65		
6	Cola	2	0,75		
7	Limo	1	0,7		
8	Wasser	1	0,35		
9					
10			Gesamtkosten:		

HINWEIS
Ein neues Tabellenblatt auswählen: Klicke am unteren Rand des Fensters auf „Tabelle2":

Tabelle1 / Tabelle2 / Tabelle3
Bereit

a) Lege das Tabellenblatt an und fülle es wie oben aus.
b) Gib in das Feld D5 eine Formel ein, mit der man den Preis für die 3 Steaks berechnen kann.
c) Ergänze auch die Formeln für die Felder D6, D7 und D8.
d) Mit welcher Formel lassen sich die Gesamtkosten in Zelle D10 berechnen?
e) Speichere die Datei unter dem Namen „Carina".
f) Erstelle nun eine Abrechnung für Claus (7 Bratwürste, 2 Steaks, 4 Cola), indem du Veränderungen in Spalte B vornimmst. Speichere die Datei unter dem Namen „Claus".

BEACHTE
Formeln müssen in der Eingabezeile mit einem „=" beginnen.

4 Formatieren der Abrechnung

Wenn man die Abrechnung schöner gestalten möchte, kann man die einzelnen Zellen formatieren. Dazu markiert man eine oder mehrere Zellen. Dann wählt man in der Menüleiste den Reiter „Start". Im Menüband kann man nun den Zellen eine bestimmte Schriftart, Schriftfarbe, eine Füllfarbe oder einen Rahmen zuweisen.

a) Verschönere die Abrechnung, indem du die Überschrift und einzelne Zellen farbig hinterlegst und die Schrift und die Schriftgröße änderst.
b) Markiere mit der linken Maustaste alle Zellen, die auf der Rechnung zu sehen sein sollen, und lege den Druckbereich fest (siehe Randspalte). Unter dem Menüpunkt „Datei" → „Drucken" kann man die fertige Abrechnung vor dem Druck ansehen.

ZU AUFGABE 4b
Menü: Seitenlayout → Druckbereich → Druckbereich festlegen

5 Veränderungen der Abrechnung

Betrachte noch einmal das Tabellenblatt ganz oben auf dieser Seite.

a) Jeder soll zusätzlich 2,50 € bezahlen für Brot, Grillsaucen, Salate usw. Wie muss die Formel in Zelle D10 verändert werden?
b) Was wird berechnet, wenn man die Formel „=B6*C6+B7*C7+B8*C8" eingibt?

6 Eva hat die folgende Tabelle erstellt. Erläutere sie.

	A	B	C	D	E	F	G	H	I	J	K
1	**Fleisch**	**Stückpreis**	**Carina**	**Natalie**	**Linda**	**Sara**	**Janina**	**Alessia**	**Christina**	**Jana**	**Anzahl gesamt**
2	Bratwurst	0,80 €	3	2	5	0	2	3	4	0	19
3	Steak	1,65 €	3	2	1	4	3	3	1	3	20
4	Cola	0,75 €	2	1	4	0	1	0	3	1	12
5	Limo	0,70 €	1	1	2	3	1	2	2	0	12
6	Wasser	0,35 €	1	1	0	1	4	4	0	2	13
7		Preis gesamt:	9,90 €	6,70 €	10,05 €	9,05 €	9,40 €	10,15 €	8,50 €	6,40 €	70,15 €

Klar so weit?

→ Seite 136

Variablen und Terme

1 Bestimme den Wert der Terme.
a) $a + 2,5$ für $a = 0,2$
b) $1,3\,m$ für $m = 7$
c) $3x + 4y$ für $x = 4$ und $y = -2$
d) $120 - 3z + 4w$ für $z = 6$ und $w = 23$
e) $15a - 12 + 13b - 25$ für $a = 5$ und $b = -4$

1 Berechne den Wert der Terme.
a) $3x + 7y - 5$ $x = 4$ $y = 5$
b) $4a - 3b - 2$ $a = 0,5$ $b = -2$
c) $10 - 6m + 3p$ $m = 2,5$ $p = -3$
d) $a \cdot b - 3a$ $a = -3$ $b = -2$
e) $x : y - y + 2x$ $x = 24$ $y = -3$

→ Seite 140

Terme vereinfachen

2 Ergänze die Termmauern, indem du jeweils die zwei benachbarten Terme addierst.

a)
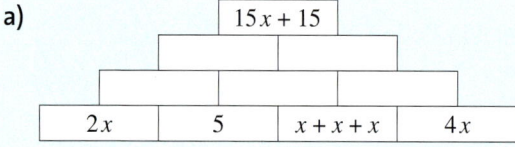

b)
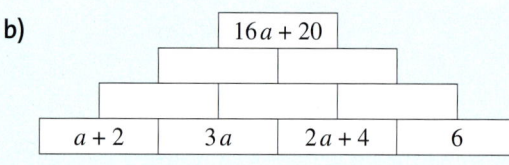

2 Ergänze die Termmauern, indem du jeweils die zwei benachbarten Terme addierst.

a)
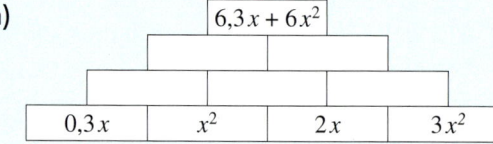

b)
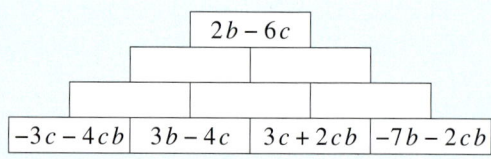

3 Vereinfache die Terme.
a) $2x \cdot x$
b) $3a \cdot 7a$
c) $3x \cdot 6y \cdot x$
d) $-3a \cdot 7b \cdot 8a$

3 Vereinfache die Terme.
a) $5c \cdot 6d \cdot 11c$
b) $2y \cdot 2,1x \cdot y \cdot 0,4x$
c) $4a \cdot 0,4a \cdot 4b \cdot a$
d) $s \cdot t \cdot 8s \cdot 2t \cdot 6s$

4 Löse die Klammern auf und fasse die Terme zusammen, wenn es möglich ist.
a) $3x + (2 - y)$
b) $12x - (a + 3x)$
c) $x - 3 - (2y + 3z)$
d) $(3 + x) - (8y - 5z)$

4 Löse die Klammern auf und fasse die Terme zusammen, wenn es möglich ist.
a) $2x + (5y - 4x + 3y)$
b) $(3x - 4a) - (12a + 17x)$
c) $29r - (16s - 5r) + 17r + (12s - 45r)$
d) $3a^2 - (5a - 6a^2) + (13a - a^2)$

5 Übertrage die Tabelle ins Heft.

Ausgangsterm	$a - 6a$	$2a + 3b - 7a$	$3a \cdot 4b$	$2a^2 - (5a - 3b)$	$7a \cdot 5a \cdot a^2$
vereinfachter Term	$-5a$				
$a = 2;\ b = -7$	$-5 \cdot 2 = -10$				
$a = -3;\ b = 9$					
$a = -1;\ b = -10$					

a) Vereinfache die Terme.
b) Berechne jeweils den Wert des Terms.

Terme aufstellen

→ Seite 144

6 Gib für die Berechnung des Umfangs jeweils einen Term an. Berechne.

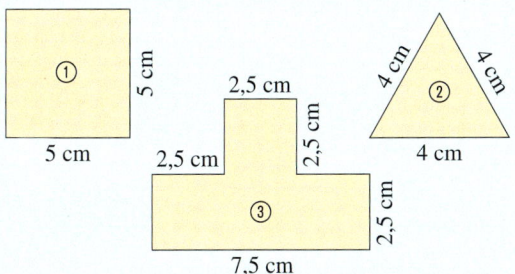

6 Gib einen Term an, mit dem die Gesamtlänge der Strecke berechnet werden kann.

a)

b)

c)

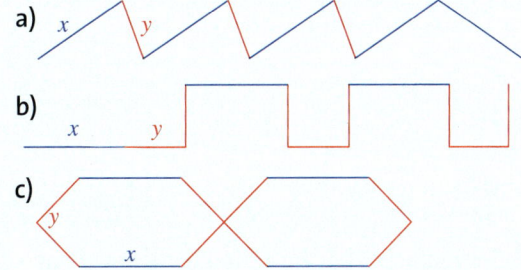

7 Stelle den entsprechenden Term auf und schreibe einen Antwortsatz.
a) Die Klasse 7c wird von x Jungen und y Mädchen besucht.
Wie viele Kinder sind in dieser Klasse?
b) Milos besitzt x DVDs, Anna nur die Hälfte davon. Wie viele DVDs hat Anna?
c) Jessica wiegt y Kilogramm. Lea wiegt 4,5 Kilogramm weniger. Wie schwer ist Lea?
d) Ehepaar Witt geht mit drei Kindern in ein Konzert in der Düsseldorfer Tonhalle. Der Eintritt kostet für Erwachsene x Euro und für Kinder y Euro. Wie viel bezahlen sie?

8 Schreibe einen entsprechenden Term auf.
a) Bilde die Hälfte einer Zahl.
b) Berechne das Fünffache einer Zahl.
c) Vom Dreifachen einer Zahl wird ihr Doppeltes subtrahiert.
d) Vermindere das Sechsfache einer Zahl um ihre Hälfte.

9 Eine Kette soll aus 16 dieser Elemente zusammengefügt werden.
Wie viel Draht wird insgesamt benötigt?
a) Stelle einen Term auf.
b) Berechne für $a = 9\,mm$; $b = 5\,mm$; $c = 6\,mm$.

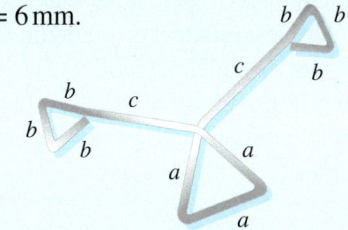

7 Stelle zuerst eine passende Frage, dann stelle den entsprechenden Term auf.
a) Bei der Rückgabe eines leeren Getränkekastens mit 20 Flaschen bekommt man x Euro Pfand für den Kasten und jeweils y Euro Pfand pro Flasche.
b) Frau Klaasen geht mit ihren drei Kindern ins Spaßbad. Der Eintritt kostet für Erwachsene x Euro, für Kinder y Euro. Heute gibt es eine Sonderaktion: Erwachsene zahlen nur drei Viertel ihres Eintrittspreises, wenn sie mit mindestens zwei Kindern kommen.
c) Timo zahlt für sein Handy eine monatliche Grundgebühr von 5 €. Jede SMS kostet 19 ct und jede Minute Telefonieren 6 ct.

8 Stelle einen entsprechenden Term auf.
a) Addiere zum Fünffachen des Produkts aus a und b das Zweifache dieses Produkts.
b) Addiere zur Hälfte einer Zahl das Dreifache einer anderen Zahl.
c) Subtrahiere vom Sechsfachen einer Zahl das Vierfache dieser Zahl und die Hälfte einer anderen Zahl.

9 Diese Kette wird aus diesen zwei Grundelementen zusammengesetzt, von jedem Grundelement werden 13 Stück verwendet.
a) Stelle einen passenden Term auf.
b) Berechne für $a = 1,2\,cm$; $b = 2,3\,cm$.

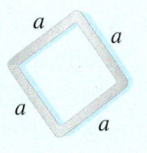
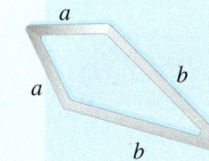

Vermischte Übungen

1 Übertrage die Tabelle in dein Heft und berechne den Wert der Terme.

x	4	8		12
$x+9$	13			
$5x$				
$3x-9$				
$2x-1$				
$70-3x$				
$99+x$			109	

1 Übertrage die Tabelle in dein Heft und berechne den Wert der Terme.

x	2	6	10	12
$11x+11$				
$10:x+\frac{1}{2}$				
x^2-x				
$3\cdot(x+2)$				
$(x+2)\cdot(x-2)$				
$x\cdot(x^2+5x)$				

2 Vereinfache den Term und berechne dann seinen Wert für $x=2$ (für $x=5$; für $x=8$).
a) $23x+17x+37x$
b) $75x-33-12x$
c) $-3x+5x+12x-36$
d) $3x-5+12-2x-21$
e) $8x+9x-5x-13x$
f) $18-9\cdot3+4x+10-x$

2 Fasse die Terme zusammen.
Setze zuerst $a=3$; $b=5$ und berechne.
Berechne dann für $a=2$; $b=-5$.
a) $4a+7b+8b+3a+4b+6a$
b) $9a-1{,}1b+13b+5a-1{,}1b+23a$
c) $751a+643b+12+456a+864+114b$
d) $367a+872b+421a+467b+578+a$
e) $100{,}3a+98{,}1b+75{,}3a+178{,}2b+32{,}1$

3 Arbeitet zu zweit. Jeder denkt sich fünf Aufgaben zum Zusammenfassen von Termen aus. Tauscht sie und löst die Aufgaben. Korrigiert euch gegenseitig.

NACHGEDACHT
Ist es bei einigen der Flächen aus Aufgabe 4 möglich, verschiedene Terme anzugeben? Welche Vereinbarungen müsste man treffen, damit es für jede Fläche nur einen „erlaubten" Term zum Flächeninhalt gibt?

4 Skizziere die Flächen in deinem Heft. Gib einen Term an, mit dem man den Umfang der Figuren berechnen kann.

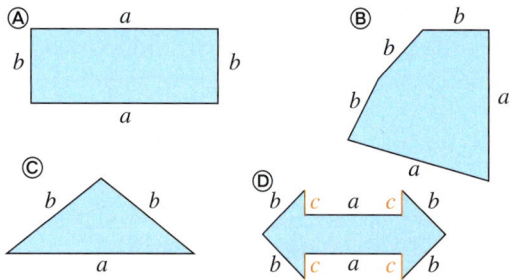

4 Skizziere die Flächen in deinem Heft. Bezeichne gleich lange Seiten mit der gleichen Variable und gib einen Term an, mit dem man den Umfang der Figuren berechnen kann.

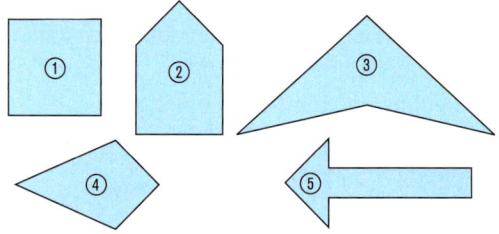

5 Eine Taxifahrt kostet 1,60 € pro Kilometer. Die Grundgebühr beträgt 2,50 €.
a) Gib einen passenden Term für den Gesamtpreis an.
b) Was kostet die Fahrt bei 4 km (7 km; 9 km) gefahrener Strecke?
c) In einer anderen Stadt kostet die Grundgebühr 3,20 € und die Fahrt 1,40 € pro km. Stelle einen passenden Term auf und berechne die Kosten für die in b) angegebenen Strecken. Vergleiche die Tarife.

5 Kevin ist ein begeisterter Triathlet. Beim Triathlon der Junioren ist die Schwimmstrecke 4,25 km kürzer als die Laufstrecke. Die Radfahrstrecke ist viermal so lang wie die Laufstrecke.
a) Mit welchem Term berechnet man die Länge der Gesamtstrecke, wenn die Laufstrecke mit x bezeichnet wird?
b) Wie lang ist die gesamte Strecke, die zurückgelegt werden muss, wenn Kevin 5 km laufen muss?

6 Auf dem Bauernhof: x gibt die Anzahl der Hühner an, y die Anzahl der Kühe.

a) Welcher Term gibt an, wie viele Beine die Hühner und Kühe insgesamt haben?
① $x + y$ ② $2x + 4y$
③ $4x + y$ ④ $4x + 2y$

b) Gib an, was man mit Term ① berechnet.

c) Auf dem Hof befinden sich 20 Beine. Wie viele Hühner und Kühe leben dort? Finde alle Möglichkeiten.

d) Auf einem anderen Hof befinden sich 30 Beine und insgesamt 12 Tiere. Wie viele Kühe und Hühner leben auf dem Hof? Erläutere deine Vorgehensweise.

7 Der Termwettlauf

a) Schaue dir zunächst die unten gegebenen Terme an. Welcher Term wird wohl schneller wachsen? Begründe.

b) Berechne nun die Werte der Terme im Heft bis zur Zeile $x = 6$.

c) Wann holt der Term 2 den Term 1 ein?

d) Finde einen 3. Term, der von Anfang an den höchsten Wert hat.

e) Finde einen 4. Term, der anfangs einen niedrigeren Wert hat als die beiden Terme und anschließend beide Terme überholt.

x	1. Term $2x + 4$	2. Term $3x - 1$	3. Term	4. Term
1				

8 Timo benutzt eine Tabellenkalkulation, um Aufgaben zur Volumen- und Oberflächenberechnung des Quaders zu erledigen.

a) Welchen Term muss er in die Zelle **D2** eingeben?

b) Welchen Term schreibt er in Zelle **E2**?

c) Wie kann er vorgehen, um die anderen Zellen zu füllen?

d) Timo gibt folgende Formel ein:
=4*A2+4*B2+4*C2
Was berechnet er damit?

	A	B	C	D	E	F
1	a	b	c	Volumen	Oberfläche	
2	4	6	7			
3	2	3	4			
4	12	15	7			

6 Zwischenstand beim Kegeln:
In der Mädchen-Mannschaft haben Seren, Kaja und Sabile zusammen 24 Kegel geworfen. Seren warf einen Kegel mehr und Kaja einen Kegel weniger als Sabile.
In der Jungen-Mannschaft haben Jannik, Noah und Niklas zusammen 14 Kegel geworfen. Noah warf doppelt so viele Kegel, Niklas halb so viele Kegel wie Jannik.
Wie viele Kegel wurden jeweils geworfen und wer hatte das beste Einzelergebnis?

7 Das Term-Mobile ist im Gleichgewicht, wenn an den beiden Enden jedes Balkens insgesamt wertgleiche Terme hängen.

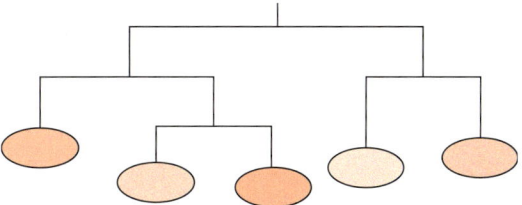

a) Bringe das Mobile mit den vorhandenen Termen ins Gleichgewicht.
$5x + 8 - x$ $4x + 16 + 10x - 6x$
        $10x + 20 - 2x - 4$
$5x + 16 + 3x$ $2x + x + 8 + x$

b) Denkt euch selbst Terme aus, die das Mobile im Gleichgewicht halten.

8 Die Klasse 7c erhält für ihre Klassenfete eine Rechnung vom Getränkehändler.

a) Welche Formel steht in Zelle **D4**?

b) Welcher Zahlenwert steht in Zelle **D4**?

c) Gib eine Formel zur Berechnung der Mehrwertsteuer in **D9** an und berechne damit den Betrag in €.

d) Gib eine Formel zur Ermittlung des Gesamtpreises in Zelle **D10** an. Nike hat zwei verschiedene Formeln für diese Zelle gefunden. Welche?

	A	B	C	D
	Artikel	Einzelpreis in €	Anzahl/Menge	Gesamtpreis in €
1				
2	Kiste Cola (12 Fl)	8,50	3	25,50
3	Fl. Apfelschorle	0,65	7	4,55
4	Kiste Wasser	2,98	4	
5	Fl. Limonade	0,55	9	4,95
6	Leihgebühr pro Tisch	1,50	5	7,50
7	Leihgebühr pro Bank	0,75	10	7,50
8			Summe:	61,92
9			+ 19 % MWST	
10			Gesamtpreis:	

Ein Besuch im Spaßbad

	Erwachsene	Kinder (bis 16 Jahren)
Einzelkarte	5,50 €	4,40 €
Gruppenkarte (10 Personen)	49,00 €	37,00 €
Jahreskarte	295,00 €	240,00 €

9 Eintrittspreise

Die Klasse 7c besucht mit 26 Schülerinnen und Schülern und 2 Lehrern ein großes Spaßbad.
a) Berechne den günstigsten Eintrittspreis für die ganze Klasse.
b) Wie kann der Gesamtpreis aufgeteilt werden? Wie viel muss dann jeder bezahlen?
   Vergleiche mit den Einzelpreisen.
c) Wie häufig müsste das Spaßbad besucht werden, damit sich eine Jahreskarte für einen
   Erwachsenen (für ein Kind) lohnt?

10 Wettschwimmen

a) Eva benötigt x Sekunden, um eine 25-m-Bahn zu schwimmen.
   Max braucht 3 Sekunden länger, Sarah ist 1,4 Sekunden
   schneller.
   Stelle Terme (ohne Maßeinheit) für Max' und Sarahs Zeit auf.
b) Jan und Sam schwimmen z Bahnen. Jan braucht für jede
   25-m-Bahn 27 Sekunden, Sam 2,4 Sekunden länger.
   Wie viele Sekunden Vorsprung hat Jan nach z Bahnen?
   Wie lange brauchen sie für 1 000 m?
   Bei der wievielten Bahn wird Sam von Jan überholt?
c) Wie schnell schwimmst (oder läufst; hüpfst; …) du?
   Stelle einen Term auf, der deine 50-m-Zeit mit der eines Part-
   ners vergleicht.

11 Renovierung

Arbeitet zu zweit. Das Sportbecken im Außen-
bereich wird von innen neu gestrichen.
a) Die Farbe für 10 m² kostet 14 €.
b) Nach Abschluss der Renovierung füllen die
   Pumpen pro Minute 400 l Wasser in das
   Becken.

*TIPP ZU 11c
Beachte die in
Aufgabe 12 an-
gegebenen
Besucherzahlen.*

c) Während der zweiwöchigen Renovierung
   kommen ca. 40 % weniger Besucher als sonst.

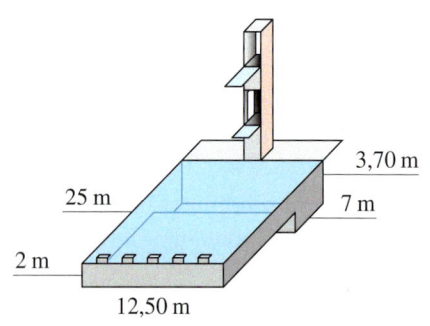

12 Besucherzahlen

Arbeitet zu zweit. Präsentiert eure Ergebnisse mit Plakaten.

	2009	2010	2011	2012
Kinder	166 000	166 800	178 000	214 000
Erwachsene	83 000	111 200	89 000	107 000

a) Welche Informationen könnt ihr aus der Tabelle ablesen?
b) Stellt die Veränderung der Besucherzahlen in einem
   geeigneten Diagramm dar.
c) Schätzt die Gesamteinnahmen pro Jahr.

Zusammenfassung

Variablen und Terme

→ Seite 136

Variablen sind Platzhalter, in die man Zahlen oder Größen einsetzen kann.

a; x; ♦; ▲

Eine sinnvolle Verbindung von Variablen, Zahlen und Rechenzeichen heißt **Term** (Rechenausdruck).

12; m; $12 + 3$; $27 : 9$;
y^2; $2 - (r + s)$; $13 + 0{,}07 \cdot y$

Wenn man für die Variablen Zahlen einsetzt, kann man den **Wert des Terms** bestimmen.

Der Wert des Terms $2 \cdot y - 6 + z$
für $y = \frac{1}{2}$ und $z = 9$ ist:
$2 \cdot \frac{1}{2} - 6 + 9 = 1 - 6 + 9 = 4$

Terme vereinfachen

→ Seite 140

Beim **Addieren und Subtrahieren** kann man zusammenfassen:
- gleiche Variablen
- gleiche Potenzen

$\underline{x} + 4y - \underline{x} - 6y =$
$= \underline{x - x} + 4y - 6y = 0x - 2y = -2y$

Achtung: Nicht zusammenfassen darf man:
- *unterschiedliche* Variablen
- Potenzen mit *verschiedenen* Exponenten

$\underline{a^2} + ab + a^3 + ab + \underline{a^2} + 2ab =$
$= a^3 + 2a^2 + 4ab$

Beim **Multiplizieren** kann man die Reihenfolge der Faktoren beliebig vertauschen. Gleiche Faktoren kann man zusammenfassen.

$3a \cdot 7b = 3 \cdot 7 \cdot a \cdot b = 21ab$

$x \cdot 3x \cdot y \cdot 2 = 2 \cdot 3 \cdot x \cdot x \cdot y = 6x^2 y$

Klammern in Summen und Differenzen:
Eine Klammer, vor der ein Pluszeichen steht, kann man weglassen.

$a + (-b + c - d) = a - b + c - d$
$-5 + (3 - 7) = -5 + 3 - 7$

Eine Klammer, vor der ein Minuszeichen steht, kann man auflösen. Die Glieder in der Klammer bekommen das entgegengesetzte Vorzeichen: *aus + wird −* und *aus − wird +*.

$a - (-b + c - d) = a + b - c + d$
$23 - x - (12 - 2x - 17) =$
$= 23 - x - 12 + 2x + 17$

Terme aufstellen

→ Seite 144

So stellst du einen Term auf:

Subtrahiere vom Dreifachen einer Zahl das Zweifache einer anderen Zahl.

① Variable festlegen

① „eine Zahl" x
„eine andere Zahl" y

② Terme bilden

② „Dreifaches der einen Zahl" $3 \cdot x$
„Zweifaches der anderen Zahl" $2 \cdot y$

③ Terme zusammenfügen

③ Gesamtterm: $3 \cdot x - 2 \cdot y$

Teste dich!

4 Punkte

1 Berechne den Wert des Terms für $x = 5$ und $y = 3$.
a) $x + 3x$ b) $0,5x + 2y$ c) $7y - 5x$ d) $0,75y + 3,5$

3 Punkte

2 Betrachte den Term $x^2 - 4x + x - 0,5x + 2$.
a) Vereinfache den Term.
b) Berechne den Wert des Terms für $x = 4$.
c) Berechne den Wert des Terms für $x = -1,8$.

3 Punkte

3 Schreibe als Term und berechne den Wert des Terms.
a) Gesucht ist die Summe der Zahlen 78 und 56.
b) Gesucht ist das Doppelte von 5 vermehrt um 8.
c) Gesucht ist das Dreifache der Summe aus 78 und 79.

3 Punkte

4 Stelle jeweils einen entsprechenden Term auf.
a) Clara benötigt für 100 m Strecke x Sekunden, Sophie 1,25 Sekunden mehr.
b) Hanna ist x Jahre alt, ihre Oma ist 5,5-mal so alt.
c) Josefine zahlt für ihr Handy monatlich 5 € Grundgebühr, für jede SMS 9 ct und für Telefongespräche pro Minute 22 ct.

4 Punkte

5 Fasse zusammen.
a) $4m - 0,3n + 2,7m - 4n + 3m - n$
b) $2x + 3x^2 - 2x^3 + 4x^2 - 4x + 5x^3$
c) $7a^2 - 3b^2 + 0,2a^2 - 0,75b^2$
d) $24m^2 - 15n^2 + 5m^2n - 6n + 16m^2 - 7mn^2$

4 Punkte

6 Löse die Klammern auf und fasse die Terme zusammen, wenn es möglich ist.
a) $3x + (2 - y)$ b) $12x - (a + 3x)$
c) $x - 3 - (2y + 3z)$ d) $12,5x - (15y - 13,7x - 15,9y)$

4 Punkte

7 Umfang und Flächeninhalt
a) Notiere je einen Term mit Variablen zur Berechnung …
  ① … des Umfangs. ② … des Flächeninhalts.
b) Setze in den Termen die passenden Werte für die Variablen ein, beachte die Maßangabe in der Zeichnung. Berechne Umfang und Flächeninhalt.

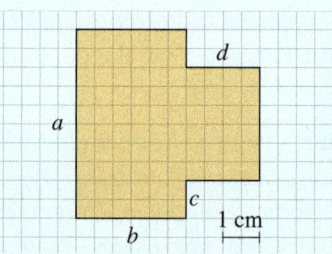

6 Punkte

8 Die Pakete sollen mit Paketschnur verschnürt werden.

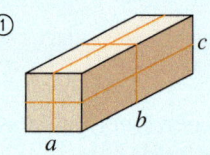

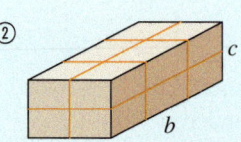

a) Gib für jedes Paket einen Term an, mit dem man die Länge der Paketschnur (ohne Knoten) berechnen kann. Vereinfache die Terme.
b) Für Schlaufen und Knoten benötigt man zusätzlich 30 cm Schnur. Verändere deine Terme aus a) so, dass dies berücksichtigt wird.
c) Berechne jeweils die Länge der Schnur mit Schlaufen und Knoten, wenn $a = 20$ cm, $b = 40$ cm und $c = 15$ cm ist.

Winkel und Figuren

Das Gemälde „Behauptend" von Wassily Kandinsky
entstand im Jahr 1926. Wie in vielen seiner Gemälde
verwendet der Künstler Kandinsky auch hier
überwiegend geometrische Figuren.

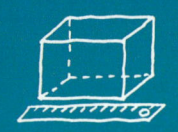

Noch fit?

<table>
<tr><td>**Einstieg**</td><td>**Aufstieg**</td></tr>
</table>

1 Winkelgrößen bestimmen

Gib jeweils die Größe des Winkels an, ohne zu messen.

a)   b)   c)   d)

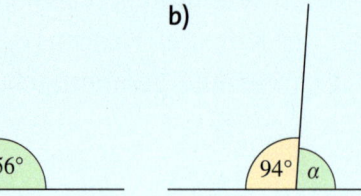
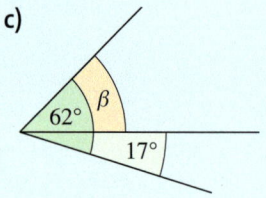
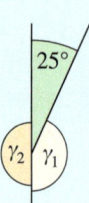

2 Achsensymmetrie

Übertrage die Zeichnung ins Heft und spiegle an der Spiegelgeraden g.

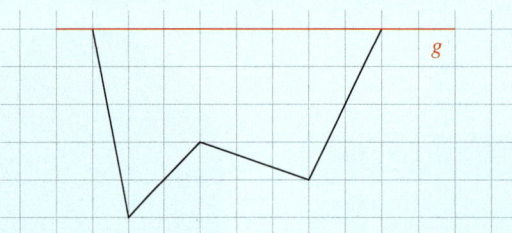

2 Achsensymmetrie

Übertrage die Zeichnung ins Heft und spiegle an der Spiegelgeraden g.

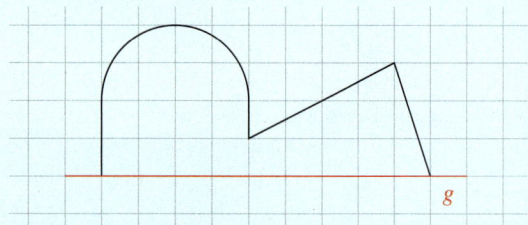

3 Vierecke zeichnen

Übertrage die Vierecke in dein Heft und zeichne jeweils die Diagonalen ein. Welche Dreiecksarten entstehen? Benenne nach Seiten und nach Winkeln.

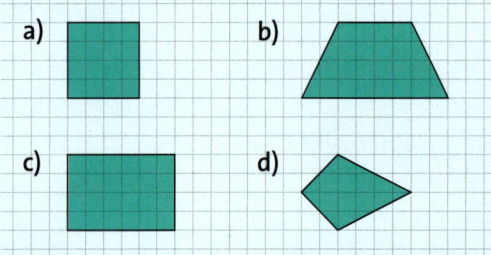

3 Behauptungen prüfen

Welche Behauptung ist richtig, welche ist falsch? Überprüfe zeichnerisch.

a) Ein rechtwinkliges Dreieck kann auch zwei rechte Winkel haben.
b) Ein Dreieck mit drei gleich langen Seiten hat auch drei gleich große Winkel.
c) In einem gleichseitigen Dreieck gibt es vier Spiegelachsen.
d) Bei einem unregelmäßigen Dreieck können zwei Seiten gleich lang sein.
e) Gleichseitige Dreiecke besitzen alle denselben Flächeninhalt.

4 Dreiecke konstruieren

Konstruiere das Dreieck ABC.

a) $b = 5\,cm$; $c = 8\,cm$; $\alpha = 100°$
b) $a = 6\,cm$; $b = 9\,cm$; $\gamma = 40°$
c) $a = 2\,cm$; $c = 6\,cm$; $\beta = 80°$

4 Dreiecke konstruieren

Konstruiere das Dreieck ABC.

a) $a = 2,6\,cm$; $c = 3,9\,cm$; $\beta = 43°$
b) $a = b = 4\,cm$; $\gamma = 60°$
c) $b = c = 5,5\,cm$; $\beta = 75°$

5 Kurz und knapp

a) In einem Rechteck sind alle Winkel … .
b) Zwei Geraden sind parallel zueinander, wenn …
c) Zwei Geraden sind senkrecht zueinander, wenn …
d) Die Verbindung gegenüberliegender Eckpunkte im Rechteck nennt man …

Winkel an Geradenkreuzungen

Entdecken

1 Rechts findest du einen Ausschnitt aus dem Stadtplan von Köln.
Die Straßen kreuzen sich in unterschiedlichen Winkeln.

a) Wie viele unterschiedliche Winkel findest du an der Kreuzung Kempener Straße und Wilhelmstraße? Wie ist es an der Kreuzung Geldorpstraße und Turmstraße?
Was fällt dir im Vergleich auf?

b) Miss mit deinem Geodreieck die Winkel an den beiden Kreuzungen aus a). Musst du wirklich alle Winkel messen?

c) Miss an einer anderen Kreuzung einen Winkel. Finde dort so viele Winkelgrößen wie möglich ohne Messen heraus.

d) Bestimme ohne weiteres Messen die Winkelgrößen an benachbarten Kreuzungen. An welchen Stellen gelingt das nicht?

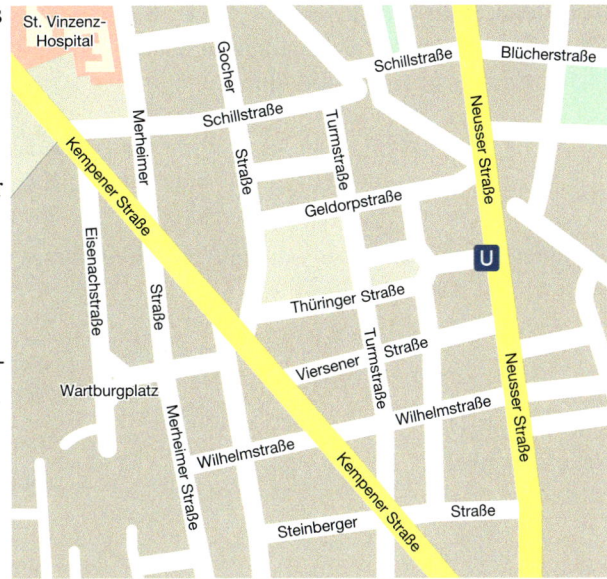

SCHON GEWUSST?
Städte, die geplant entstanden sind, haben meistens viele gerade Straßen und gleiche Kreuzungswinkel. Bei natürlich gewachsenen Städten findet man viele verschiedene Kreuzungswinkel und wenig geradlinige Straßen.

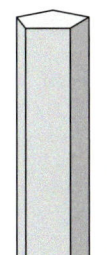

2 Manchmal kann man Winkel nicht direkt messen. Bei einer Säule z. B. kann man die Innenwinkel β nicht messen.
Celine und Marcel haben mithilfe von Holzleisten zwei Möglichkeiten gefunden, wie man den Winkel trotzdem messen kann.
Erkläre, wie sie vorgegangen sind.

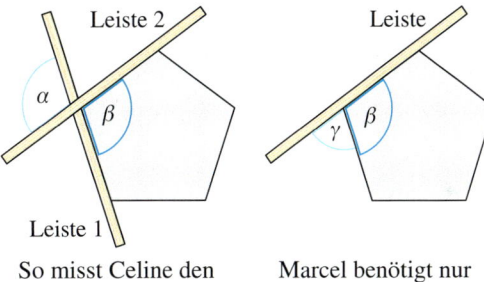

So misst Celine den gesuchten Winkel.

Marcel benötigt nur **eine** Holzleiste.

3 Manche Winkelgrößen kann man nur mit einem Trick herausfinden.
Bestimme die Böschungswinkel α und β beim unten gezeichneten Gartenteich. Natürlich muss dein Geodreieck dabei außerhalb des Erdbodenbereichs bleiben.
Finde in der Zeichnung mehrere Möglichkeiten, die Böschungswinkel herauszubekommen.

TIPP
Das Geodreieck darf ruhig auch mal nass werden.

HINWEIS
Bei einem Gartenteich aus Teichfolie darf der Böschungswinkel nicht größer als 45° sein.

Verstehen

Überall in der Natur und in der Technik finden wir Winkel.

Manche Winkel kann man nicht direkt messen, weil sie nicht erreichbar sind.

Oft kann man ihre Größe bestimmen, indem man andere Winkel zu Hilfe nimmt.

Ponte Estaiada, Brasilien *Araukarie*

An einer Kreuzung zweier Geraden entstehen immer vier Winkel.

Beispiel 1

$\alpha = \gamma$,
denn α und γ
sind
Scheitelwinkel.

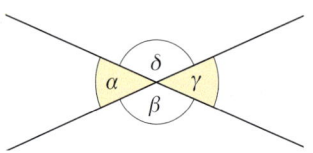

Merke Winkel, die sich an einer Geradenkreuzung **gegenüberliegen**, sind **gleich groß**.

Die gegenüberliegenden Winkel nennt man **Scheitelwinkel**.

Beispiel 2

$\alpha + \beta = 180°$,
denn α ist
Nebenwinkel
von β.

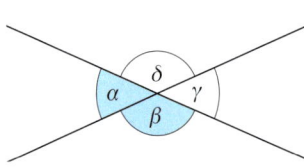

Merke Winkel, die an einer Geradenkreuzung **nebeneinanderliegen**, ergeben zusammen einen **180°-Winkel**.

Die nebeneinanderliegenden Winkel nennt man **Nebenwinkel**.

Wenn zwei parallele Geraden von einer dritten Gerade geschnitten werden, so entstehen zwei gleiche Geradenkreuzungen. Insgesamt findest du an diesen Kreuzungen acht Winkel.

Beispiel 3

$\alpha = \beta$, denn
α und β
sind Stufen-
winkel.

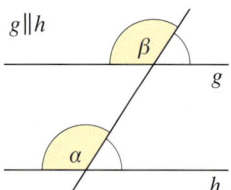

Merke An benachbarten Geradenkreuzungen aus zwei Parallelen sind die Winkelverhältnisse identisch.

Dabei sind einander entsprechende Winkel **gleich groß**.

Diese Winkel nennt man **Stufenwinkel**.

HINWEIS

So argumentierst du mathematisch:
„α und β sind Stufenwinkel. Also sind α und β gleich groß. β und δ sind Scheitelwinkel. Also sind β und δ gleich groß. Dann müssen auch α und δ gleich groß sein."

Beispiel 4

$\alpha = \delta$, denn
α und δ
sind Wechsel-
winkel.

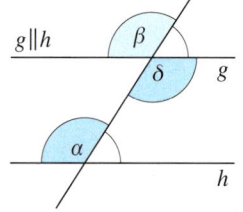

Merke Aus der Kombination der Winkelbeziehungen Stufenwinkel und Scheitelwinkel ergibt sich ein neues Paar **gleich großer** Winkel.

Diese Winkel nennt man **Wechselwinkel**.

So kannst du auch prüfen, ob zwei Geraden parallel sind: Schneide die Geraden mit einer dritten Gerade und vergleiche die Winkelgrößen an den entstandenen Geradenkreuzungen miteinander.

Üben und anwenden

1 Diese Andreaskreuze findet man an Bahn-
übergängen.

a) Der obere Winkel des ersten Andreaskreuzes
(Deutschland) misst 60°. Bestimme die anderen Winkelgrößen. Warum funktioniert das mit
nur einer bekannten Größe?

b) Skizziere das zweite Andreaskreuz (Österreich)
in deinem Heft. Zeichne je ein Paar von Schei-
tel-, Neben-, Stufen- und Wechselwinkeln ein.

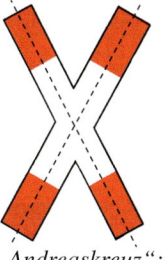
*„Andreaskreuz":
Deutschland*

*„Andreaskreuz": mehrgleisige
Bahnübergänge Österreich*

NACHGEDACHT
*Im linken
Andreaskreuz
gibt es ins-
gesamt zwei
Paare von
Scheitelwinkel
und vier Paare
von Neben-
winkeln. Welche
sind das?*

2 Gib die Größe der markierten Winkel an.

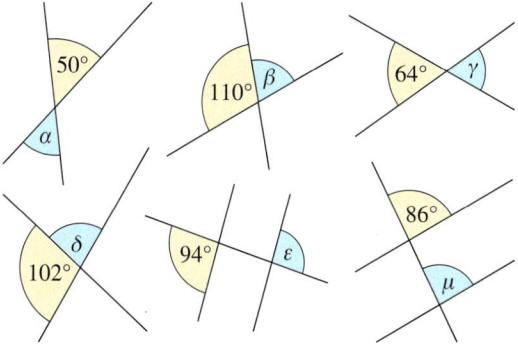

2 Gib die Größe der markierten Winkel an.

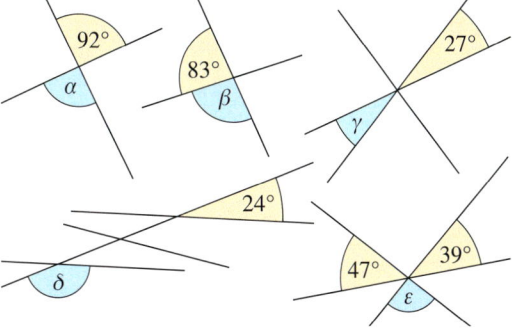

3 Übertrage das Fachwerkmuster möglichst
genau in dein Heft. Finde je ein Paar von
Scheitelwinkeln, Nebenwinkeln, Stufen-
winkeln und von Wechselwinkeln.

3 Übertrage das Fachwerkmuster möglichst
genau in dein Heft.
Welche Winkelgrößen kannst du ohne zu
messen *nicht* bestimmen?

4 Zeichne mit vier
Geraden ein Trapez wie
rechts gezeigt. Bestimme
mit dem Geodreieck die
Größe aller Innenwinkel.
Achtung: Kein Teil deines
Geodreiecks darf dabei in
den farbigen Bereich hin-
einragen.

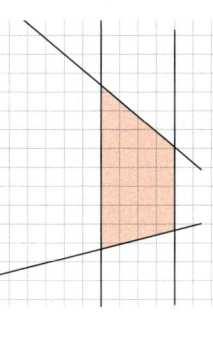

4 Zeichne mit vier
Geraden ein Trapez wie
rechts gezeigt. Bestim-
me mit dem Geodreieck
die Größe aller Innen-
winkel. *Achtung*: Kein
Teil deines Geodreiecks
darf dabei in den farbi-
gen Bereich hineinragen.

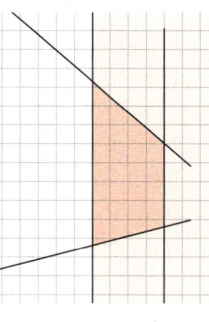

161

5 Vervollständige die Aussagen zum abgebildeten Treppengeländer in deinem Heft.

a) α_1 ist Nebenwinkel von ▨ und Scheitelwinkel zu ▨ .

b) β_1 und ▨ sind Stufenwinkel.

c) γ_2 und ▨ sind Wechselwinkel.

d) α_2 und ▨ sind Stufenwinkel.

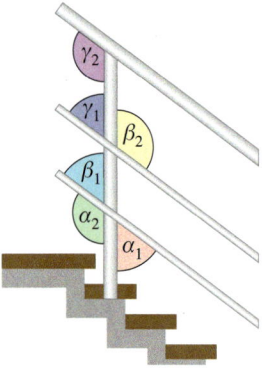

5 Vervollständige die Aussagen zum abgebildeten Treppengeländer in deinem Heft.

a) β_2 ist Nebenwinkel von ▨ und Wechselwinkel von ▨ .

b) β_1 und γ_1 sind ein Paar ▨ .

c) β_1 und α_1 sind gleich groß, weil ▨ .

d) γ_2 und ▨ ergeben zusammen 180°.

ZUM WEITERARBEITEN Finde in Aufgabe 6 jeweils eine Begründung.

6 Vervollständige die Tabelle im Heft. Die Farben beziehen sich auf das Treppengeländer aus Aufgabe 5.

	α_1	α_2	β_1	β_2	γ_1	γ_2
a)	20°		20°	✕	✕	✕
b)			36°	✕	✕	✕
c)		135°				✕
d)	✕		✕	✕	✕	129°
e)		✕			17°	✕

7 Prüfe, ob die folgenden Aussagen richtig oder falsch sind. Zeichne, falls möglich, ein Beispiel zur Begründung deiner Antwort.

a) Der Nebenwinkel eines rechten Winkels ist ebenfalls ein rechter Winkel.

b) Ein stumpfer Winkel hat immer einen stumpfen Nebenwinkel.

c) Ein spitzer Winkel hat immer einen spitzen Scheitelwinkel.

d) Addiert man zur Größe eines beliebigen Winkels die Größe seines Nebenwinkels und seines Scheitelwinkels, so ist das Ergebnis immer größer als 180°.

7 Prüfe, ob die folgenden Aussagen richtig oder falsch sind. Zeichne, falls möglich, ein Beispiel zur Begründung deiner Antwort.

a) Der Wechselwinkel eines rechten Winkels ist immer ein rechter Winkel.

b) Ein stumpfer Winkel hat immer einen spitzen Stufenwinkel.

c) Ein überstumpfer Winkel kann keinen Nebenwinkel haben.

d) Addiert man zur Größe eines Winkels α zweimal die Größe seines Nebenwinkels β, so gilt: $\alpha + 2\beta = 360° - \alpha$

8 Die Fliesen für das Bad müssen schräg abgeschnitten werden.

a) Miss die Größe des roten und des grünen Winkels. Was fällt dir auf?

b) Beschreibe, an welchen Stellen der grüne Winkel noch zu finden ist.

c) Begründe: $\alpha + \beta = 180°$

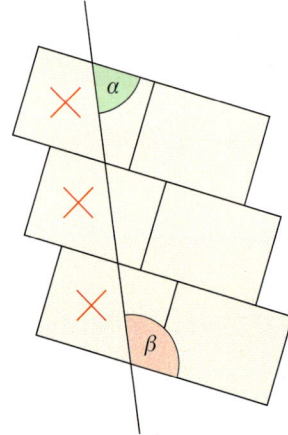

8 Die Fliesen für die Küche müssen schräg abgeschnitten werden. Der rot markierte Winkel misst 123°. Die Größe des grün markierten Winkels muss an der Schneidemaschine eingestellt werden.

a) Auf welche Gradzahl muss man die Maschine einstellen?

b) Begründe, wie man die Größe des grünen Winkels bestimmen kann.

Vierecke beschreiben und zeichnen

Entdecken

1 Arbeitet zu zweit.

Partner 1: Zeichne zwei kongruente *gleich-schenklige* Dreiecke auf Karton und schneide sie sorgfältig aus.

Partner 2: Zeichne zwei kongruente *recht-winklige* Dreiecke auf Karton und schneide sie sorgfältig aus.

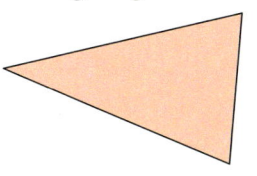
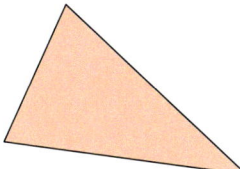
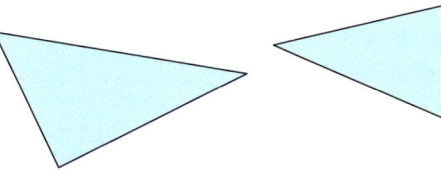

a) Bilde aus deinen zwei Dreiecken so viele unterschiedliche Vierecke wie möglich. Die Seiten müssen aneinander passen. Zeichne die Vierecke in dein Heft.

b) Vergleicht eure verschiedenen Vierecke. Beschreibt, welche eurer Vierecke gemeinsame Eigenschaften haben.

2 Das links gezeigte Fliesenornament hat die Form einer Windrose.

a) Aus wie vielen unterschiedlichen Fliesen besteht das Ornament?

b) Welche der Vierecke aus dem Ornament haben besondere Eigenschaften? Erkläre.

c) Gibt es Fliesen im Ornament, die keine Vierecke sind?

ZUM WEITERARBEITEN
Entwerfe ein eigenes Fliesen-ornament.

3 Aus zwei sich kreuzenden Spaghetti entsteht ein Viereck, wenn man die Endpunkte miteinander verbindet. Zeichne auf diese Weise Vierecke mit einer Spaghettinudel, die du in zwei Teile zerbrichst.

Untersuche, wie sich das Viereck verändert, …

a) wenn du den Winkel veränderst, in dem sich die Spaghetti kreuzen.

b) wenn du die Lage einer Spaghetti veränderst.

c) wenn du die Länge einer Spaghetti veränderst.

d) Probiere auch Sonderfälle aus (beide Spaghetti sind gleich lang, die Spa-ghetti kreuzen sich im rechten Winkel). Schreibe deine Entdeckungen auf.

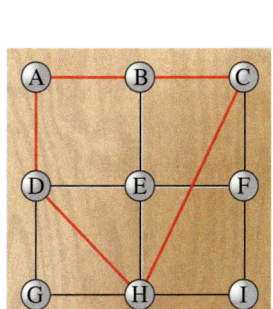

4 Ein Geobrett mit neun Punkten kannst du leicht herstellen. Du benötigst ein Holzbrett und 9 Reißzwecken. Beschrifte die Punkte mit Buchstaben. Mit einem Gummiring stellst du auf dem Brett Figuren dar.

a) Finde so viele verschiedene Vierecke wie möglich.

b) Fertige eine Tabelle an. Beschreibe darin besondere Eigenschaften deiner Vierecke.

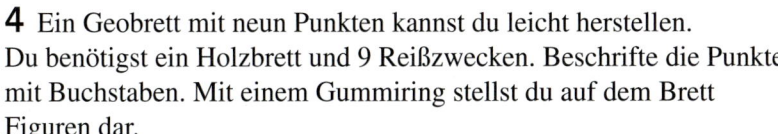

Viereck	Besondere Eigenschaften
ACHD	Rechter Winkel bei *A*
…	…

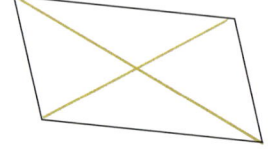

Verstehen

Jana und Chris haben mit Spaghettinudeln verschiedene Vierecke gelegt. Manche dieser Vierecke haben besondere Eigenschaften.

Beispiel 1

Das abgebildete Fenster hat sich verformt. Die Winkel im ursprünglich rechteckigen Fenster haben sich verändert. Ein solches Viereck nennt man Parallelogramm.

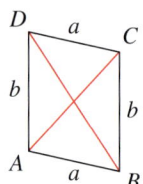

Merke Ein **Parallelogramm** hat folgende Eigenschaften:
- gegenüberliegende Seiten sind gleich lang
- gegenüberliegende Seiten sind parallel
- die Diagonalen halbieren sich in ihrem Schnittpunkt, dem Symmetriezentrum

Beispiel 2

Diese Skatkarte ist das „Karo-Ass".
Das Viereck nennt man Raute.

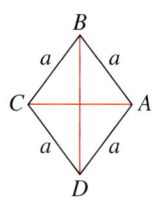

Merke Eine **Raute** hat folgende Eigenschaften:
- alle Seiten sind gleich lang
- gegenüberliegende Seiten sind parallel
- die beiden Diagonalen stehen senkrecht aufeinander
- die Diagonalen halbieren sich in ihrem Schnittpunkt, dem Symmetriezentrum

Beispiel 3

Einen Flugdrachen kann man aus zwei Leisten, die senkrecht aufeinander befestigt werden, selbst bauen. Ein solches Viereck nennt man Drachenviereck.

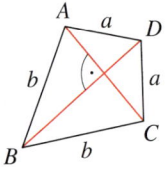

Merke Ein **Drachenviereck** hat folgende Eigenschaften:
- je zwei Seiten sind gleich lang
- die beiden Diagonalen stehen senkrecht aufeinander
- eine Diagonale ist die Symmetrieachse

Beispiel 4

Ein Staudamm hat in seinem Querschnitt eine besondere Form. Ein solches Viereck nennt man Trapez.

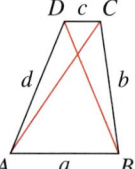

Merke Ein **Trapez** hat folgende Eigenschaften:
- ein Paar gegenüberliegender Seiten ist zueinander parallel

Üben und anwenden

1 Welche Vierecksarten kannst du in dem Haus erkennen?

2 Beschreibe, wo an den abgebildeten Gegenständen Parallelogramme oder Trapeze vorkommen.

a)

b)

1 Welche Vierecksarten kannst du in dem Zaun erkennen?

2 Welche Vierecke könnten sich hier versteckt haben?

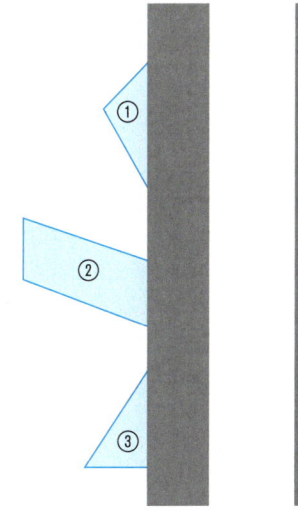
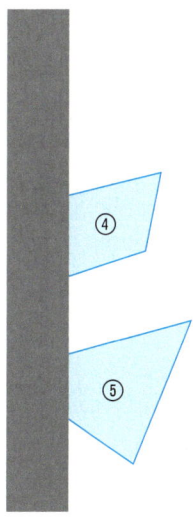

3 Suche in deiner Umgebung nach Vierecken:
Wo findest du Quadrate, Rechtecke, Rauten, Parallelogramme, Drachen oder Trapeze?

4 Beschreibe, woran du dieses Viereck sicher erkennst.
a) Quadrat
b) Rechteck
c) Raute

5 Zeichne zu jeder Vierecksart zwei Beispiele ins Heft. Beschreibe, wodurch sich die beiden Beispiele unterscheiden.
a) Quadrat
b) Rechteck
c) Raute

4 Beschreibe, was du unter folgenden Vierecksarten verstehst.
a) Parallelogramm
b) Trapez
c) Drachenviereck

5 Zeichne zu jeder Vierecksart zwei Beispiele ins Heft. Beschreibe, wodurch sich die beiden Beispiele unterscheiden.
a) Parallelogramm
b) Trapez
c) Drachenviereck

ZUM
WEITERARBEITEN
Ist das ein
Drachenviereck?
Begründe.

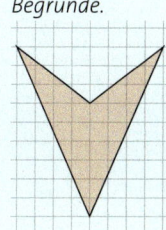

165

Methode: Vierecke konstruieren

Es gibt mehrere Möglichkeiten, aus vier unterschiedlich langen Strecken ein Viereck zu konstruieren. Deshalb benötigt man zum eindeutigen Zeichnen eines Vierecks mindestens fünf Angaben.

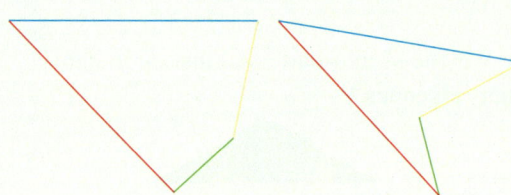

NACHGEDACHT

Gibt es spezielle Vierecke, bei denen eine Angabe reicht, um sie eindeutig zeichnen zu können?

Bei speziellen Vierecken sind aber weniger Angaben erforderlich, weil sich zusätzliche Informationen aus den speziellen Eigenschaften dieser Vierecke ergeben. Beim *Parallelogramm* reicht es beispielsweise aus, zwei Seitenlängen und eine Winkelgröße zu kennen. Die Eigenschaften, dass gegenüberliegende Seiten gleich lang, parallel zueinander und gegenüberliegende Winkel gleich groß sind, ergeben sich. Du kannst das Parallelogramm dann mit Zirkel und Lineal oder mit dem Geodreieck konstruieren.

Von einen Parallelogramm sind $\overline{AB} = 6\,\text{cm}$, $\overline{BC} = 3,9\,\text{cm}$ und $\alpha = 60°$ gegeben.

PLANSKIZZE

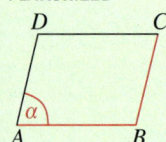

Konstruktion mit Zirkel und Lineal:

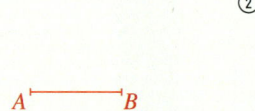

① Zeichne die Strecke $\overline{AB} = 6\,\text{cm}$.

② Zeichne an $\overline{AB}$ in A den Winkel $\alpha = 60°$. Markiere auf dem freien Schenkel, 3,9 cm von A entfernt, den Punkt D.

③ Zeichne um D den Kreis mit dem Radius $r = 6$ cm. Zeichne um B den Kreis mit dem Radius $r = 3,9$ cm. Im Schnittpunkt der beiden Kreise liegt der Punkt C.

④ Verbinde die Punkte BCD zu einem Parallelogramm.

Konstruktion mit dem Geodreieck:

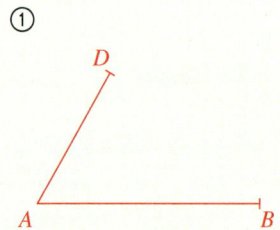

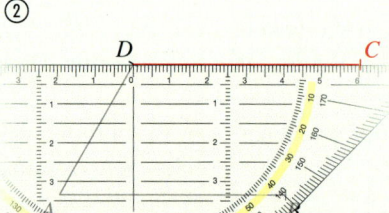

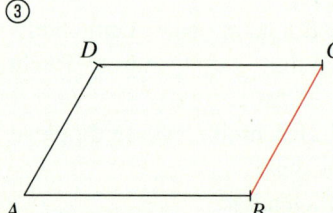

① Zeichne die Strecke $\overline{AB} = 6\,\text{cm}$ und trage in A im Winkel von 60° die Strecke $\overline{AD} = 3,9$ cm ab.

② Zeichne parallel zur Strecke $\overline{AB}$ die Strecke $\overline{CD} = 6\,\text{cm}$.

③ Verbinde die Punkte B und C zu einem Parallelogramm.

Um ein *Drachenviereck* konstruieren zu können, benötigt man drei Angaben, nämlich zwei Seitenlängen und einen Winkel. Da zwei benachbarte Seiten gleich lang und ein Paar gegenüberliegender Winkel gleich groß sind, kann man das Drachenviereck dann eindeutig zeichnen.

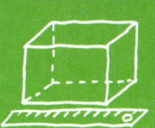

Konstruktion mit Zirkel und Lineal:
Von einem Drachenviereck sind gegeben: $\overline{AB} = 5\,\text{cm}$, $\overline{BC} = 6\,\text{cm}$, $\alpha = 60°$.

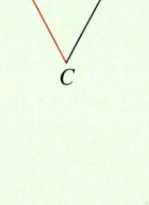

① 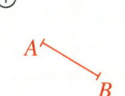   ② 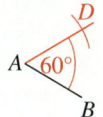   ③   ④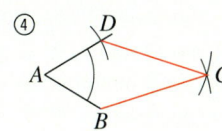

Zeichne die Strecke $\overline{AB} = 5\,\text{cm}$.	Zeichne an $\overline{AB}$ in A den Winkel $\alpha = 60°$. Markiere auf dem freien Schenkel, 5 cm von A entfernt, den Punkt D.	Zeichne um B und D je einen Kreis mit dem Radius $r = 6\,\text{cm}$. Im Schnittpunkt der beiden Kreise liegt der Punkt C.	Verbinde die Punkte BCD zu einem Drachenviereck.

Für die Konstruktion eines Trapezes benötigt man vier Angaben. Weil zwei Seiten des Trapezes parallel sind, kann man das Trapez damit eindeutig zeichnen. Du kannst zum Beispiel folgendermaßen vorgehen:
Von einem Trapez sind gegeben: $\overline{AB} = 2,8\,\text{cm}$, $\overline{BC} = 1,5\,\text{cm}$, $\alpha = 70°$, $\beta = 55°$, $\overline{AB} \parallel \overline{CD}$.

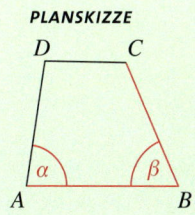

①   ②   ③   ④

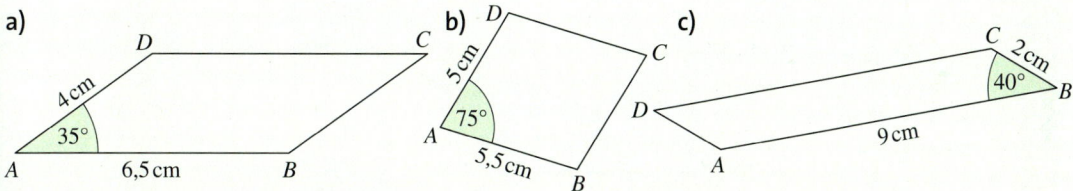

1 Ergänze zu der dargestellten Konstruktion eines Trapezes eine Konstruktionsbeschreibung.

2 Konstruiere das Parallelogramm $ABCD$.

      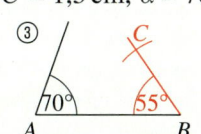   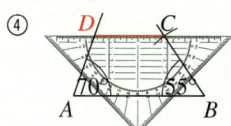

a)   **b)**   **c)**

3 Konstruiere ein Parallelogramm $ABCD$ mit den folgenden Maßen:
a) $a = 7\,\text{cm}$; $b = 5\,\text{cm}$; $\alpha = 60°$ **b)** $b = 3,5\,\text{cm}$; $c = 6\,\text{cm}$; $\beta = 110°$

4 Konstruiere das Drachenviereck $ABCD$.

a)   **b)**   **c)**

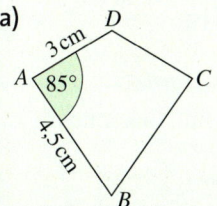   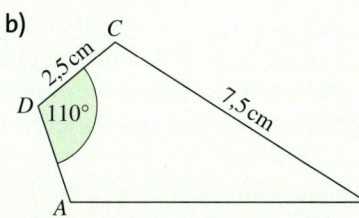   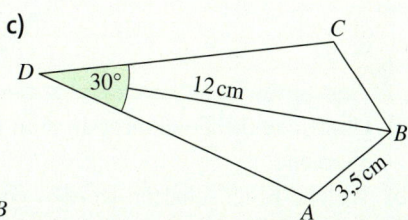

5 Konstruiere das Trapez $ABCD$. Lassen sich alle Trapeze eindeutig zeichnen?
a) $a = 6\,\text{cm}$; $b = 5,5\,\text{cm}$; $d = 6,5\,\text{cm}$; $\alpha = 125°$
b) $c = 10\,\text{cm}$; $d = 5\,\text{cm}$; $\gamma = 35°$; $\delta = 40°$
c) $a = b = d = 6\,\text{cm}$; $\alpha = 135°$
d) $a = 5,5\,\text{cm}$; $h = 4,5\,\text{cm}$; $b = 5\,\text{cm}$; $d = 6\,\text{cm}$

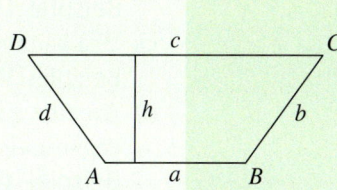

6 Übertrage die Tabelle ins Heft und vervollständige sie.

Eigenschaft	Viereck
zwei Paare parallele Seiten	A, B, D, E
Rechteck	
alle Seiten gleich lang	
zwei verschiedene Seitenlängen	
zwei Seiten gleich lang	
vier Symmetrieachsen	
Parallelogramm	
kein rechter Winkel	

6 Bianca, Marcel, Chris und Michelle unterhalten sich über die links abgebildeten Vierecke. Wer hat recht? Begründe.

a) Bianca: „Da sind fünf Trapeze, drei Drachen und vier Parallelogramme."

b) Marcel: „Ich sehe aber nur sechs verschiedene Vierecke."

c) Chris: „Ich sehe zwei Rechtecke, zwei Parallelogramme und zwei andere Vierecke."

d) Michelle: „Für mich sind da vier Drachen, vier Parallelogramme und vier Trapeze."

7 Das „Haus der Vierecke"

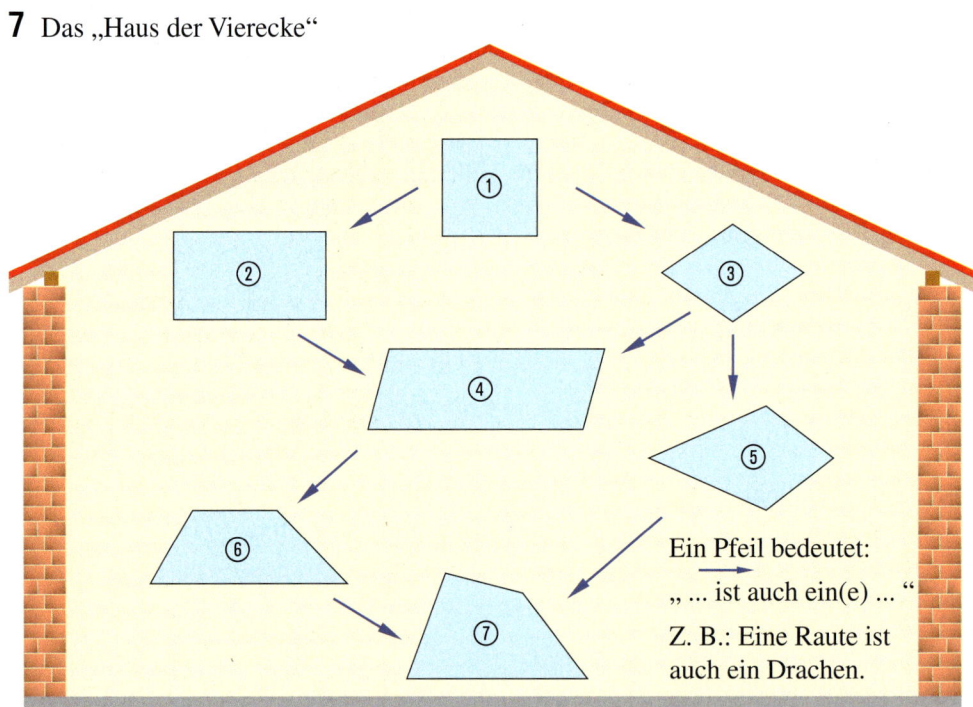

a) Übertrage die Zeichnung in dein Heft. Zeichne die Symmetrieachsen ein und benenne die Vierecke.

b) Welche Eigenschaften werden vom einen Viereck zum anderen „vererbt"?
Beispiel Das Rechteck erbt zwei Symmetrieachsen vom Quadrat.

c) Wie kann man aus einem der Vierecke ein anderes erzeugen?
Beispiel Wenn man ein Quadrat an einer Seite auseinanderzieht, entsteht ein Rechteck.

d) Arbeitet zu zweit: Erstellt Quizfragen zu euren Lösungen aus 7b) oder 7c) und befragt euch gegenseitig. Wer kennt die meisten richtigen Antworten?
Beispiel Welches Viereck erbt vier rechte Winkel vom Quadrat?

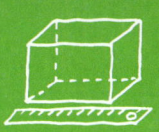

Konstruktion mit Zirkel und Lineal:
Von einem Drachenviereck sind gegeben: $\overline{AB} = 5\,\text{cm}$, $\overline{BC} = 6\,\text{cm}$, $\alpha = 60°$.

PLANSKIZZE

① 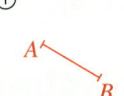   ② 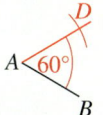   ③   ④

Zeichne die Strecke $\overline{AB} = 5\,\text{cm}$.	Zeichne an $\overline{AB}$ in A den Winkel $\alpha = 60°$. Markiere auf dem freien Schenkel, 5 cm von A entfernt, den Punkt D.	Zeichne um B und D je einen Kreis mit dem Radius $r = 6\,\text{cm}$. Im Schnittpunkt der beiden Kreise liegt der Punkt C.	Verbinde die Punkte BCD zu einem Drachenviereck.

Für die Konstruktion eines Trapezes benötigt man vier Angaben. Weil zwei Seiten des Trapezes parallel sind, kann man das Trapez damit eindeutig zeichnen. Du kannst zum Beispiel folgendermaßen vorgehen:
Von einem Trapez sind gegeben: $\overline{AB} = 2{,}8\,\text{cm}$, $\overline{BC} = 1{,}5\,\text{cm}$, $\alpha = 70°$, $\beta = 55°$, $\overline{AB} \parallel \overline{CD}$.

PLANSKIZZE

①   ②   ③   ④

1 Ergänze zu der dargestellten Konstruktion eines Trapezes eine Konstruktionsbeschreibung.

2 Konstruiere das Parallelogramm *ABCD*.

a) 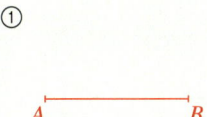   b) 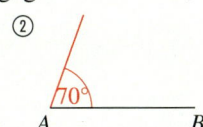   c) 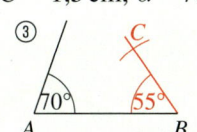 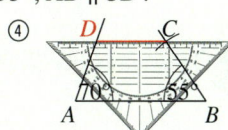

3 Konstruiere ein Parallelogramm *ABCD* mit den folgenden Maßen:
a) $a = 7\,\text{cm}$; $b = 5\,\text{cm}$; $\alpha = 60°$ b) $b = 3{,}5\,\text{cm}$; $c = 6\,\text{cm}$; $\beta = 110°$

4 Konstruiere das Drachenviereck *ABCD*.

a) 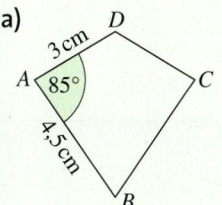   b) 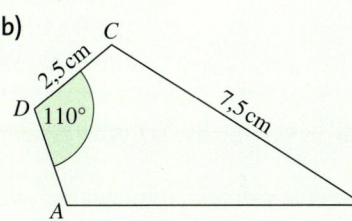   c)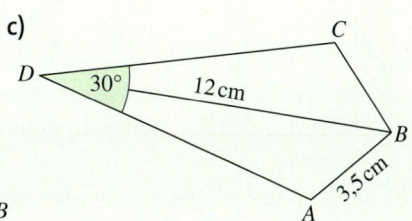

5 Konstruiere das Trapez *ABCD*. Lassen sich alle Trapeze eindeutig zeichnen?
a) $a = 6\,\text{cm}$; $b = 5{,}5\,\text{cm}$; $d = 6{,}5\,\text{cm}$; $\alpha = 125°$
b) $c = 10\,\text{cm}$; $d = 5\,\text{cm}$; $\gamma = 35°$; $\delta = 40°$
c) $a = b = d = 6\,\text{cm}$; $\alpha = 135°$
d) $a = 5{,}5\,\text{cm}$; $h = 4{,}5\,\text{cm}$; $b = 5\,\text{cm}$; $d = 6\,\text{cm}$

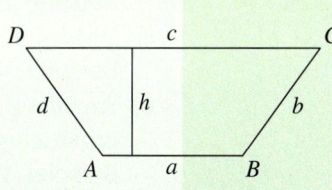

6 Übertrage die Tabelle ins Heft und vervollständige sie.

Eigenschaft	Viereck
zwei Paare parallele Seiten	A, B, D, E
Rechteck	
alle Seiten gleich lang	
zwei verschiedene Seitenlängen	
zwei Seiten gleich lang	
vier Symmetrieachsen	
Parallelogramm	
kein rechter Winkel	

6 Bianca, Marcel, Chris und Michelle unterhalten sich über die links abgebildeten Vierecke. Wer hat recht? Begründe.

a) Bianca: „Da sind fünf Trapeze, drei Drachen und vier Parallelogramme."

b) Marcel: „Ich sehe aber nur sechs verschiedene Vierecke."

c) Chris: „Ich sehe zwei Rechtecke, zwei Parallelogramme und zwei andere Vierecke."

d) Michelle: „Für mich sind da vier Drachen, vier Parallelogramme und vier Trapeze."

7 Das „Haus der Vierecke"

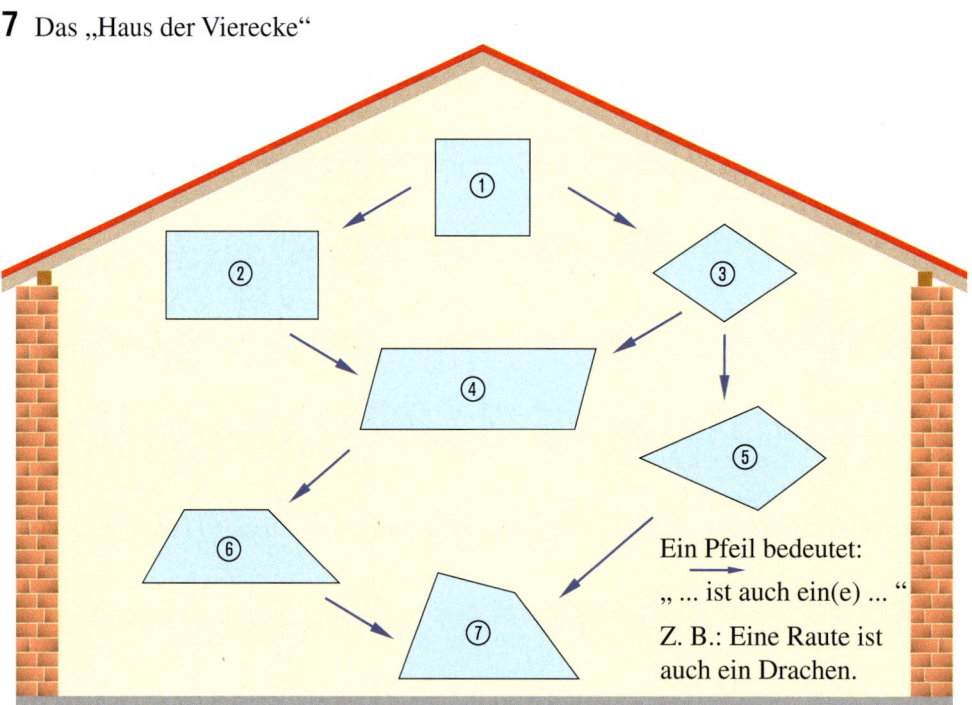

Ein Pfeil bedeutet:
„ ... ist auch ein(e) ... "
Z. B.: Eine Raute ist auch ein Drachen.

a) Übertrage die Zeichnung in dein Heft. Zeichne die Symmetrieachsen ein und benenne die Vierecke.

b) Welche Eigenschaften werden vom einen Viereck zum anderen „vererbt"?
   Beispiel Das Rechteck erbt zwei Symmetrieachsen vom Quadrat.

c) Wie kann man aus einem der Vierecke ein anderes erzeugen?
   Beispiel Wenn man ein Quadrat an einer Seite auseinanderzieht, entsteht ein Rechteck.

d) Arbeitet zu zweit: Erstellt Quizfragen zu euren Lösungen aus 7b) oder 7c) und befragt euch gegenseitig. Wer kennt die meisten richtigen Antworten?
   Beispiel Welches Viereck erbt vier rechte Winkel vom Quadrat?

Winkelsumme in Dreiecken und Vierecken

Entdecken

1 Zeichne ein beliebiges Viereck und schneide es aus. Beschrifte die vier Innenwinkel. Reiße nun die vier Ecken ab und lege die Ecken an den Scheitelpunkten zusammen. Was stellst du fest?

2 Arbeitet zu zweit. Zeichnet je ein Dreieck und schneidet es aus. Beschriftet die Winkel. Dann reißt alle Ecken ab. Legt die Ecken beider Dreiecke an den Scheitelpunkten zusammen.
a) Was stellt ihr fest?
b) Was stellt ihr fest, wenn ihr die Ecken eines der Dreiecke entsprechend anordnet?

3 Arbeitet in Gruppen. Zuerst zeichnet jedes Gruppenmitglied ein beliebiges Dreieck ins Heft und misst die Innenwinkel. Tragt dann für jedes Dreieck die gemessenen Winkel in eine Tabelle ein. Was fällt euch auf? Vergleicht mit der ganzen Klasse eure Ergebnisse.

Name	α	β	γ	Was fällt dir auf?
Marcel				
…				

4 Wenn du ein dynamisches Geometrieprogramm verwendest, kannst du Aufgabe 3 auch mit dem Computer bearbeiten.
① Zeichne mit dem *Vieleck-Werkzeug* ein Dreieck. Die Hilfe rechts oben im Programmfenster erklärt dir immer, wie es gemacht wird.
② Wähle das Winkelwerkzeug und klicke dein Dreieck an. Die Winkel α, β und γ werden automatisch eingezeichnet und gemessen.
③ Gib in der Befehlszeile den Term $\alpha + \beta + \gamma$ ein und drücke die Eingabe-Taste. Mit dem Winkelsymbol am Ende der Eingabezeile erhält man die griechischen Buchstaben.
④ Verändere das Dreieck, indem du die Eckpunkte verschiebst.
Lies das Ergebnis des Terms (δ) ab.
⑤ Mache das Gleiche mit einem Viereck.

Dreieck = 11,93 cm²
A=(0.66|2.12)
B=(2.28|5.38)
C=(7.52|1.2)
a=6.7
b=6.92
c=3.64
α=71.21°
β=77.84°
γ=30.94°
δ=180°

5 Pia überlegt: „Bei einem DIN-A4-Blatt gibt es vier rechte Winkel. Die Summe der Innenwinkel beträgt also 360°. Wenn ich ein Stück von dem Blatt schräg abschneide, verändern sich zwei Eckwinkel: Einer wird größer, der andere wird kleiner….“
a) Wie groß ist die Winkelsumme in Pias neuem Viereck? Begründe deine Antwort.
b) Wie groß ist die Winkelsumme, wenn man noch einmal ein Dreieck abschneidet? Überprüfe deine Vermutung durch Messen.

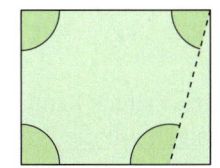
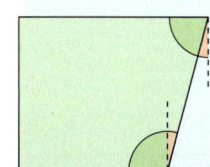

Verstehen

Die Leiter in der Baugrube bildet zusammen mit dem Boden und der Wand ein rechtwinkliges Dreieck.
Aus Sicherheitsgründen muss die Leiter in einem Winkel von 65° bis 75° stehen.
Der Winkel muss vor dem Herabsteigen bekannt sein und kann deshalb nicht direkt gemessen werden.
Er kann aber berechnet werden, falls die beiden anderen Winkel bekannt sind.

Beispiel 1

Die Leiter lehnt in einem Winkel von 24° an der Wand der Baugrube. Dieser Winkel bildet zusammen mit den Wechselwinkeln zu β und zu dem rechten Winkel einen gestreckten Winkel (180°). Somit beträgt die Summe der drei Innenwinkel des Dreiecks 180°. So kann β berechnet werden:

$$90° + 24° + \beta = 180°$$
$$114° + \beta = 180°$$
$$\beta = 66°$$

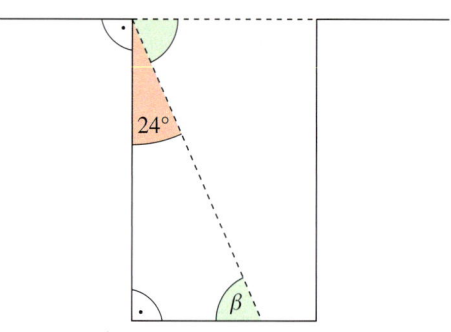

Die Leiter kann also sicher bestiegen werden.

> **Merke** In jedem Dreieck ABC beträgt die **Summe der Innenwinkel** 180°:
> $\alpha + \beta + \gamma = 180°$.

Das Wissen über die Winkelsumme im Dreieck kann man dazu anwenden, die Summe der Innenwinkel im Viereck zu berechnen.

Beispiel 2

Das Viereck $ABCD$ wurde durch die Diagonale $\overline{AC}$ in zwei Dreiecke zerlegt.
In jedem Dreieck beträgt die Summe der Innenwinkel 180°.

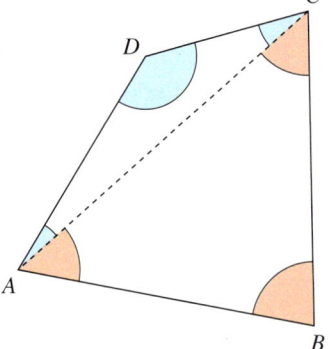

Die Summe der Innenwinkel des Vierecks ist genauso groß wie die Summe der Winkel beider Dreiecke zusammen.
Für die Summe der Innenwinkel des Vierecks gilt:
$$180° + 180° = 360°$$

Jedes Viereck kann man durch eine seiner Diagonalen in zwei Dreiecke aufteilen.
Deshalb gilt die Winkelsumme für jedes beliebige Viereck.

> **Merke** In jedem Viereck $ABCD$ beträgt die **Summe der Innenwinkel** genau 360°:
> $\alpha + \beta + \gamma + \delta = 360°$.

Üben und anwenden

1 Berechne zu den zwei gegebenen Winkeln eines Dreiecks die Größe des dritten Winkels.
Beispiel

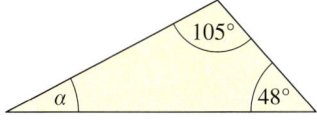

$\alpha = 180° - 48° - 105° = 27°$

a) **b)** **c)**

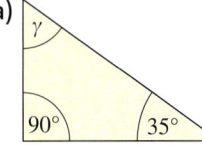 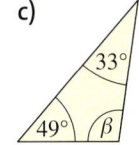

1 Berechne zu den zwei gegebenen Winkeln eines Dreiecks die Größe des dritten Winkels.
Beispiel $\alpha = 40°; \beta = 2\alpha$

$$\gamma = 180° - \alpha - 2\alpha = 180° - 3\alpha$$
$$= 180° - 3 \cdot 40° = 60°$$

a) $\alpha = 30°$ **b)** $\beta = 100°$

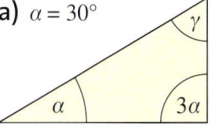 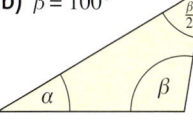

c) $\alpha = \beta$

2 Berechne die fehlenden Winkel im Dreieck *ABC*.

Winkel	a)	b)	c)	d)	e)	f)	g)	h)	i)
α	50°	45°		37°	43°	87°		73,5°	8,7°
β	70°		55°		75°		102°		28,9°
γ		90°	55°	73°		56°	27,5°	99,5°	

3 Markus hat in zwei Dreiecken jeweils zwei Winkel gemessen. Kann er richtig gemessen haben? Begründe.
a) $\alpha = 65°; \beta = 118°$ **b)** $\beta = 95°; \gamma = 88°$

3 Lara hat in einem gleichschenkligen Dreieck zwei Winkel gemessen. Kann sie richtig gemessen haben? Begründe.
a) $\alpha = 40°; \gamma = 101°$ **b)** $\alpha = 80°; \gamma = 25°$

4 Begründe jeweils:
Gibt es ein Dreieck mit …
a) drei Winkeln, jeder kleiner als 60°?
b) drei Winkeln, jeder größer als 60°?

4 Begründe: Gibt es …
a) ein Dreieck mit zwei rechten Winkeln?
b) verschiedene gleichschenklige Dreiecke mit einem rechten Winkel?

5 Begründe, dass die Innenwinkelsumme in jedem Dreieck 180° beträgt. Ergänze dazu den Lückentext.

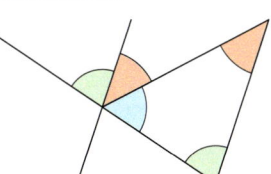

Die roten Winkel sind _____, die grünen Winkel sind _____.
Deshalb sind die beiden roten bzw. die beiden grünen Winkel _____.
An der Geradenkreuzung bilden der rote, der grüne und der blaue Winkel einen _____
_____. Deshalb beträgt die Summe der Innenwinkel im Dreieck _____.

5 Begründe, dass die Innenwinkelsumme in jedem Dreieck 180° beträgt. Verwende dazu eine der abgebildeten Zeichnungen.

①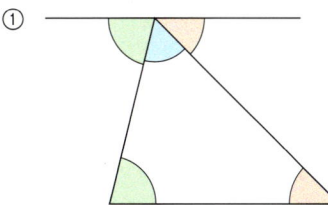

②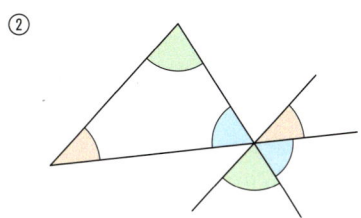

RÜCKBLICK
Berechne.
a) 20
  + 3,5683
  + 0,0534
  + 4,098
b) 10,01
  − 3,0094
  − 1,67 − 2

ZU AUFGABE 6

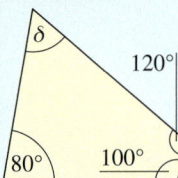

6 Berechne die fehlenden Winkel.
Beispiel $\alpha = 80°$; $\beta = 100°$; $\gamma = 120°$
$\quad\quad \delta = 360° - 80° - 100° - 120°$
$\quad\quad\quad = 60°$

a)
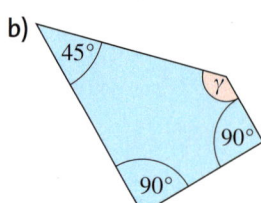

b)
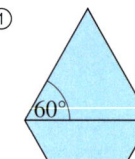 

c)

d)
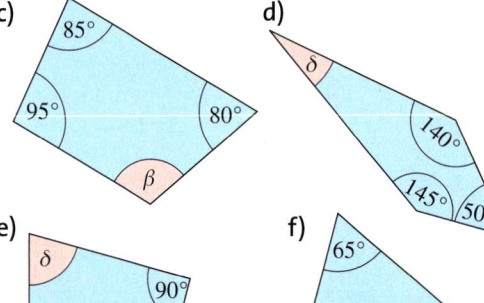

e)

f)

7 Berechne zu den drei gegebenen Winkeln eines Vierecks die Größe des vierten Winkels.
a) $\alpha = 70°$;
b) $\beta = 92°$;
c) $\alpha = 56°$;
$\quad \beta = 120°$;
$\quad \gamma = 84°$;
$\quad \gamma = 135°$;
$\quad \gamma = 100°$
$\quad \delta = 104°$
$\quad \delta = 78°$

6 Berechne zu den drei gegebenen Winkeln eines Vierecks die Größe des vierten Winkels.
Beispiel $\alpha = \beta = \gamma = 80°$
$\quad\quad \delta = 360° - 3 \cdot 80°$
$\quad\quad\quad = 120°$

a) $\alpha = 90°$;
b) $\beta = 50°$;
c) $\alpha = 34°$;
$\quad \beta = 110°$;
$\quad \gamma = 2\beta$;
$\quad \gamma = \beta$;
$\quad \gamma = \beta$
$\quad \delta = 3\beta$
$\quad \delta = 106°$

7 Berechne …
a) die fehlenden Winkel der Rauten.

① ②
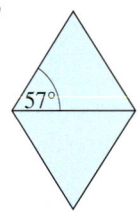

b) alle Innenwinkel des Trapezes. Beachte, das Trapez wird aus drei gleichschenkligen Dreiecken gebildet.

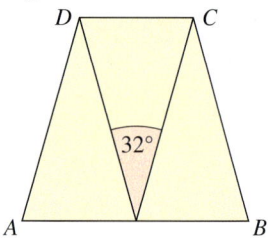

8 Berechne die fehlenden Winkel im Viereck $ABCD$.

Winkel	a)	b)	c)	d)	e)	f)	g)	h)	i)
α	110°	85°	90°		42°	87°	58,5°	73,5°	26,4°
β	70°	65°		127°		125°	102°	131,2°	
γ	120°		90°	73°	84°		67,5°		4,8°
δ		110°	74°	94°	84°	94°		48,1°	6,9°

9 Christopher hat in einem Parallelogramm jeweils zwei Winkel gemessen. Kann er richtig gemessen haben? Begründe.
a) $\alpha = 45°$; $\gamma = 145°$ b) $\beta = 64°$; $\delta = 128°$
c) $\alpha = 90°$; $\beta = 90°$

9 Michelle hat in einem Drachenviereck jeweils drei Winkel gemessen. Kann sie richtig gemessen haben? Begründe.
a) $\alpha = 40°$; $\beta = 120°$; $\gamma = 140°$
b) $\alpha = 45°$; $\beta = 132°$; $\gamma = 90°$

10 Begründe mit einem Beispiel oder einem Gegenbeispiel:
Gibt es ein Viereck mit …
a) vier stumpfen Winkeln?
b) nur drei rechten Winkeln?

10 Begründe mit einem Beispiel oder einem Gegenbeispiel: Gibt es ein Viereck mit …
a) einem Winkel größer als 180°?
b) vier gleichgroßen Winkeln, die keine rechten Winkel sind?

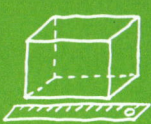

Methode: Beweisen in der Geometrie

In der Mathematik stellt man **Behauptungen** auf. Behauptungen können wahr oder falsch sein. Man kann die Behauptungen entweder mit einem **Gegenbeispiel** widerlegen oder mit einem **Beweis** ihre allgemeine Gültigkeit zeigen. Für den Beweis nutzt man bereits bekannte Aussagen, sogenannte **Voraussetzungen**.

1 Beweis des Winkelsummensatzes für Vierecke

Daniel soll zeigen, dass die Winkelsumme im Parallelogramm 360° beträgt.
Er benutzt sein Wissen über Scheitelwinkel, Nebenwinkel, Stufenwinkel und Wechselwinkel.
Ergänze seinen Beweis.

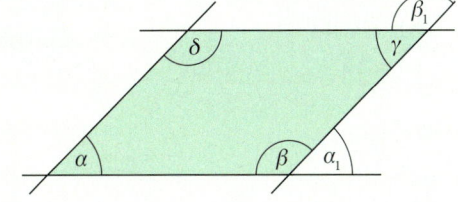

$\alpha_1 + \beta = 180°$ (⬛⬛⬛winkel)
$\alpha_1 = \alpha$ (⬛⬛⬛winkel), also gilt: $\alpha + \beta = 180°$
$\alpha_1 = \gamma$ (⬛⬛⬛winkel), also gilt: $\alpha = \gamma$
$\beta = \beta_1$ (⬛⬛⬛winkel) und $\beta_1 = \delta$ (⬛⬛⬛winkel), also gilt: $\beta = \delta$
Es gilt: $\alpha + \beta + \gamma + \delta = \alpha + \beta + \alpha + $ ⬛ $= 180° + $ ⬛ $= 360°$.

2 Beweis des Winkelsummensatzes für Dreiecke

Daniel soll eine weitere Aufgabe lösen.
Als Voraussetzung benutzt er den Winkelsummensatz für Parallelogramme. Wie kann er damit begründen, dass die Winkelsumme im Dreieck 180° beträgt?

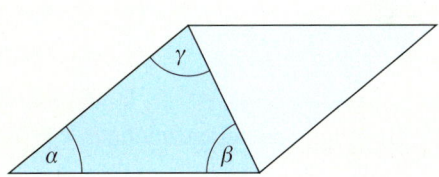

3 Winkelsumme im Sechseck

a) Zeichne ein beliebiges Sechseck.
b) Miss die Winkel und berechne die Winkelsumme. Formuliere eine Behauptung über die Winkelsumme im Sechseck: „Im Sechseck beträgt die Winkelsumme immer …"
c) Beweise deine Behauptung mithilfe des Winkelsummensatzes für Dreiecke.
d) Beweise deine Behauptung mithilfe des Winkelsummensatzes für Vierecke.
e) Findest du noch eine weitere Begründung für deine Behauptung?

4 Winkelsumme im Achteck

Carina behauptet: Jedes Achteck besteht aus acht Dreiecken und seine Winkelsumme beträgt daher $8 \cdot 180° = 1440°$.

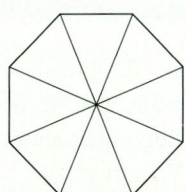

a) Überzeuge Carina durch ein Gegenbeispiel, dass sie nicht recht hat.
b) Bestimme die richtige Winkelsumme.

5 Außenwinkel im Dreieck

a) Zeichne ein Dreieck ABC und miss die Winkel α, β und γ.
b) Verlängere die Seiten des Dreiecks wie in der Abbildung.
   Miss nun auch die Außenwinkel α_1, β_1 und γ_1.
   Formuliere eine Behauptung über die Summe der Außenwinkel $\alpha_1 + \beta_1 + \gamma_1$.
   „Die Summe der Außenwinkel $\alpha_1 + \beta_1 + \gamma_1$ beträgt immer …"
c) Beweise deine Behauptung.
   Hinweis: $\alpha + \beta + \gamma + \alpha_1 + \beta_1 + \gamma_1 = 540°$; $\alpha + \beta + \gamma = 180°$.

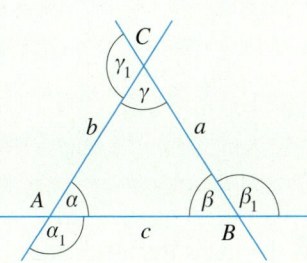

Klar so weit?

→ Seite 160

Winkel an Geradenkreuzungen

1 Betrachte die Geradenkreuzung.
a) Wie heißt der Scheitelwinkel von α?
b) Nenne die Neben-
winkel von β.
c) Berechne β, γ und δ
für $\alpha = 47°$
($\alpha = 55°$).

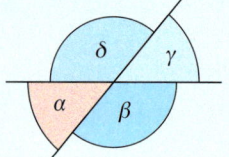

1 Begründe, weshalb die eingefärbten Winkel gleich groß sind.

a)

b)

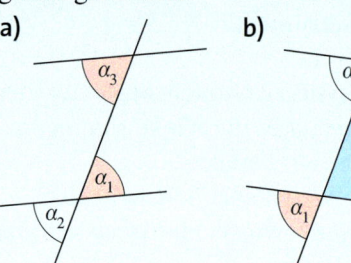

2 Rechts siehst du den Querschnitt eines Deichs.
a) Erkläre, wie die Winkel gemessen wurden.
b) Finde alle Innenwinkel heraus.
Erkläre, wie du vorgegangen bist.

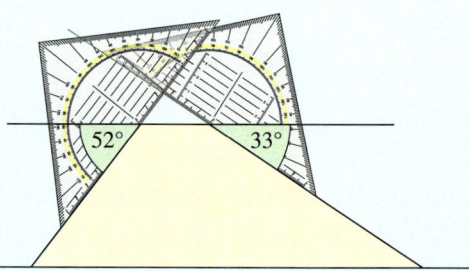

3 Bestimme alle eingezeichneten Winkelgrößen ($\alpha_1 = 23°$).

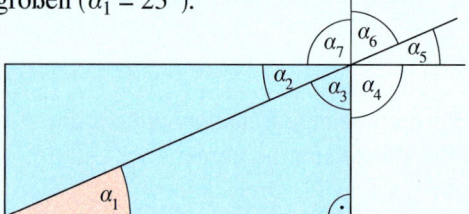

3 Bestimme alle eingezeichneten Winkelgrößen.

$\alpha_1 = 18°$
$\alpha_1 = \alpha_3$

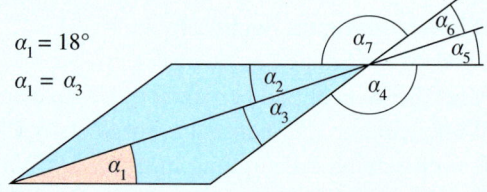

→ Seite 164

Vierecke beschreiben und zeichnen

4 Gib jeweils alle Drachenvierecke, alle Qua-
drate, alle Rechtecke und alle Trapeze an.
Begründe deine Auswahl mit dem „Haus der
Vierecke".

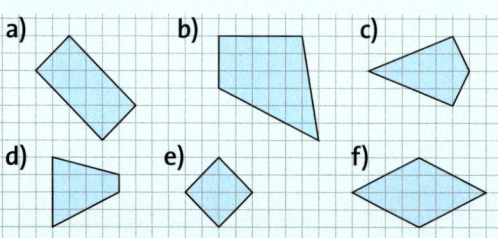

4 Trage die gegebenen Seiten eines Vierecks
mehrfach in dein Heft. Ergänze sie zu besonderen Vierecken. Welche Vierecke aus dem
„Haus der Vierecke" kannst du mit welchen
vorgegebenen Winkeln darstellen?

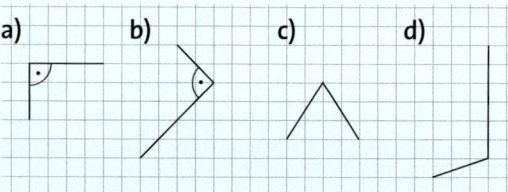

5 Ist jedes Rechteck auch ein Quadrat?
Begründe deine Antwort.

5 Ist jedes Parallelogramm eine Raute?
Begründe deine Antwort.

6 Zeichne ein Viereck mit …
a) einem rechten Winkel, das aber kein Quadrat oder Rechteck ist.
b) vier gleich langen Seiten, das aber kein Quadrat ist.
c) nur einer Symmetrieachse, das aber kein Drachen ist.
d) zwei Symmetrieachsen.
e) vier Symmetrieachsen.

7 Wahr oder falsch? Begründe.
a) Jedes Quadrat ist eine Raute.
b) Jede Raute ist ein Parallelogramm.
c) Manche Rechtecke sind Quadrate.

6 Zeichne, wenn möglich, ein Viereck mit den angegebenen Eigenschaften bzw. begründe, warum dies unmöglich ist.
a) ein Quadrat, das kein Rechteck ist
b) eine Raute, die auch ein Rechteck ist
c) ein Drachenviereck, das auch ein Trapez ist
d) ein Trapez, das auch ein Drachenviereck ist
e) ein Parallelogramm, das achsensymmetrisch ist

7 Wahr oder falsch? Begründe.
a) Es gibt Rauten, die keine Quadrate sind.
b) Jedes Parallelogramm ist ein Trapez.
c) Manche Drachenvierecke sind Trapeze.

Winkelsumme in Dreiecken und Vierecken

→ *Seite 170*

8 Berechne die fehlenden Winkel.

a)
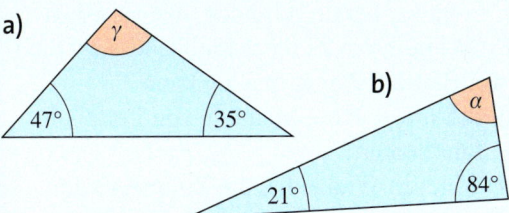
b)

c)
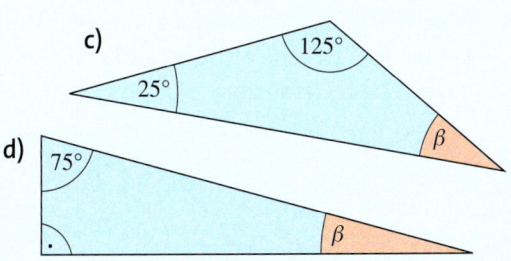

d)
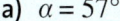
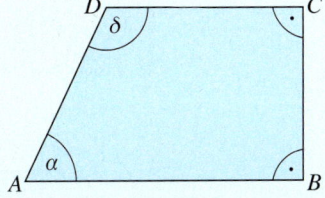

8 Berechne die fehlenden Winkel.

a) **b)**
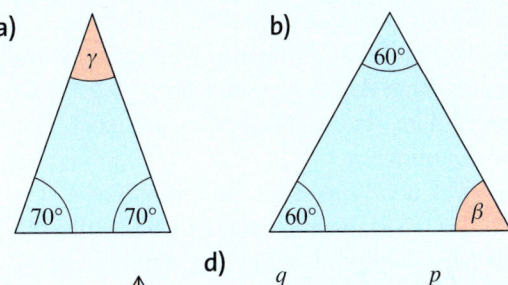

c) **d)**
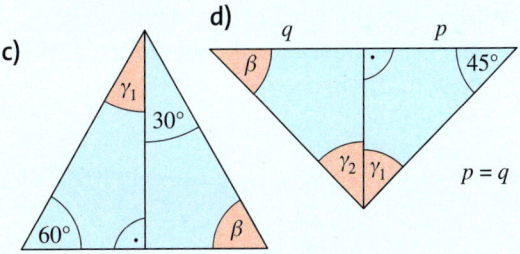

9 Berechne δ in diesem Trapez *ABCD*.
a) $\alpha = 57°$
b) $\alpha = 75°$
c) $\alpha = 62°$
d) $\alpha = 45°$

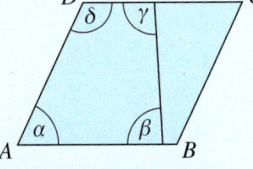

9 Es sind $\alpha = 68°$, $\beta = 74°$ und $\gamma = 106°$.
a) Berechne δ.
b) Gib die Winkelsumme im Parallelogramm *ABCD* an.

10 Berechne den fehlenden Winkel δ in einem Viereck.
a) $\alpha = 40°$; $\beta = 50°$; $\gamma = 60°$
b) $\alpha = 135°$; $\beta = 10°$; $\gamma = 120°$

10 Berechne den fehlenden Winkel δ in einem Viereck.
a) $\alpha = 63°$; $\beta = 58°$; $\gamma = 143°$
b) $\alpha = 135{,}2°$; $\beta = 44{,}8°$; $\gamma = \alpha$

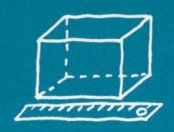

Vermischte Übungen

1 Gib die Größe der benannten Winkel an und begründe.

a)
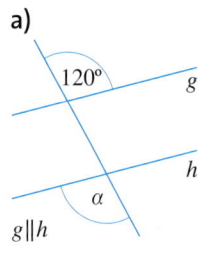
$120°$ g
α
h
$g \parallel h$

b)
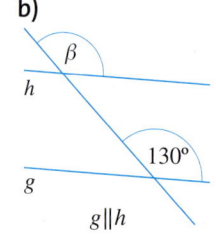
β
h
g
$130°$
$g \parallel h$

c)
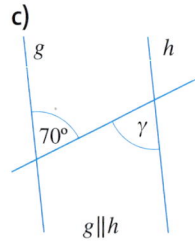
g h
$70°$ γ
$g \parallel h$

d)
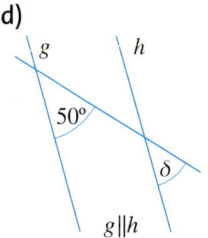
g h
$50°$
δ
$g \parallel h$

1 Betrachte das Parallelogramm.

a) Begründe, warum die rot eingezeichneten Winkel gleich groß sind. Es gibt verschiedene Möglichkeiten.

b) Finde weitere Paare gleich großer Winkel und begründe möglichst unterschiedlich.

c) Berechne die Größe aller eingezeichneten Winkel, wenn $\alpha_1 = 35°$ ist.

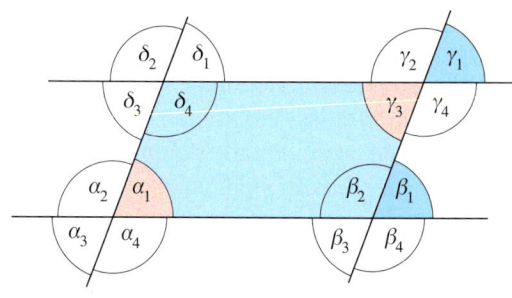

2 Suzan hat herausgefunden, wie sie die Winkel in ihrem Zimmer mit Geodreieck und einem Blatt Papier messen kann.

a) Erkläre, wie die Methode von Suzan funktioniert.

b) Welchen Winkel hat die Zimmerecke, wenn Suzan am Geodreieck 97° abliest?

c) Miss mithilfe von Suzans Methode die Winkel in unterschiedlichen Ecken, z. B. in deinem Zimmer.

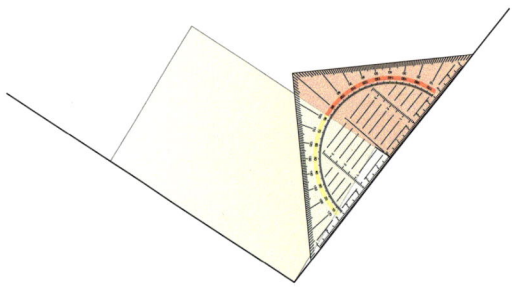

2 Lotta hat herausgefunden, wie sie einen Winkel in ihrem Zimmer mit Geodreieck und zwei Blättern Papier messen kann.

a) Erkläre, wie die Methode von Lotta funktioniert.

b) Welchen Winkel hat die Zimmerkante, wenn Lotta am Geodreieck 82° abliest?

c) Miss die Winkel unterschiedlicher Außenkanten und Ecken. Wandle Lottas Methode dazu entsprechend ab.

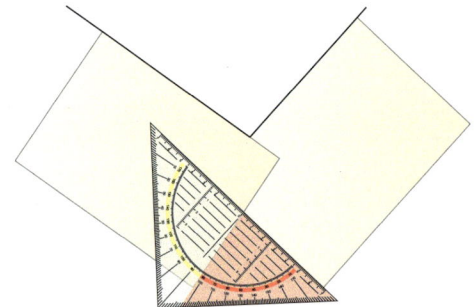

RÜCKBLICK
Sven mischt Apfelschorle aus $\frac{3}{8}$ l Apfelsaft und 0,25 l Mineralwasser. Er möchte damit fünf Gläser gleichmäßig füllen. Sollte er dafür Gläser mit einem Volumen von 0,1 l oder besser 0,2 l benutzen? Begründe mithilfe einer Rechnung.

3 Übertrage die Zeichnung in dein Heft. Benenne alle Winkel, die gleich groß sind, mit dem gleichen griechischen Buchstaben und begründe, warum die Winkel gleich groß sein müssen.
Überprüfe dein Ergebnis durch Messen.

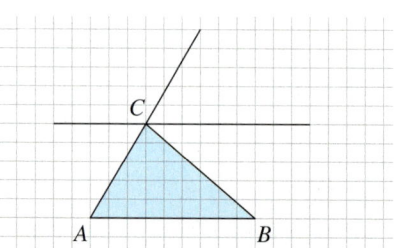
C
A B

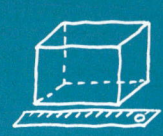

4 Gib die Größe aller Winkel an.

a)
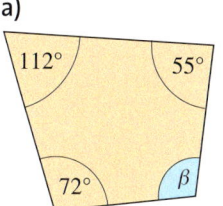

b)
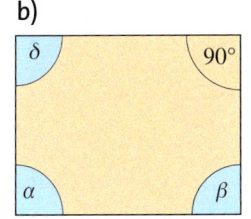

c)
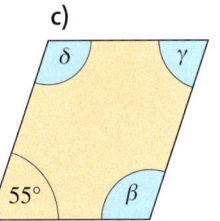

d)
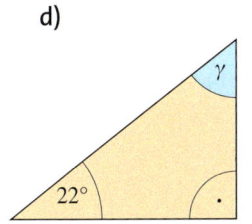

4 Gib die Größe der markierten Winkel an.

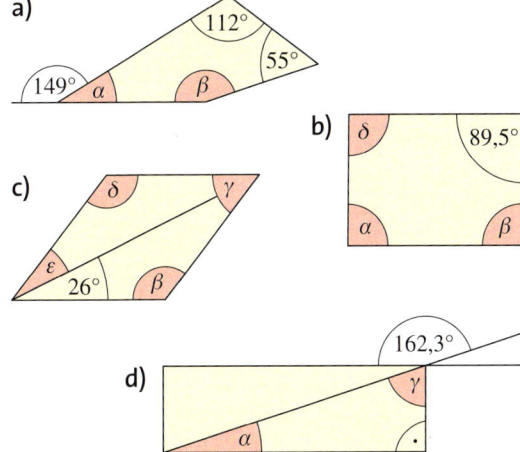

ZUM WEITERARBEITEN
Ergänze das Dreieck ABC mit A (5|0), B (5|5) und C (2,5|1) zu einem Parallelogramm, das keine Raute ist.

5 Zusammenhänge zwischen Vierecken
a) Erläutere die folgende Abbildung:

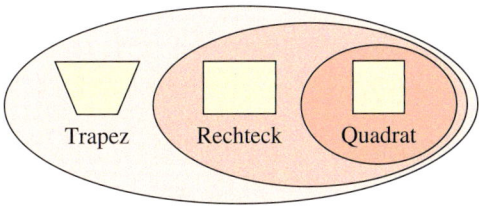

b) Zeichne eine ähnliche Abbildung wie in a) für die drei Begriffe Quadrat, Raute und Trapez.

5 Zusammenhänge zwischen Vierecken
a) Erläutere die folgende Abbildung:

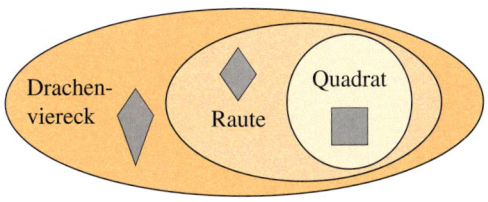

b) Zeichne eine ähnliche Abbildung wie in a) für die drei Begriffe Trapez, Rechteck und Parallelogramm.

6 Berechne jeweils den fehlenden Winkel. Gib gegebenenfalls besondere Eigenschaften der Vielecke an.

	a)	b)	c)	d)	e)
α	50°	90°		115°	34°
β		90°	23°	65°	152°
γ	80°		67°		
δ	✕	90°	✕	65°	131°

6 Berechne jeweils den fehlenden Winkel. Gib gegebenenfalls besondere Eigenschaften der Vielecke an.

	a)	b) 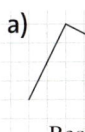	c)	d)	e)
α	45°		90°		87,5°
β			23°	65°	
γ	25,7°				99,5°
δ	✕		✕		73°

7 Übertrage die Linien in dein Heft und ergänze sie zu dem angegebenen Viereck. Markiere gleiche Winkel mit dem gleichen griechischen Buchstaben, miss oder berechne die Winkel. Zeichne die Symmetrieachsen ein.

a)

Rechteck

b)
Parallelogramm

c)
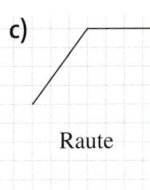

Raute

d)
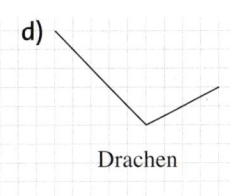

Drachen

e)
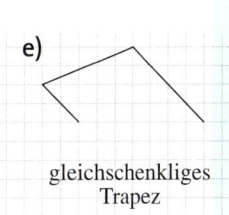

gleichschenkliges Trapez

f)
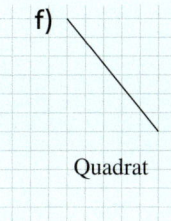

Quadrat

177

8 Rechts ist ein Teil der Fachwerkbrücke über den Rhein-Herne-Kanal in Duisburg abgebildet.
Sina und Mersin wollen die Winkel α und β an der Oberseite der Brücke berechnen.
Sie messen dazu die farbig markierten acht Winkel.

a) Welche Winkelarten findest du in der Zeichnung?
b) Welche unterschiedlichen Winkelpaare an Geradenkreuzungen findest du? Die Winkelpaare sind jeweils in der gleichen Farbe markiert.
c) Wie viele unterschiedliche Winkelgrößen messen Sina und Mersin?
d) Erkläre, wie Sina und Mersin die gesuchten Winkel bestimmen können.
Finde dafür möglichst viele verschiedene Möglichkeiten.

HINWEIS
*Jede Dreiecks-
seite steht für
eine Fachwerk-
strebe.*

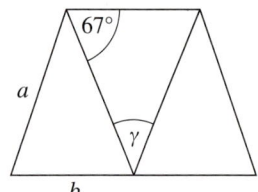

9 Eine Fachwerkbrücke besteht aus gleichschenkligen Dreiecken.
a) Berechne den Winkel γ. Begründe.
b) Gib einen Term für die Gesamtlänge der Fachwerkstreben im abgebildeten Teilstück an und berechne sie für $a = 6{,}4\,\text{m}$ und $b = 5\,\text{m}$.
c) Wie lautet der Term für die Gesamtlänge der Fachwerkstreben, wenn die Brücke aus 15 solcher dreieckigen Teilstücke besteht?

10 Abgebildet sind drei weitere Beispiele für Fachwerkbrücken.

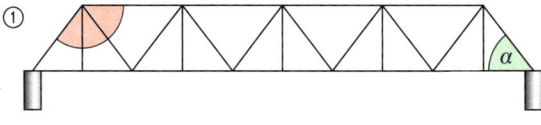

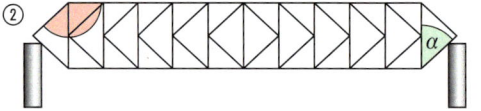

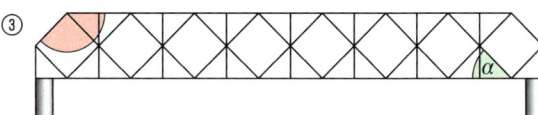

a) Berechne die rot eingezeichneten Winkel. Der Winkel α beträgt jeweils 45°.
Erkläre, wie du vorgegangen bist.
b) Finde und benenne möglichst viele verschiedene Vierecke in den drei Brückentypen.
Skizziere sie im Heft.
c) Finde eine Fachwerkbrücke in deiner Nähe, zeichne sie und benenne die darin vorkommenden Figuren.

11 Zeichne eine der drei Brückentypen aus Aufgabe 10 in dein Heft. Die Breite jeder Brücke soll 48 Meter betragen, die Höhe der Fachwerkkonstruktion 6 Meter.
Zeichne im Maßstab 1:400 (d. h. 1 cm im Heft entspricht 4 Metern in der Realität).
a) Wie lang sind alle benötigten Fachwerkstreben zusammen? Bestimme die Länge rechnerisch, entnimm fehlende Längen deiner Zeichnung.
b) Arbeitet zu zweit: Vergleicht die Gesamtlänge der Fachwerkstreben von zwei unterschiedlichen Brückentypen. Um wie viel Prozent unterscheiden sie sich?
c) Pro Meter Fachwerkstrebe werden ca. $\frac{1}{4}\,\text{l}$ Farbe benötigt. 20 Liter Metallschutzfarbe kosten 396 €. Wie viel Euro kostet ein neuer Anstrich der Fachwerkbrücke, wenn du nur die zwei Seitenteile der Brücke berücksichtigst?

Zusammenfassung

Winkel an Geradenkreuzungen

→ *Seite 160*

Gegenüberliegende Winkel bezeichnet man als Scheitelwinkel. **Scheitelwinkel** sind immer gleich groß.
Nebenwinkel sind nebeneinanderliegende Winkel, die sich zu 180° ergänzen.
An parallel geschnittenen Geraden gilt:
Stufenwinkel sind immer gleich groß.
Wechselwinkel sind immer gleich groß.

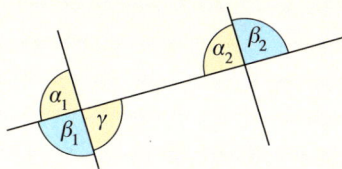

α_1 und γ sind Scheitelwinkel. α_1 und β_1 sind Nebenwinkel. α_1 und α_2 sind Stufenwinkel. β_1 und β_2 sind Wechselwinkel.

Vierecke beschreiben und zeichnen

→ *Seite 164*

Viereckart	Seiten	Winkel	Diagonalen	Symmetrie
Quadrat	alle Seiten sind gleich lang	4 rechte Winkel	gleich lang, stehen senkrecht zueinander, halbieren sich	achsensymmetrisch, punktsymmetrisch
Rechteck	2 Paare gleich langer, paralleler Seiten	4 rechte Winkel	gleich lang, halbieren sich	achsensymmetrisch, punktsymmetrisch
Raute	alle Seiten sind gleich lang	gegenüberliegende Winkel sind gleich groß	stehen senkrecht zueinander, halbieren sich	achsensymmetrisch, punktsymmetrisch
Parallelogramm	2 Paare gleich langer, paralleler Seiten	gegenüberliegende Winkel sind gleich groß, benachbarte Winkel ergänzen sich zu 180°	halbieren sich	punktsymmetrisch
Trapez	1 Paar paralleler Seiten	2 Paare benachbarter Winkel ergänzen sich zu 180°	Sonderfall „gleichschenkliges Trapez": gleich lang	Sonderfall „gleichschenkliges Trapez": achsensymmetrisch
Drachenviereck	2 Paare gleich langer benachbarter Seiten	1 Paar gegenüberliegende Winkel ist gleich groß	stehen senkrecht zueinander, eine Diagonale wird halbiert	achsensymmetrisch

Winkelsumme in Dreiecken und Vierecken

→ *Seite 170*

Die Winkelsumme im **Dreieck** beträgt **180°**, im **Viereck 360°**.
Die Winkelsumme in beliebigen Vielecken kann man bestimmen, indem man die Vielecke in Vierecke und Dreiecke zerlegt.

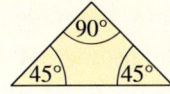
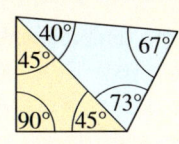

Teste dich!

2 Punkte **1** Übertrage die Zeichnung in dein Heft.
Zeichne den Scheitelwinkel von α
und einen Nebenwinkel von β ein.

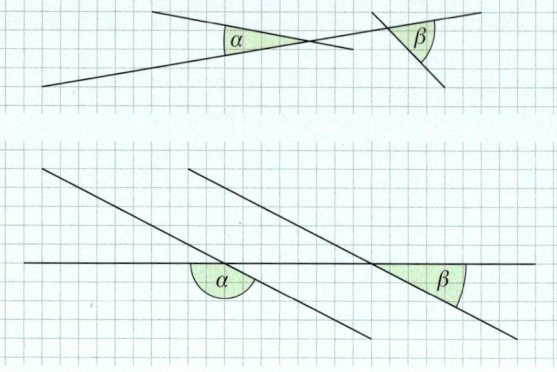

4 Punkte **2** Übertrage die Zeichnung in dein Heft.
a) Zeichne den Wechselwinkel von α und
den Stufenwinkel von β ein.
b) Begründe: α + β = 180°
c) Wie oft findest du den Winkel β in der
Zeichnung?
Begründe.

4 Punkte **3** Gib die Größe der benannten Winkel an und begründe.

a)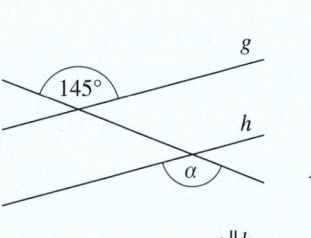
b)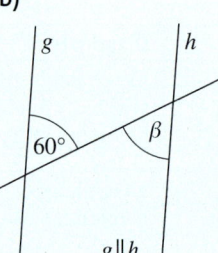
c)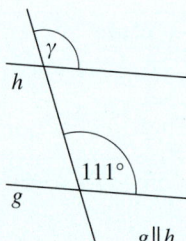
d)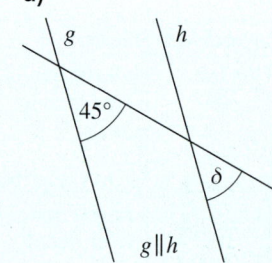

6 Punkte **4** Welches Viereck wird hier beschrieben? Manchmal gibt es mehr als eine Antwort.
a) vier rechte Winkel
b) genau 2 parallele Seiten
c) gegenüberliegende Winkel sind gleich groß
d) vier gleich lange Seiten
e) vier Symmetrieachsen
f) Diagonalen stehen senkrecht aufeinander

5 Punkte **5** Ergänze die Figuren wie angegeben.

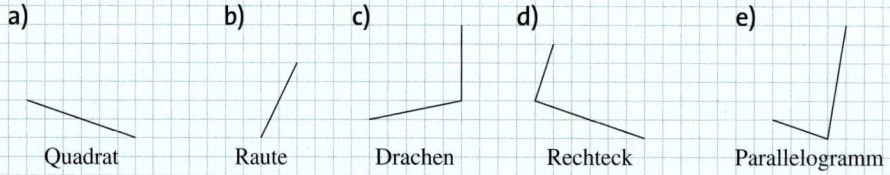

a) Quadrat   b) Raute   c) Drachen   d) Rechteck   e) Parallelogramm

3 Punkte **6** Berechne die fehlenden Winkel.

a)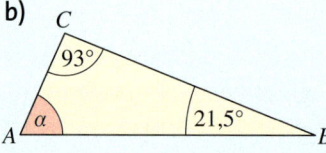
b)
c)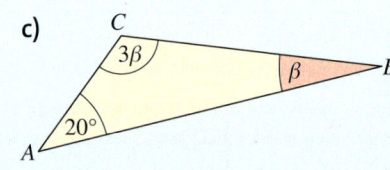

6 Punkte **7** Berechne die fehlenden Winkel im Viereck *ABCD*.
a) α = 60°; β = 100°; γ = 120°
b) β = 30°; γ = 105°; δ = 120°
c) α = 140°; γ = 99°; δ = 31°
d) α = 90°; β = 72°; δ = 90°
e) β = 39°; γ = 99°; β = δ
f) α = 70°; β = δ; α = γ

Anhang

Rationale Zahlen

Noch fit?

1 a) $2\,°C$ 　　b) $-1\,°C$
c) $-4\,°C$ 　　d) $0\,°C$

1 a) $1\,°C$ 　　b) $-3\,°C$
c) $-1\,°C$

2 a) $A: -6$ 　$B: -4$ 　$C: -1$ 　$D: 4$ 　$E: 5$
b) $A: -30$ 　$B: -25$ 　$C: -10$ 　$D: 5$ 　$E: 20$

2 a) $A: -15$ 　$B: -11$ 　$C: -10$ 　$D: -5$ 　$E: -1$ 　$F: 1$
b) $A: -1600$ 　$B: -950$ 　$C: -600$ 　$D: -300$ 　$E: -100$ 　$F: 100$

3

```
 D   A   S   W  A R R  I        C       H T I  G
 +---+---+---+---+-+-+-+---+---+---+---+---+-+-+-+---+
-6  -5  -4  -3  -2 -1  0   1       3       5  6 7  8
```

4

5 a) 1600 　　b) 1300
c) 4900 　　d) 10000

5 a) 97000 　　b) 170000
c) 46000 　　d) 10000000

6 a) Ü: $4000 + 13000 = 17000$ 　　E: 16706
b) Ü: $3600 - 1600 = 2000$ 　　E: 1959
c) Ü: $200 \cdot 400 = 80000$ 　　E: 81545
d) Ü: $1800 : 6 = 300$ 　　E: 290

6 a) Ü: $500 + 1100 = 1600$ 　　E: 1610,46
b) Ü: $21500 - 600 = 20900$ 　　E: 20897,3
c) Ü: $8 \cdot 4 = 32$ 　　E: 30,375
d) Ü: $360 : 9 = 40$ 　　E: $35,9\overline{4}$

7 a) 29; 1404 　　b) 78; 150

7 a) 500 　　b) 626 　　c) 104 　　d) 549

Klar so weit?

1 $-24; -16; -6; 6; 12; 20; 24$

1 $-2,75; -2,25; -1,25; -0,5; 0,25; 1,75; 2,5; 2,75$

2 a)

b)

2 a)

b)

3 a) $3 > 0$ 　　b) $-5 < 2$ 　　c) $-5 > -8$
d) $|5| > -4$ 　　e) $0 > -1$ 　　f) $|-6| = 6$
g) $-9 < -7$ 　　h) $9 > |-7|$ 　　i) $-11 > -12$

3 a) $3,5 > -3,51$ 　　b) $|-23| = |23|$ 　　c) $-15,2 < -7,5$
d) $0,79 < 1,1$ 　　e) $-\frac{1}{2} = -0,5$ 　　f) $0,8 > -\frac{4}{5}$
g) $|-2,31| > 2,099$ 　　h) $-64,12 < -64,1$

4 a) $A(-4,5|-0,5)$; 　$B(-1|-1,5)$; 　$C(1|-1)$; 　$D(1|1)$; 　$E(-2|2)$
b) Quadrant I: D; 　Quadrant II: C; 　Quadrant III: B, A; 　Quadrant IV: E

5 a)

+	187	−22	−99	−35	76
−67	120	−89	−166	−102	9
13	200	−9	−86	−22	89

b)

−	−19	−33	88	12	57
16	35	49	−72	4	−41
−77	−58	−44	−165	−89	−134

5 a)

+	$\frac{3}{4}$	$-\frac{1}{2}$	$-\frac{7}{8}$	2
$-\frac{1}{4}$	$\frac{1}{2}$	$-\frac{3}{4}$	$-1\frac{1}{8}$	$1\frac{3}{4}$
$-1\frac{2}{8}$	$-\frac{1}{2}$	$-1\frac{3}{4}$	$-2\frac{1}{8}$	$\frac{3}{4}$

b)

−	$-\frac{2}{5}$	−0,5	−1,2	3
$\frac{3}{4}$	$\frac{7}{20}$	$1\frac{1}{4}$	1,95	−2,25
$-\frac{1}{3}$	$-\frac{11}{15}$	$\frac{1}{6}$	$\frac{13}{15}$	$-3\frac{1}{3}$

6 a) $24 - 42 = -18$ 　　b) $-1 + 15 = 14$
c) $-2 - 3 = -5$ 　　d) $-13 - 28 = -41$
e) $-76 - 38 = -114$ 　　f) $47 + 13 = 60$

6 a) $1,25 + 1,5 = 2,75$ 　　b) $5,25 - 3,5 = 1,75$
c) $-3,5 - 1,25 = -4,75$ 　　d) $57 - 3,4 = 53,6$
e) $-8,75 + 2,3 = -6,45$ 　　f) $42,125 - 32,25 = 9,875$

7 a) 72 　　b) −84
c) 15 　　d) −238
e) −135 　　f) −135
g) −121 　　h) −176
i) 117

7 a) Ü: $200 \cdot (-20) = -4000$ 　　E: −3895
b) Ü: $-100 \cdot (-20) = 2000$ 　　E: 2058
c) Ü: $20 \cdot (-500) = -10000$ 　　E: −9144
d) Ü: $-200 \cdot 10 = -2000$ 　　E: −2079
e) Ü $1000 \cdot 2000 = 2000000$ 　　E: 2089500
f) Ü: $-50 \cdot 50 = -2500$ 　　E: −2548

8 a)

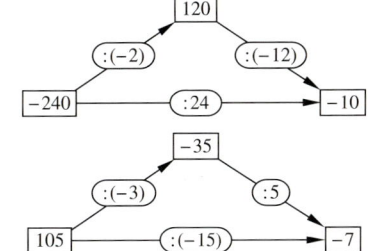

b)

8 a)

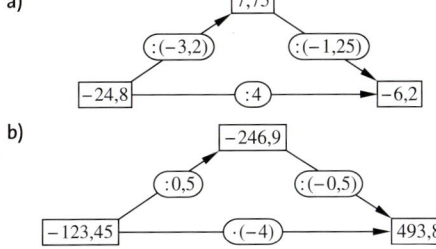

b)

9 a) Punkt-vor-Strich-Rechnung nicht beachtet   E: −100
b) Punkt-vor-Strich-Rechnung nicht beachtet   E: 65
c) Doppeltes Minuszeichen −(−21)   E: 13
d) u. a. Punkt-vor-Strich-Rechnung nicht beachtet   E: −9
e) Punkt-vor-Strich-Rechnung nicht beachtet   E: 1

9 a) Klammern müssen zuerst berechnet werden   E: −39
b) Punkt-vor-Strich-Rechnung nicht beachtet   E: 9
c) Punkt-vor-Strich-Rechnung nicht beachtet   E: 23
d) Punkt-vor-Strich-Rechnung nicht beachtet   E: 90
e) falsche Betragsbildung   E: 1

10 a) $(-15 + (-45)) : 12 = -5$
b) $(-3,5 - (-1,5)) \cdot 0,5 = -1$
c) $(12 \cdot (-8)) - (12 + (-8)) = -100$

10 a) $(6 + (-3,5)) \cdot \left(-\frac{1}{2} - 1\frac{1}{2}\right) = -5$
b) $(-306 : 17) : \left(27 \cdot \left(-\frac{2}{3}\right)\right) = 1$
c) $5 \cdot (-17) + 3 \cdot (-34 + (-47)) = -328$

11 a) 10   b) −51
c) 8   d) 100

11 a) 156   b) 9
c) 20   d) −30

Seite 36

Teste dich!

1 a) −3,75;   −2,5;   −1,25;   0,25;   0,75
b)

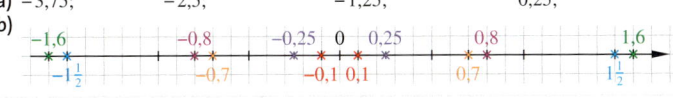

2

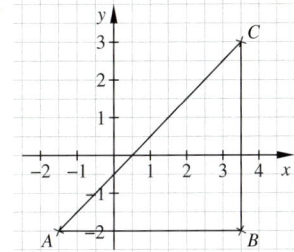

Es entsteht ein rechtwinkliges Dreieck.

3 a)

alte Temperatur	Temperatur-änderung	neue Temperatur
4 °C	6 Grad kälter	**−2 °C**
−3 °C	9 Grad wärmer	6 °C
−6 °C	**5 Grad kälter**	−11 °C
6 °C	8 Grad kälter	−2 °C

b)

Kontostand alt	Kontostand neu	Bewegung
−17 €	+36 €	**53 €**
−156 €	**−117 €**	39 €
23 €	−44 €	−67 €
−73 €	−18 €	55 €

4 a) −59   b) −104   c) −120   d) 33   e) −5   f) 3   g) $-\frac{1}{4}$ h) $-1\frac{5}{8}$

5 a) −16   b) richtig   c) 8   d) −763   e) 44   f) richtig

6 a) <   b) >   c) <   d) <   e) <   f) >

7 a) $1\,208\,m + |-423|\,m = 1\,631\,m$ Der Höhenunterschied beträgt 1 631 m.
b) $-423\,m - 381\,m = -804\,m$ Die tiefste Stelle liegt 804 m unter Normalnull.

8 a) individuell, z. B.: $\frac{1}{5}$; 2,5   b) individuell, z. B.: −5; −23   c) individuell, z. B.: −4; 4

183

Zuordnungen

Noch fit?

1 **a)** 10; 12; 14; 16; 18; 20 **b)** 35; 42; 49; 56; 63; 70
c) 19; 23; 27; 31; 35; 39 **d)** 81; 75; 69; 63; 57; 51

2 **a)** individuell, z. B.: 0 Bücher haben eine Höhe von 0 cm.
1 Buch hat eine Höhe von 1,2 cm. Entsprechend sind
10 Bücher 12 cm hoch und 20 Bücher 24 cm hoch.

b) individuell, z. B.: nach der Geburt schläft ein Baby 18 h pro
Tag. Wenn es einen Monat alt ist, schläft es nur noch 17 h.
Im Alter von 3 Monaten schläft es 15 h und im Alter von
6 Monaten 12 Stunden.

3 **a)** Drei Stücke kosten 3,60 €.
b) Vier Schüler bezahlen 18 €.
c) 60 €
d) Der Inhalt wiegt 395 g.

4 **a)** $A(4|9)$; $B(9|3)$
b)

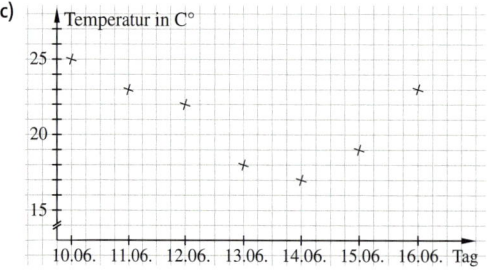

1 **a)** 8; 16; **24**; 32; 40; **48**; 56; **64**; **72**; **80**; **88**; **96**; **104**
b) **81**; 74; 67; 60; **53**; 46; **39**; **32**; **25**; **18**; **11**; **4**

2 1 kg kostet 1,50 €; 2 kg kosten 3 €; 3 kg kosten 4,50 €; 4 kg
kosten 6 € und 5 kg kosten 7,50 €

3 **a)** Er ist 60 Minuten unterwegs.
b) Sie pflanzen 20 Sträucher.
c) 12 Fotos kosten 4,78 €.

Klar so weit?

1 **a)** Das Datum ist der Temperatur in °C zugeordnet.
b)

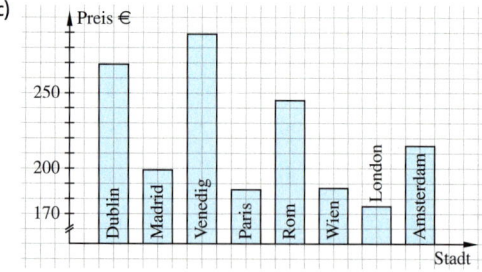

c)

1 **a)** Jeder Stadt ist ein Preis in € zugeordnet.
b)

Stadt	Preis
Dublin	269 €
Madrid	199 €
Venedig	289 €
Paris	186 €
Rom	245 €
Wien	187 €
London	175 €
Amsterdam	215 €

c)

2 a) Jedem Tag ist eine Körpertemperatur zugeordnet.

b)
Mo: 36,5 °C   Di: 36,5 °C
Mi: 36,5 °C   Do: 40,75 °C
Fr: 39,75 °C   Sa: 39,25 °C
So: 37,75 °C

c)

Tag	Körpertemperatur in °C
Mo	36,5
Di	36,5
Mi	36,5
Do	40,75
Fr	39,75
Sa	39,25
So	37,75

d) An den Tagen Do bis So.

3 Ja, da die Wertepaare quotientengleich sind.

4

Füllmenge (in l)	1	5	10	20	30
Preis (in €)	2,5	**12,5**	**25**	**50**	**75**

5 a) 1,25 €;   5 €
b) 4 kg;   7 kg
c)

Gewicht in kg	0	1	2	2,5	4	5	6	7	8	9
Preis in €	0	0,5	1	1,25	2	2,5	3	3,5	4	4,5

6 Die Zuordnung ist nicht antiproportional, da die Wertepaare nicht produktgleich sind.
Größen individuell, z. B.: x = Tage und y = Futtervorrat

7

x	1	2	3	4	5
y	1200	**600**	**400**	**300**	**240**

8 104 Liter

9

Mitglieder	4	7	9	15
Gewinn pro Mitglied (€)	**4536**	**2592**	**2016**	**1209,60**

10 Es sind 25 Bände erforderlich.

2 a) Wenn die Vase mit Wasser gefüllt wird, steigt die Füllhöhe bis zur Hälfte der Vase erst immer schneller und danach immer langsamer an.
b) Keiner der Graphen passt zur angegebenen Vase.

3 Ja, da die Wertepaare quotientengleich sind.

4

Füllmenge (in l)	1	5	10	20	30
Preis (in €)	1,32	**6,60**	13,20	**26,40**	**39,60**

5 a) z. B.: Die Zuordnung ist proportional, weil der Graph eine Ursprungsgerade ist.
b) Das Flugzeug legt in 6 Stunden 4800 km zurück.
Das Flugzeug legt in 3,5 Stunden 2800 km zurück.
c) 2000 km dauern 2,5 Stunden. 7200 km dauern 9 Stunden.

6

x	1	2	3	4	5
y	60	30	20	15	12

Größen individuell, z. B.: x = Tage und y = Futtervorrat

7

x	1	2	3	4	5
y	$\frac{1}{2}$	$\frac{1}{4}$	$\frac{1}{6}$	$\frac{1}{8}$	$\frac{1}{10}$

8 714 € (1176 €)

10 Ein Flugzeug benötigt 51 Stunden und 44 Minuten.

Teste dich!

Seite 60

1 a) 1 kg Kaffee kostet 9,20 €, 4 kg Kaffee kosten 36,80 €.
b) 6 Arbeiter teeren eine Straße in 5 Stunden, 12 Arbeiter benötigen dafür 2,5 Stunden.

2 a) Die Zeit in h wird der Fläche in m² zugeordnet.
b)

Zeit (h)	1	2	3	4	5
Fläche (m²)	500	**1000**	**1500**	**2000**	**2500**

c) Die Zuordnung ist proportional, weil die Wertepaare quotientengleich sind.

3 a)

x	1	2	3	4	5
y	1,40	**2,80**	**4,20**	**5,60**	**7,00**

b)

x	1	2	3	5	7
y	$2\frac{1}{4}$	$4\frac{1}{4}$	$6\frac{3}{4}$	$11\frac{1}{4}$	$15\frac{3}{4}$

4 Nur die erste grafische Darstellung ist proportional, da der Graph durch den Koordinatenursprung verläuft und gleichmäßig ansteigt.

5 Das Auto von Familie Bohm verbraucht 7,5 l Benzin auf 100 km. Das Auto von Familie Berger verbraucht 8,75 l Benzin auf 100 km.

6 Sie können täglich 15 € ausgeben.

7 a)

Anzahl der Personen	1	2	4	5	8	10	25
Gummibärchen in g	2500	**1250**	**625**	**500**	**312,5**	**250**	**100**

b) Diese Zuordnung ist antiproportional, weil die Wertepaare der Tabelle produktgleich sind.

Dreiecke

Noch fit?

1 a) 90°   b) spitzen   c) stumpfer   d) 180°   e) gestreckter

2 a) $\alpha = 36°$, $\beta = 135°$, $\gamma = 164°$
b) spitzer Winkel, stumpfer Winkel, stumpfer Winkel

2 a) individuell
b) $\alpha = 36°$ (spitz); $\beta = 135°$ (stumpf); $\gamma = 164°$ (stumpf)
$\delta = 90°$ (rechter Winkel); $\varepsilon = 17°$ (spitz)

3 a) rechter Winkel

b) spitzer Winkel

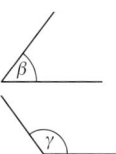

c) stumpfer Winkel

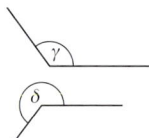

d) überstumpfer Winkel

3 individuell
a) $\alpha < 90°$
b) $\beta = 90°$
c) $90° < \gamma < 180°$
d) $\delta > 180°$

4 a) alle Winkel sind spitze Winkel
b) γ ist ein stumpfer Winkel, die anderen sind spitze Winkel

4 a) α und β sind spitze Winkel, γ ist ein stumpfer Winkel

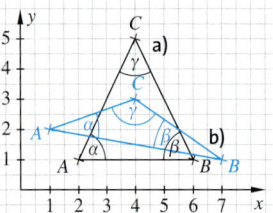

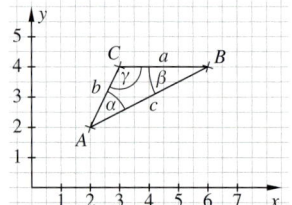

b) individuell

5 a) $\alpha = 27°$ b) $\alpha = 108°$
c) $\alpha = 147°$

5 a) $\alpha = 110°$ b) $\beta = 28°$
c) $\gamma_1 = 150°$; $\gamma_2 = 180°$ d) $\delta = 170°$

Klar so weit?

1

	①	②	③	④
spitzwinklig			✓	✓
rechtwinklig		✓		
stumpfwinklig	✓			
gleichschenklig			✓	✓
gleichseitig			✓	
unregelmäßig	✓	✓		

2 a)

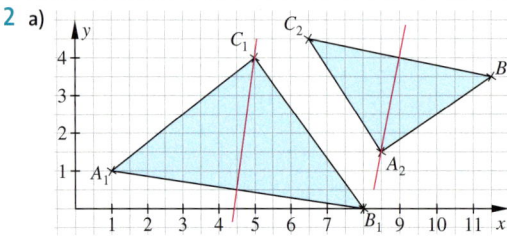

b) Schenkel sind $\overline{A_1C_1}$ und $\overline{B_1C_1}$, $\overline{A_1B_1}$ ist Basis.
Schenkel sind $\overline{A_2B_2}$ und $\overline{A_2C_2}$, $\overline{B_2C_2}$ ist Basis.

2 a) gleichschenklig
b) allgemeines Dreieck
c) gleichseitiges Dreieck

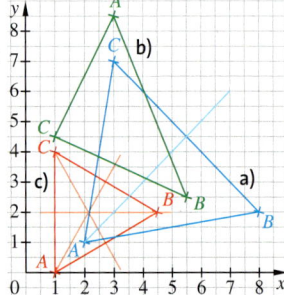

3 ① es entstehen zwei gleichschenklige rechtwinklige Dreiecke
② es entstehen zwei nichtgleichschenklige rechtwinklige Dreiecke

3 a) Trapez: es entsteht in beiden Fällen ein stumpf- und ein spitzwinkliges Dreieck
b) Drachenviereck: Im 1. Fall entstehen zwei kongruente stumpfwinklige Dreiecke. Im zweiten Fall entsteht ein gleichschenkliges, spitzwinkliges Dreieck und ein gleichschenkliges rechtwinkliges Dreieck

Fortsetzung S. 187

c) Raute: Es entstehen jeweils zwei zueinander kongruente, gleichschenklige Dreiecke. In einem Fall sind sie spitzwinklig, im anderen sind sie stumpfwinklig.
d) Parallelogramm: Es entstehen jeweils zwei zueinander kongruente, unregelmäßige Dreiecke. In einem Fall sind sie rechtwinklig, im anderen sind sie stumpfwinklig.

4 a) Abbildung verkleinert
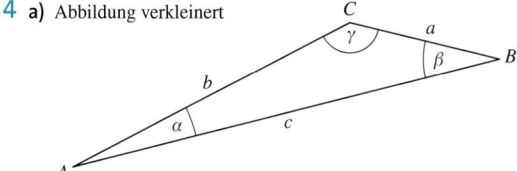

4 a) Abbildung verkleinert
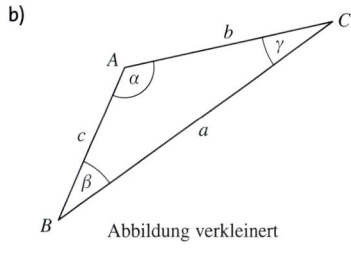

b) Abbildung verkleinert
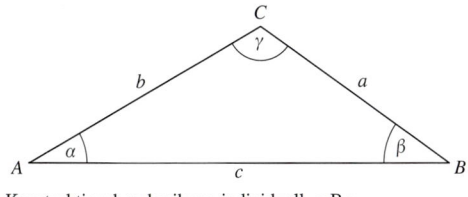

b)
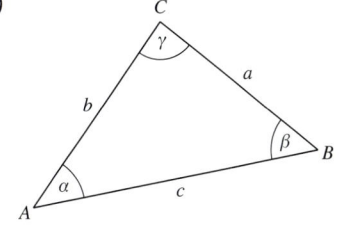
Abbildung verkleinert

5 a)

Konstruktionsbeschreibung individuell, z. B.:
Zeichne $\overline{AB} = c = 4{,}4$ cm.
Zeichne in A den Winkel $\alpha = 60°$ an.
Verlängere diesen Schenkel auf $b = 3{,}8$ cm.
Benenne den Punkt mit C und verbinde A mit C.

5 a)
Konstruktionsbeschreibung individuell, z. B.:
Zeichne $\overline{BC} = 33$ mm $= 3{,}3$ cm.
Zeichne in C den Winkel $\gamma = 87°$ an.
Verlängere diesen Schenkel auf $b = 3{,}6$ cm.
Benenne den Punkt mit A und verbinde A mit B.

b)
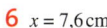
Konstruktionsbeschreibung individuell, z. B.:
Zeichne $\overline{AB} = c = 6{,}4$ cm.
Zeichne in B den Winkel $\beta = 35°$ an.
Verlängere diesen Schenkel auf $a = 3{,}5$ cm.
Benenne den Punkt mit C und verbinde C mit A.

b)
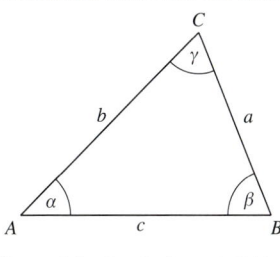
Konstruktionsbeschreibung individuell, z. B.:
Zeichne $\overline{AB} = c = 5{,}4$ cm.
Zeichne in A den Winkel $\alpha = 45°$ an.
Verlängere diesen Schenkel auf $b = 5{,}4$ cm.
Benenne den Punkt mit C und verbinde C mit B.

6 $\gamma = 49°$

6 $x = 7{,}6$ cm

7 a) nicht eindeutig konstruierbar, da die Seitenlängen unterschiedlich sein können
b) eindeutig konstruierbar
c) nicht konstruierbar; Die Innenwinkelsumme im Dreieck beträgt immer 180°. Mit den gegebenen Winkel kann daher kein Dreieck konstruiert werden.

8 Konstruktionsbeschreibung für a), b) und c)
Zeichne $\overline{AB} = c$.
Zeichne mit dem Zirkel um A einen Kreis mit dem Radius von
b und um B einen Kreis mit dem Radius von a.
Der Schnittpunkt der Kreise ist C.
Verbinde C mit A und mit B.

a)
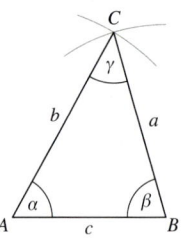

b)
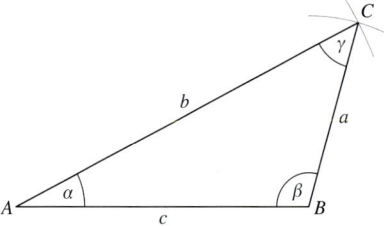

c)
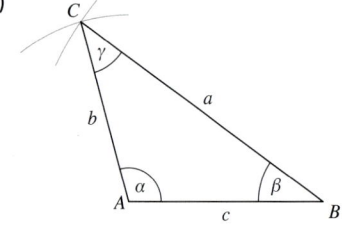

8 Konstruktionsbeschreibung für a), b) und c)
Zeichne $\overline{AB} = c$.
Zeichne mit dem Zirkel um A einen Kreis mit dem Radius von
b und um B einen Kreis mit dem Radius von a.
Der Schnittpunkt der Kreise ist C.
Verbinde C mit A und mit B.

a)
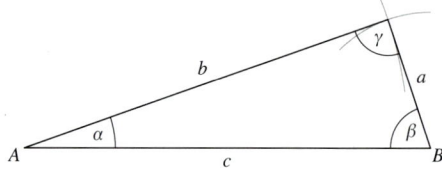

b)
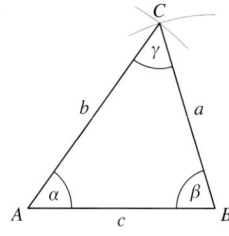

c)
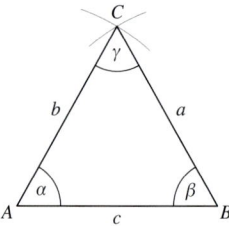

9 a)
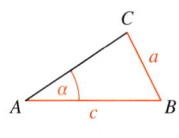

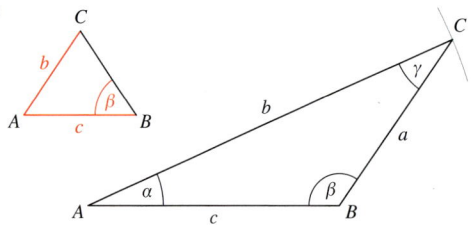

b)

9 a)
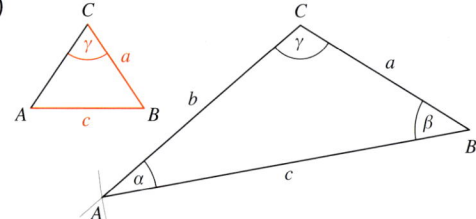

b)
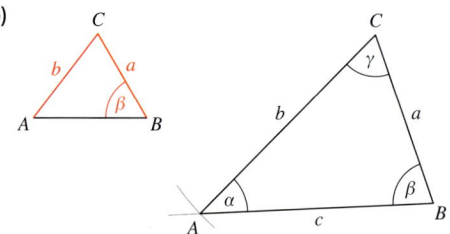

188

c) Raute: Es entstehen jeweils zwei zueinander kongruente, gleichschenklige Dreiecke. In einem Fall sind sie spitzwinklig, im anderen sind sie stumpfwinklig.

d) Parallelogramm: Es entstehen jeweils zwei zueinander kongruente, unregelmäßige Dreiecke. In einem Fall sind sie rechtwinklig, im anderen sind sie stumpfwinklig.

4 a) Abbildung verkleinert

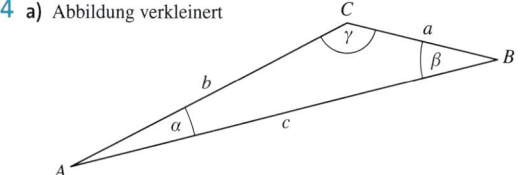

4 a) Abbildung verkleinert

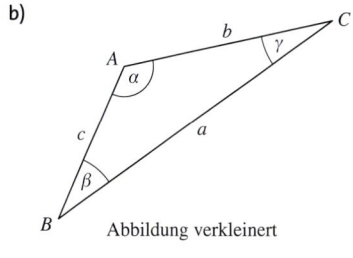

b) Abbildung verkleinert

b)

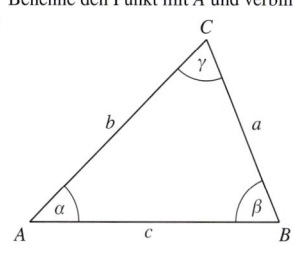

Abbildung verkleinert

5 a)

Konstruktionsbeschreibung individuell, z. B.:
Zeichne $\overline{AB} = c = 4{,}4$ cm.
Zeichne in A den Winkel $\alpha = 60°$ an.
Verlängere diesen Schenkel auf $b = 3{,}8$ cm.
Benenne den Punkt mit C und verbinde A mit C.

b)

Konstruktionsbeschreibung individuell, z. B.:
Zeichne $\overline{AB} = c = 6{,}4$ cm.
Zeichne in B den Winkel $\beta = 35°$ an.
Verlängere diesen Schenkel auf $a = 3{,}5$ cm.
Benenne den Punkt mit C und verbinde C mit A.

5 a)

Konstruktionsbeschreibung individuell, z. B.:
Zeichne $\overline{BC} = 33$ mm $= 3{,}3$ cm.
Zeichne in C den Winkel $\gamma = 87°$ an.
Verlängere diesen Schenkel auf $b = 3{,}6$ cm.
Benenne den Punkt mit A und verbinde A mit B.

b)

Konstruktionsbeschreibung individuell, z. B.:
Zeichne $\overline{AB} = c = 5{,}4$ cm.
Zeichne in A den Winkel $\alpha = 45°$ an.
Verlängere diesen Schenkel auf $b = 5{,}4$ cm.
Benenne den Punkt mit C und verbinde C mit B.

6 $\gamma = 49°$

6 $x = 7{,}6$ cm

7 a) nicht eindeutig konstruierbar, da die Seitenlängen unterschiedlich sein können
b) eindeutig konstruierbar
c) nicht konstruierbar; Die Innenwinkelsumme im Dreieck beträgt immer 180°. Mit den gegebenen Winkel kann daher kein Dreieck konstruiert werden.

8 Konstruktionsbeschreibung für a), b) und c)
Zeichne $\overline{AB} = c$.
Zeichne mit dem Zirkel um A einen Kreis mit dem Radius von b und um B einen Kreis mit dem Radius von a.
Der Schnittpunkt der Kreise ist C.
Verbinde C mit A und mit B.

a)
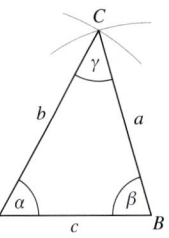

b)
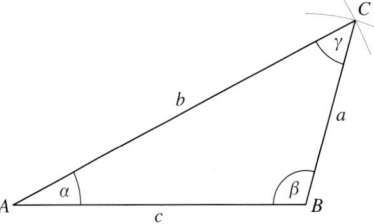

c)
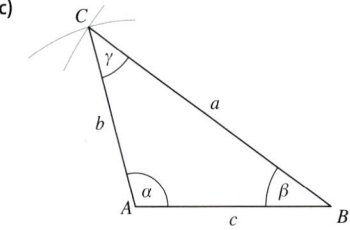

9 a)
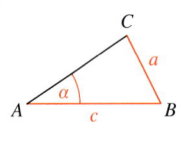
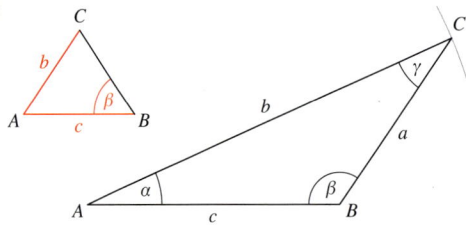

b)

8 Konstruktionsbeschreibung für a), b) und c)
Zeichne $\overline{AB} = c$.
Zeichne mit dem Zirkel um A einen Kreis mit dem Radius von b und um B einen Kreis mit dem Radius von a.
Der Schnittpunkt der Kreise ist C.
Verbinde C mit A und mit B.

a)
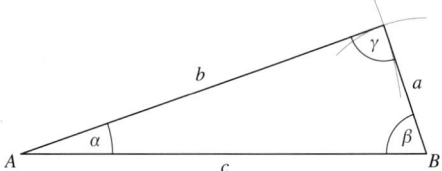

b)
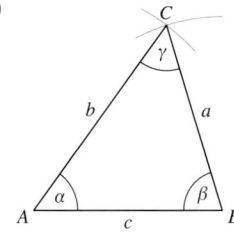

c)
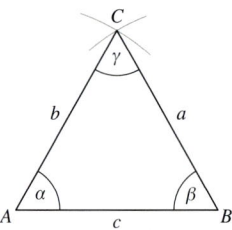

9 a)
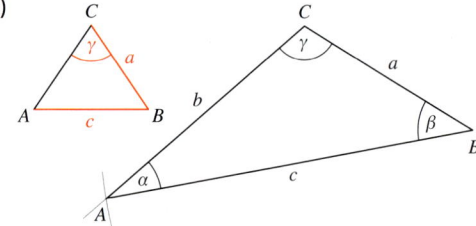

b)
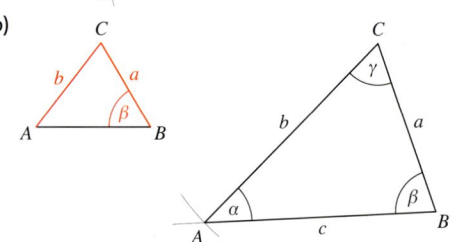

10 a) konstruierbar

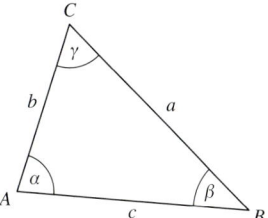

10

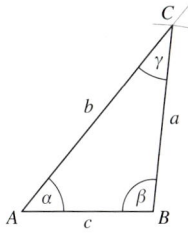 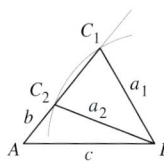

a) individuell
b) Für $a < 3\,\text{cm}$ ist das Dreieck nicht konstruierbar.

b) nicht konstruierbar ($a + c < b$)
c) nicht konstruierbar (der gegebene Winkel liegt nicht der längsten Seite im Dreieck gegenüber)
d) konstruierbar

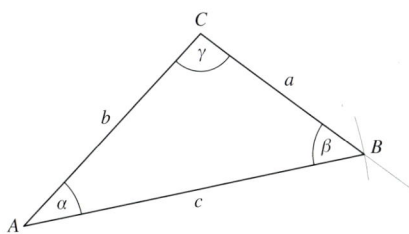

11 siehe Aufgabenstellung

11 siehe Aufgabenstellung

Teste dich!

Seite 84

1 a)

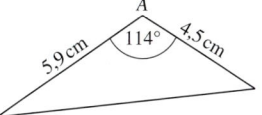

b)

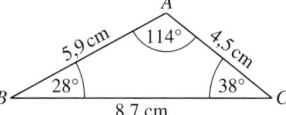

c) $b = 8,7$; $\beta = 28°$, $\gamma = 38°$

2 a) Alle Dreiecke sind gleichschenklig
b) ① spitzwinklig ② + ③ rechtwinklig
c)

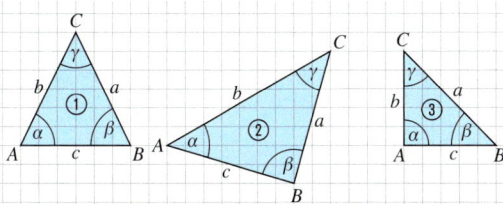

3 a) wahr (jeder Winkel beträgt 60°)　　**b)** falsch　　**c)** falsch　　**d)** wahr

4 a)

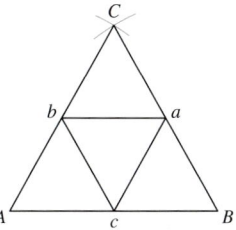

b) Alle entstandenen Dreiecke sind gleichseitig.

5 a)

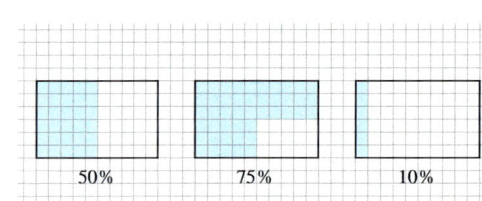

a) Konstruktionssatz SWS
b) Konstruktionssatz WSW
c) Konstruktionssatz SSS

6 a) Der gegebene Winkel liegt nicht der längsten Seite im Dreieck gegenüber.
   b) Es muss mindestens eine Seitenlänge gegeben sein, um ein Dreieck eindeutig konstruieren zu können.
   c) $b + c < a$

7 Die Messstäbe sind 28 m voneinander entfernt.

Prozentrechnung

Seite 86

Noch fit?

1 a) rot: $\frac{1}{4}$ blau: $\frac{3}{4}$ b) rot: $\frac{3}{4}$ blau: $\frac{1}{4}$ c) rot: $\frac{1}{10}$ blau: $\frac{9}{10}$ d) rot: $\frac{1}{5}$ blau: $\frac{4}{5}$ e) rot: $\frac{1}{2}$ blau: $\frac{1}{2}$ f) rot: 1 blau: 0

2

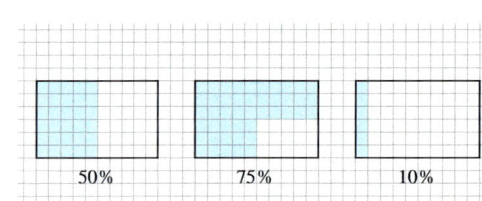

50%   75%   10%

2

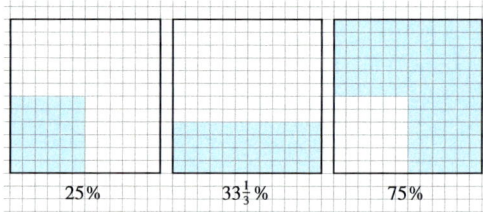

25% $33\frac{1}{3}$%   75%

3 a) 0,7   b) 0,87   c) 0,8   d) 0,35
   e) 0,75   f) 0,56   g) 0,14   h) 0,077

3 a) 0,6   b) 0,02   c) 0,25   d) 0,048
   e) 2,45   f) 0,625   g) 3,888   h) 0,18

4 a) 1,2   b) 7,25   c) 1,875   d) 3,5
   e) $10,\overline{3}$ f) 2,5   g) $11,\overline{2}$ h) $3,8\overline{1}$
   i) $0,\overline{6}$

4 a) 2,25   b) $2,\overline{2}$ c) $7,\overline{428571}$ d) 24,6
   e) $1,4\overline{5}$ f) 0,9375   g) $0,08\overline{3}$ h) $0,1\overline{8}$
   i) 0,025

5 a) 120   b) 13   c) 180   d) 45

5 a) 232,5   b) 60   c) $24,\overline{16}$ d) 123,75

6 $\frac{25}{75} = \frac{1}{3} = \frac{30}{90}$
Absolut betrachtet hat B mehr getroffen, aber die Anteile sind identisch.

7 $0,75 = 75\% = \frac{75}{100} = \frac{750}{1000} = \frac{3}{4} = \frac{6}{8}$ $0,4 = \frac{2}{5} = \frac{4}{10} = 40\% = \frac{40}{100} = 0,400$

$\frac{34}{100} = 0,340 = \frac{17}{50} = 0,34$ $0,04 = \frac{40}{1000} = 4\% = \frac{1}{25} = \frac{4}{100} = 0,040$

Seite 104/105

Klar so weit?

1 ① $\frac{1}{2} = 50\%$ ② $\frac{2}{6} = 33,\overline{3}\%$ ③ $\frac{1}{4} = 25\%$

   ④ $\frac{1}{8} = 12,5\%$ ⑤ $\frac{3}{10} = 30\%$ ⑥ $\frac{5}{8} = 62,5\%$

1 ① $\frac{3}{10} = 30\%$ ② $\frac{3}{9} = 33,\overline{3}\%$ ③ $\frac{3}{12} = 25\%$ ④ $\frac{4}{16} = 25\%$

   ⑤ $\frac{3}{9} = 33,\overline{3}\%$ ⑥ $\frac{4}{9} = 44,\overline{4}\%$ ⑦ $\frac{4}{9} = 44,\overline{4}\%$

2 a) $\frac{7}{10} = 0,7 = 70\%$ $\frac{7}{25} = 0,28 = 28\%$

   $\frac{4}{80} = 0,05 = 5\%$ $\frac{1}{8} = 0,125 = 12,5\%$

   $\frac{5}{25} = 0,20 = 20\%$

   b) $\frac{9}{25} = 0,36 = 36\%$ $\frac{16}{40} = 0,4 = 40\%$

   $\frac{68}{102} = 0,\overline{6} = 66,\overline{6}\%$ $\frac{94}{141} = 0,\overline{6} = 66,\overline{6}\%$

   $\frac{59}{177} = 0,\overline{3} = 33,\overline{3}\%$

2 a) $\frac{18}{60} = 0,3 = 60\%$ $\frac{36}{80} = 0,45 = 45\%$

   $\frac{11}{20} = 0,55 = 55\%$ $\frac{72}{90} = 0,8 = 80\%$

   $\frac{10}{40} = 0,25 = 25\%$

   b) $\frac{1}{3} = 0,333 = 33,3\%$ $\frac{5}{7} = 0,714 \approx 71,4\%$

   $\frac{5}{9} = 0,556 = 55,6\%$ $\frac{4}{24} = 0,167 = 16,7\%$

   $\frac{0}{2} = 0 = 0\%$

190

3 Alina: $\frac{3}{20} = 0,15 = 15\%$

Jasmin: $\frac{4}{25} = 0,16 = 16\%$

Jasmin hat 16 % der Elfmeter gehalten und ist damit besser als Alina.

3 Frau Schilling: 68 % von 50 Fragen, das sind 34
Frau Penny hat nur 33mal richtig geantwortet. Also ist Frau Schilling besser.

4 a)

2 kg	20 kg	90 kg	100 kg	150 kg
von 500 kg				
0,4 %	4 %	18 %	20 %	30 %

b)

10 m von				
20 m	40 m	200 m	500 m	1 km
50 %	25 %	5 %	2 %	1 %

4 a)

1 l	21 l	51 l	101 l	200 l
von 200 l				
0,5 %	10,5 %	25,5 %	50,5 %	100 %

b)

1,50 € von				
15 €	30 €	75 €	150 €	225 €
10 %	5 %	2 %	1 %	0,$\overline{6}$ %

5 15 %

5 70 %

6 a) 52 %   Ü: 13 m von 26 m = 50 %
 b) 30 %   Ü: 20 l von 60 l = 33,$\overline{3}$ %
 c) 55 %   Ü: 160 m von 320 m = 50 %
 d) 16 %   Ü: 150 kg von 900 kg = 16,$\overline{6}$ %
 e) 64,375 %   Ü: 200 € von 300 € = 66,$\overline{6}$ %
 f) 0,8$\overline{5}$ %   Ü: 90 g von 9 kg = 1 %
 g) 1,7 %   Ü: 60 ct von 30 € = 2 %
 h) 0,175 %   Ü: 14 m von 7 km = 0,2 %

6 a) Ü: 3 € von 10 € = 30 %   E: 29,2 %
        Ü: 270 € von 2700 € = 10 %   E: 9,3 %
        Ü: 660 € von 6600 € = 10 %   E: 11 %
     b) Ü: 26 kg von 520 kg = 50 %   E: 44,2 %
        Ü: 2 kg von 20 kg = 10 %   E: 8,6 %
        Ü: 7,56 t von 12 600 kg = 60 %   E: 61,9 %

7 a) 16 € (24 €; 12,80 €)
 b) 27 m (675 m; 1,62 m; 4,32 m; 2,70 m; 27,9 km)
 c) 750 g; (300 g; 4,2 kg)

7 a) richtig   b) richtig
 c) 50 % von 1 h sind 30 min.
 d) 105 % von 140 kg sind 147 kg.
 e) 7,5 % von 88 l sind 6,6 l.

8 a) Surfbrett: 25 % von 966 € = 241,50 €
     Segel: 15 % von 404 € = 60,60 €
     Die Ermäßigung beträgt 241,50 € bzw. 60,60 €.
 b) Surfbrett: 966 € – 241,50 € = 724,50 €
     Segel: 404 – 60,60 € = 343,40 €
     Die neuen Preise betragen 724,50 € bzw. 343,40 €.

8 a) Ski: 18 % von 291 € = 52,38 €
     Skischuhe: 15 % von 194 € = 29,10 €
     Skianzug: 25 % von 222 € = 55,50 €
 b) Ski: 291 € – 52,38 € = 238,62 €
     Skischuhe: 194 € – 29,10 € = 164,90 €
     Skianzug: 222 € – 55,50 € = 166,50 €

9 Gehaltserhöhung: 4 % von 3012 € = 120,48 €
Neues Gehalt: 3012 € + 120,48 € = 3132,48 €

9 8 % von 15 620 € = 1249,60 €

10

11 a) 40 kg   b) 40 h
    240 kg   500 ml
    30 kg   70 m
    350 kg   400 kg

11 a) 700 cm   b) 240 l
    1500 cm   12 h
    3 m   510 000 m
    21 m   860 l

12 a) ① 60 €   ② 15 €
 b) ① 109 €   ② 69,50 €

12 a) ① 34,90 €   ② 14,90 €
 b) ① 39,90 €   ② 48,85 €

13 Es gibt insgesamt 300 Lose.

13 Es gibt insgesamt 200 Lose.

14 Die Gesamteinnahmen betrugen 640 €.

Teste dich!

1

0,25	0,87	**0,45**	**0,56**	0,02	**0,03**	**0,045**
$\frac{25}{100}$	$\frac{87}{100}$	$\frac{45}{100}$	$\frac{56}{100}$	$\frac{2}{100}$	$\frac{3}{100}$	$\frac{45}{1000}$
25%	**87%**	**45%**	56%	**2%**	**3%**	4,5%

2 Anteil 7a: $\frac{12}{20} = 60\%$ Anteil 7b: $\frac{14}{25} = 56\%$ Anteil 7c: $\frac{16}{27} \approx 59,26\%$
Der Anteil der Jugendlichen, die ein Handy besitzen, ist in der 7a am größten und in der 7b am kleinsten.

3 **a)** 15 Jugendliche fahren mit dem Bus, 10 nicht.
   b) 24 Jugendliche gehen in die Klasse 7b. 6 fahren mit dem Bus.
   c) 30% fahren nicht mit dem Bus. Das sind 9 Jugendliche.

4 **a)** und **b)**

Grundwert	200 l	30 cm	**1333,$\overline{3}$ kg**	1200 h	40 cm	**144 kg**	12,5 s
Prozentwert	3%	5%	15%	**37,5%**	5,1%	15%	**36%**
Anteil	6 l	**1,5 cm**	200 kg	450 h	**2,04 cm**	21,6 kg	4,5 s

5 **a)** 11% sind 2,97 Mitschüler. Dies ist keine sinnvolle Angabe, da die Anzahl der Mitschüler eine ganze Zahl sein muss.
   b) 11,$\overline{1}$% sind 3 Mitschüler. Er meinte ungefähr 11%.

6 Der Prozentsatz liegt bei 62,5%.

7 z. B.: Wie viel Euro haben die Schüler insgesamt an Spendengelder eingesammelt? Sie haben 1440 € eingesammelt.

8 **a)** Sie hat vorher 1,65 €.
   b) Der Preis wird um 25% angehoben.
   c) Die Nussnougat-Creme soll auf den Ausgangswert angehoben werden. Die Grundwerte für die Prozentrechen-Aufgabe sind aber verschieden. Daher müssen auch die Prozentsätze verschieden sein, um auf den ursprünglichen Preis zu kommen.

Zufall und Wahrscheinlichkeit

Noch fit?

1 **a)** 70%   **b)** 50%
   c) 75%   **d)** 15%

1 **a)** $\frac{3}{10} = 0,3 = 30\%$ **b)** $\frac{9}{25} = 0,36 = 36\%$
   c) $\frac{3}{5} = 0,6 = 60\%$ **d)** $\frac{9}{20} = 0,45 = 45\%$
   e) $\frac{7}{25} = 0,28 = 28\%$ **f)** $\frac{14}{50} = 0,28 = 28\%$
   g) $\frac{34}{200} = 0,17 = 17\%$ **h)** $\frac{15}{500} = 0,03 = 3\%$

2
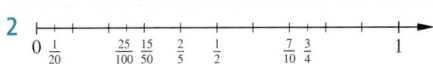

2
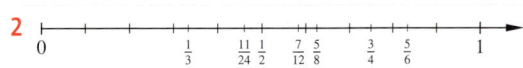

3 **a)**

Sportart	absolute Häufigkeit	relative Häufigkeit
Fußball	5	**0,5 = 50%**
Basketball	**3**	0,3 = 30%
Handball	**2**	**0,2 = 20%**

b)
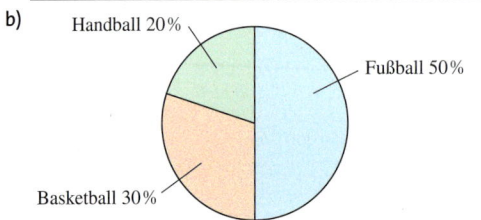

3 **a)**

Fahrzeug	absolute Häufigkeit	relative Häufigkeit
Pkw	**25**	**0,5 = 50%**
Lkw	**4**	**0,08 = 8%**
Motorrad	**8**	**0,16 = 16%**
Fahrrad	**13**	**0,26 = 26%**

b)
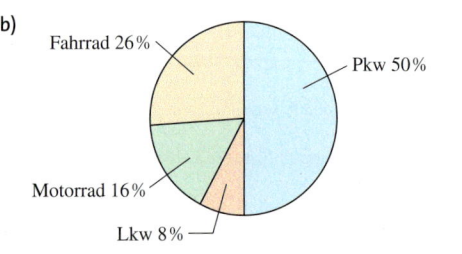

4 a) 25 Schüler haben mitgeschrieben.

b)

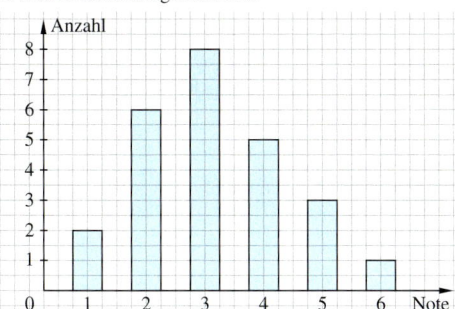

c) Note 1: 8 %
Note 2: 24 %
Note 3: 32 %
Note 4: 20 %
Note 5: 12 %
Note 6: 4 %

4 a) individuell, zum Beispiel durch ein Säulendiagramm:

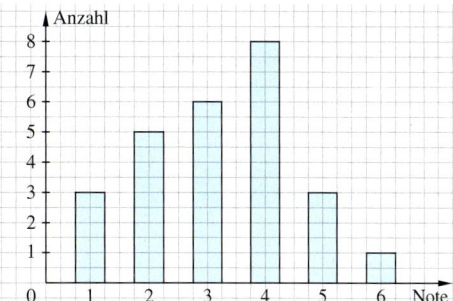

b) Note 1: $\frac{3}{26} \approx 11,5\,\%$

Note 2: $\frac{5}{26} \approx 19,2\,\%$

Note 3: $\frac{3}{13} \approx 23,1\,\%$

Note 4: $\frac{4}{13} \approx 30,8\,\%$

Note 5: $\frac{3}{26} \approx 11,5\,\%$

Note 6: $\frac{1}{26} \approx 3,8\,\%$

c) arithmetisches Mittel: $\frac{84}{26} \approx 3,2$
Median: 3

5 Volleyball: $\frac{5}{7} = 71,4\,\%$ gewonnen

Fußball: $\frac{3}{4} = 75\,\%$ gewonnen

Schule „Süd" war im Fußball erfolgreicher.

5 Mängel Süd: $\frac{18}{200} = 9\,\%$

Mängel Nord: $\frac{15}{150} = 10\,\%$

Da die Fahrräder der Schule „Süd" weniger Mängel aufweisen, schneidet diese Schule besser ab.

Klar so weit?

Seite 126/127

1 a) ja   **b)** nein   **c)** nein   **d)** ja

1 a) ja $S = \{1, 2, 3, …, 49\}$
b) ja $S = \{\text{Gewinn, Niete}\}$
c) nein

2 a) mögliche Ergebnisse: gelb, rot, blau
b) Es handelt sich um kein Laplace-Experiment, da nicht alle Ergebnisse die gleiche Wahrscheinlichkeit haben.

3 a) $\frac{3}{10} = 30\,\%$ **b)** $\frac{6}{10} = 60\,\%$ **c)** $\frac{4}{10} = 40\,\%$

3 a) $\frac{1}{12} \approx 8,3\,\%$ **b)** $\frac{1}{12} \approx 8,3\,\%$ **c)** $\frac{5}{12} \approx 41,6\,\%$

d) $\frac{8}{12} \approx 66,6\,\%$ **e)** $\frac{6}{12} = 50\,\%$ **f)** $\frac{3}{12} = 25\,\%$

g) $\frac{6}{12} = 50\,\%$

4 Alle Wahrscheinlichkeiten betragen $\frac{1}{6}$. Es gibt keine Unterschiede.

4 a) 30 %   **b)** 20 %
c) $83,\overline{3}\,\%$ **d)** 50 %

5 a) 58 %   **b)** 23 %   **c)** 92 %

6 a) Glücksrad I liefert vermutlich die Zahlenreihe ② und Glücksrad II die Zahlenreihe ①.
b) individuell

6 a) Nein, da das Experiment nicht gleichverteilt ist.
b) rot: 16 %; weiß: 36 %; blau: 32 %; gelb: 16 %
c)

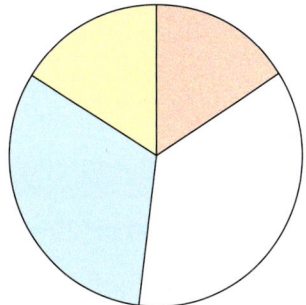

7 Es gibt ungefähr 100 kaputte USB-Sticks.

7 Es sind vermutlich 20 gelbe, 24 rote und 6 grüne Kugeln in der Schale.

8 Ein ankommendes Fahrzeug fährt mit einer Wahrscheinlichkeit von 36 % nach links, von 43 % geradeaus und von 21 % nach rechts.

8 Nein, da es sich um keine repräsentative Personengruppe für ganz Deutschland handelt.

9 a) Insgesamt haben sie 18,50 € ausgegeben.

b) Die Verkaufszahlen (Gesamtanzahl 20 Stück) entsprechen vermutlich den Verkaufszahlen einer Pause. Sie sind damit zu gering um daraus eine Prognose für eine ganze Woche zu treffen.

Seite 132

Teste dich!

1 a) ja, z. B.: $E_1 = \{\text{Kopf}\}$; $E_2 = \{\text{Zahl}\}$ **b)** ja, z. B.: $E_1 = \{\text{rot}\}$; $E_2 = \{\text{schwarz}\}$ **c)** nein   **d)** nein

2 a) 10 %   **b)** 40 %   **c)** 50 %   **d)** 60 %

3 a) Wenn auf den Würfeln jeweils die Zahlen 1 bis 6, 1 bis 8 bzw. 1 bis 12 vorkommen und es sich um gewöhnliche Spielwürfel handelt, ist das Würfeln jeder möglichen Zahl gleich wahrscheinlich und es handelt sich daher um ein Laplace-Experiment.

b)

Würfel mit...	6 Flächen	8 Flächen	12 Flächen
Wahrscheinlichkeit eine „1" zu werfen	$\frac{1}{6}$	$\frac{1}{8}$	$\frac{1}{12}$
Wahrscheinlichkeit eine „gerade Zahl" zu werfen	$\frac{1}{2}$	$\frac{1}{2}$	$\frac{1}{2}$
Wahrscheinlichkeit eine „1" oder eine „2" zu werfen	$\frac{1}{3}$	$\frac{1}{4}$	$\frac{1}{6}$

4 a) $\frac{13}{25} = 52\%$ **b)** $\frac{9}{25} = 36\%$ **c)** $\frac{5}{25} = \frac{1}{5} = 20\%$ **d)** $\frac{8}{25} = 32\%$ **e)** $\frac{4}{25} = 16\%$

5 a) 3000   **b)** $\frac{1}{3000} = 0,0\overline{3}\%$ **c)** $\frac{33}{3000} = \frac{11}{1000} = 1,1\%$

6 a) $\approx 40\,000$ **b)** $\approx 60\,000$

Terme

Seite 134

Noch fit?

1 a) 85; 102; 119   Regel: +17
b) 9, 11; 13;   Regel: ungerade Zahlen
c) 185; 180; 175   Regel: −5
d) 24, 29, 34   Regel: +5

1 a) 36; 49; 64   Regel: Quadratzahlen
b) 21; 28; 36   Regel: +2; +3; +4; ...
c) $\frac{1}{32}; \frac{1}{64}; \frac{1}{128}$ Regel: $\left(\cdot \frac{1}{2} \right)$
d) 4; 8; 16   Regel: $(\cdot\, 2)$

2 a) 7   **b)** 5   **c)** $11 \cdot 11$ **d)** 32   **e)** 5

2 a) 5   **b)** 9   **c)** 2   **d)** 7   **e)** 54

3 a) $37 - 17 = 20$ **b)** $54 + 226 = 280$
c) $527 + 90 = 617$ **d)** $47 - 11 = 36$

3 a) $158 + (158 + 50) = 366$ **b)** $208 - 60 = 148$
c) $664 + 664 = 1328$

4 a) Brüche werden addiert oder subtrahiert, indem man sie gleichnamig macht und dann ihre Zähler addiert oder subtrahiert.
b) Zwei Brüche werden multipliziert, indem man Zähler mit Zähler und Nenner mit Nenner multipliziert.
c) Man dividiert eine Zahl durch einen Bruch, indem man die Zahl mit dem Kehrwert des Bruches multipliziert.

5 a) $1\frac{7}{15}$ **b)** $2\frac{5}{7}$ **c)** $-1\frac{13}{30}$
d) $\frac{3}{5}$ **e)** $-\frac{5}{8}$ **f)** $3\frac{2}{3}$

5 a) 2   **b)** $1\frac{2}{3}$ **c)** $-\frac{3}{8}$
d) $\frac{8}{9}$ **e)** $\frac{1}{6}$ **f)** $\frac{21}{40}$

6

Länge a	Breite b	Umfang des Rechtecks	Flächeninhalt des Rechtecks
4 cm	3,5 cm	**15 cm**	**14 cm²**
7,5 dm	1,5 dm	**18 cm**	**11,25 cm²**
7 cm	**4 cm**	22 cm	**28 cm²**
17 cm	6 cm	**46 cm**	102 cm²

Seite 150/151

Klar so weit?

1 a) 2,7   **b)** 9,1   **c)** 4   **d)** 194   **e)** −14

1 a) 42   **b)** 6   **c)** −14   **d)** 15   **e)** 43

2 a)

	$15x + 15$	
	$5x + 10$	$5 + 10x$
$2x + 5$	$5 + 3x$	$7x$
$2x$	5	$x + x + x$	$4x$

b)

	$16a + 20$	
	$9a + 6$	$7a + 14$
$4a + 2$	$5a + 4$	$2a + 10$
$a + 2$	$3a$	$2a + 4$	6

2 a)

	$6,3x + 6x^2$	
	$2,3x + 2x^2$	$4x + 4x^2$
$0,3x + x^2$	$x^2 + 2x$	$2x + 3x^2$
$0,3x$	x^2	$2x$	$3x^2$

b)

	$2b - 6c$	
	$6b - 8c - 2bc$	$-4b + 2c + 2cb$
$3b - 7c - 4bc$	$3b - c + 2cb$	$-7b + 3c$
$-3c - 4cb$	$3b - 4c$	$3c + 2cb$	$-7b - 2cb$

3 a) $2x^2$ **b)** $21a^2$
 c) $18x^2y$ **d)** $-168a^2b$

3 a) $330c^2d$ **b)** $1{,}68x^2y^2$
 c) $6{,}4a^3b$ **d)** $96s^3t^2$

4 a) $3x-y+2$ **b)** $9x-a$
 c) $x-2y-3z-3$ **d)** $x-8y+5z+3$

4 a) $-2x+8y$ **b)** $-14x-16a$
 c) $6r-4s$ **d)** $8a^2+8a$

5

Ausgangsterm	$a-6a$	$2a+3b-7a$	$3a\cdot4b$	$2a^2-(5a-3b)$	$7a\cdot5a\cdot a^2$
vereinfachter Term	$-5a$	$-5a+3b$	$12ab$	$2a^2-5a+3b$	$35a^4$
$a=2;\,b=-7$	-10	-31	-168	-23	560
$a=-3;\,b=9$	15	42	-324	60	2835
$a=-1;\,b=-10$	5	-25	120	-23	35

6 ① $u=4a=4\cdot5\,\text{cm}=20\,\text{cm}$
 ② $u=3a=3\cdot4\,\text{cm}=12\,\text{cm}$
 ③ $u=7\cdot a+b=7\cdot2{,}5\,\text{cm}+7{,}5\,\text{cm}=25\,\text{cm}$

6 a) $5x+3y$
 b) $3x+8y$
 c) $4x+8y$

7 a) $x+y$ Schüler sind in der Klasse 7c.
 b) Anna hat $\frac{x}{2}$ DVDs.
 c) Lea wiegt $y-4{,}5\,\text{kg}$.
 d) Sie zahlen $2x\,\text{€}+3y\,\text{€}$.

7 a) Wie viel Geld bekommt man zurück? $x\,\text{€}+20y\,\text{€}$
 b) Wie viel muss Frau Klaasen zahlen? $\frac{3}{4}x\,\text{€}+3y\,\text{€}$
 c) Wie viel muss Tino im Monat zahlen?
   $5\,\text{€}+0{,}19x\,\text{€}+0{,}06y\,\text{€}$

8 a) $\frac{a}{2}$ **b)** $5x$ **c)** $3a-2a$ **d)** $6a-\frac{a}{2}$

8 a) $7ab$ **b)** $\frac{a}{2}+3b$ **c)** $2a-\frac{b}{2}$

9 a) $48a+96b+32c=16\,(3a+6b+2c)$
 b) $1104\,\text{mm}$

9 a) $78a+26b=13\,(6a+2b)$
 b) $153{,}4\,\text{cm}$

Teste dich!

Seite 156

1 a) 20 **b)** $8{,}5$ **c)** -4 **d)** $5{,}75$

2 a) $x^2-3{,}5x+2$ **b)** 4 **c)** $11{,}54$

3 a) $78+56=134$ **b)** $2\cdot5+8=18$ **c)** $3\cdot(78+79)=471$

4 a) $x+1{,}25$ **b)** $5{,}5x$ **c)** $5\,\text{€}+0{,}09\,\text{€}\cdot x+0{,}22\,\text{€}\cdot y$

5 a) $9{,}7m-5{,}3n$ **b)** $-2x+7x^2+3x^3$
 c) $7{,}2a^2-3{,}75b^2$ **d)** $40m^2-15n^2+5m^2n-6n-7mn^2$

6 a) $3x+2-y$ **b)** $9x-a$ **c)** $x-2y-3z-3$ **d)** $26{,}2x+0{,}9y$

7 a) ① $2a+2b+2d$ ② $ab+d(a-2c)$
 b) $u=20\,\text{cm}$ $A=21\,\text{cm}^2$

8 a) ① $4\cdot(a+b+c)$ ② $6\cdot(a+c)+4b$
 b) ① $4\cdot(a+b+c)+30$ ② $6\cdot(a+c)+4b+30$
 c) ① $330\,\text{cm}$ ② $400\,\text{cm}$

Winkel und Figuren

Noch fit?

Seite 158

1 a) $\alpha=24°$ **b)** $\alpha=86°$ **c)** $\beta=45°$ **d)** $\gamma_1=155°;\;\gamma_2=180°$

2

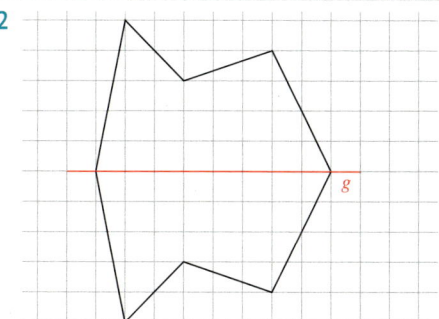

2

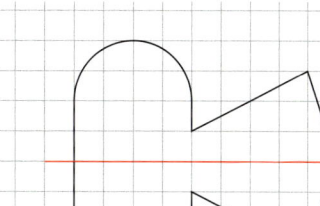

3
a) Quadrat: Es entstehen jeweils 2 gleichschenklige, rechtwinklige Dreiecke.
b) Trapez: Es entstehen jeweils 2 stumwinklige, unregelmäßige Dreiecke.
c) Es entstehen jeweils 2 rechtwinklige, unregelmäßige Dreiecke.
d) Es entstehen entweder 2 gleichschenklige (eines rechtwinklig, eines spitzwinklig) oder 2 stumpfwinklige, unregelmäßige Dreiecke.

3
a) falsch   **b)** richtig
c) falsch   **d)** falsch
e) falsch

4 a)

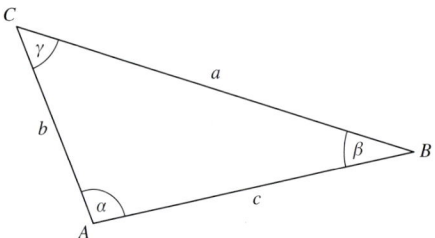

4 a)

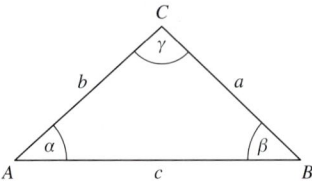

b)

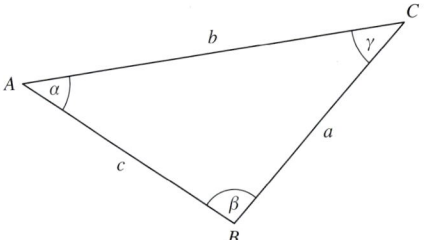

b)

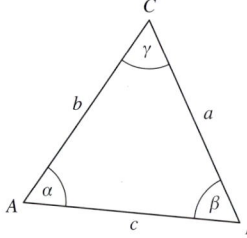

c)

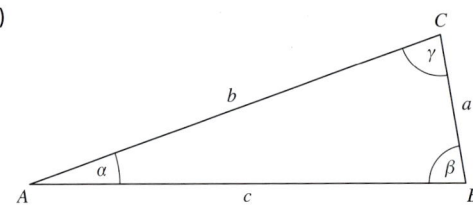

c)

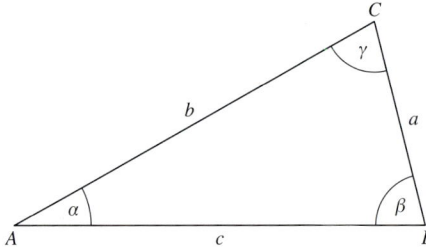

5
a) In einem Rechteck sind alle Winkel **rechte Winkel.**
b) Zwei Geraden sind parallel zueinander, wenn **sie überall den gleichen Abstand haben**.
c) Zwei Geraden sind senkrecht zueinander, wenn **sie sich in einem Winkel von 90° schneiden.**
d) Die Verbindung gegenüberliegender Eckpunkte im Rechteck nennt man **Diagonalen**.

Seite 174

Klar so weit?

1
a) γ **b)** α, γ
c) Für $\alpha = 47°$ ist $\beta = 133°$, $\gamma = 47°$ und $\delta = 133°$.
Für $\alpha = 55°$ ist $\beta = 125°$, $\gamma = 55°$ und $\delta = 125°$.

1
a) α_1 und α_3 sind Wechselwinkel.
b) α_1 und α_2 sind Stufenwinkel und daher gleich groß.
α_3 und α_2 sind ebenfalls Stufenwinkel und auch gleich groß.
Daher sind auch α_1 und α_3 gleich groß.

2
a) Zuerst wurde die Deichkrone verlängert. Dann wurden die Winkel zwischen Deich und verlängerter Deichkrone gemessen.
b) $\gamma = 147°$; $\delta = 128°$ (γ, δ sind Nebenwinkel zu 33° bzw. 52°)
$\alpha = 52°$; $\beta = 33°$ (α, β sind Wechselwinkel zu 52° bzw. 33°)

3 $\alpha_1 = 23° = \alpha_5 = \alpha_2$
$\alpha_3 = 67° = \alpha_6$
$\alpha_4 = 90° = \alpha_7$

3 $\alpha_1 = 18° = \alpha_3 = \alpha_6 = \alpha_2 = \alpha_5$
$\alpha_4 = 144° = \alpha_7$

4 Drachenvierecke: e); c); f)
Quadrat: e)
Rechtecke: a); e)
Trapez: a); e); f); d)

4
a) Quadrat, Raute, Rechteck, Trapez
b) Trapez, Rechteck, Drachenviereck, Quadrat
c) Drachenviereck, Raute, Parallelogramm, Trapez
d) Parallelogramm, Trapez

5 Nein. Im Quadrat müssen alle Seiten gleich lang sein, im Rechteck ist das keine zwingende Bedingung.

5 Nein. Rauten haben immer vier gleich lange Seiten. Bei einem Parallelogramm muss das nicht der Fall sein.

196

6 a) individuell, z.B.:

b) individuell, z.B.:

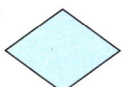

c) individuell, z.B.:

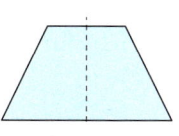

d) individuell, z.B.:

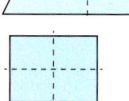

e) individuell, z.B.:

6 a) unmöglich, jedes Quadrat ist immer auch ein Rechteck

b) individuell, z.B.:

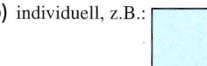

c), d) individuell, z.B.:

e) individuell, z.B.:

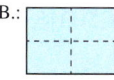

7 a) wahr (Einzige Bedingung für eine Raute sind 4 gleich lange Seiten, die ein Quadrat immer hat.)
b) wahr (Ein Parallelogramm hat 2 Paar parallele Seiten. Eine Raute ebenfalls.)
c) wahr (Manche Rechtecke haben 4 gleich lange Seiten und sind damit Quadrate.)

7 a) wahr (Rauten, dessen Winkel nicht alle rechtwinklig sind, sind keine Quadrate.)
b) wahr (Ein Trapez hat 2 Seiten, die parallel sind. Jedes Parallelogramm erfüllt diese Bedingung.)
c) wahr (Drachenvierecke mit 2 parallelen Seiten sind Trapeze, z. B. Rauten.)

8 a) $\gamma = 98°$ **b)** $\alpha = 75°$
c) $\beta = 30°$ **d)** $\beta = 15°$

8 a) $\gamma = 40°$ **b)** $\beta = 60°$
c) $\beta = 60°$; $\gamma_1 = 30°$ **d)** $\beta = 45°$; $\gamma_1 = 45° = \gamma_2$

9 a) $\delta = 123°$ **b)** $\delta = 105°$
c) $\delta = 118°$ **d)** $\delta = 135°$

9 a) $\delta = 112°$
b) 360°

10 a) $\delta = 210°$ **b)** $\delta = 95°$

10 a) $\delta = 96°$ **b)** $\delta = 44,8°$

Teste dich!

Seite 180

1

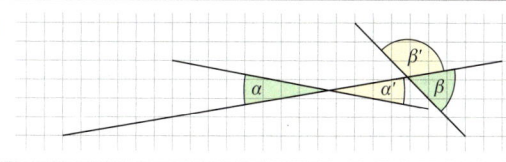

2 a)

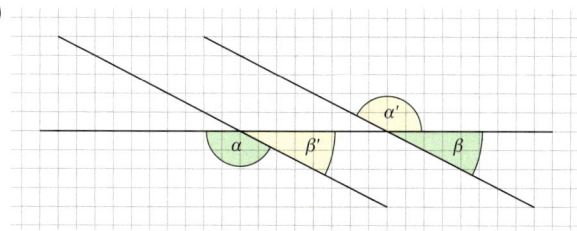

b) individuell, z.B.: α und der Stufenwinkel von β ergeben zusammen den gestreckten Winkel (180°). Da der Stufenwinkel genauso groß ist, wie der Winkel selbst, ist $\alpha + \beta = 180°$.
c) $4x$ (β selbst und der zugehörige Scheitel-, Stufen-, bzw. Wechselwinkel)

3 a) $\alpha = 145°$ (Wechselwinkel)   **b)** $\beta = 60°$ (Wechselwinkel)
c) $\gamma = 111°$ (Stufenwinkel)   **d)** $\delta = 45°$ (Stufenwinkel)

4 a) Quadrat, Rechteck   **b)** Trapez   **c)** Parallelogramm, Raute, Rechteck, Quadrat
d) Raute, Quadrat   **e)** Quadrat   **f)** Quadrat, Drachenviereck, Raute

5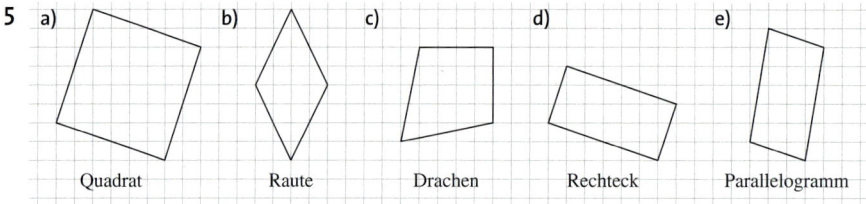

a) Quadrat   b) Raute   c) Drachen   d) Rechteck   e) Parallelogramm

6 a) $\gamma = 100°$ b) $\alpha = 65{,}5°$ c) $\beta = 40°$

7 a) $\delta = 80°$ b) $\alpha = 105°$ c) $\beta = 90°$
d) $\gamma = 108°$ e) $\alpha = 183°; \delta = 39°$ f) $\beta = 110° = \delta; \gamma = 70°$

Stichwortverzeichnis

Bildverzeichnis

Titel Horst W. Bühne; **5** Karl-Heinz Oster, Düsseldorf; **8/1–2** Fotodesign Peter Wirtz; **13/1–2** Udo Wennekers, Goch; **13/3–6** Markus Holm, Berlin; **16** picture alliance/EPA/Arno Balzarini; **20** Fotolia/fotoping; **21** picture alliance/Bildagentur Huber; **29** Cornelsen Verlag, Mathias Woscyna; **31** Picture Press/Bert Spangemacher; **32/1** Fotolia.com/chiefrockermanu; **32/2** Fotolia.com/Wddigital; **32/3** Wikimedia; **32/4** Museo Nacional de Ciencias Naturales, Madrid; **32/5** A. & W. Steffen, www.wale-delfine.de; **32/6** Fotolia.com/cbpix; **37** masterfile (Matt Brasier); **39** picture alliance/dpa; **40** Picture alliance/Sven Simon; **42** Volker Döring, Hohen Neuendorf; **43/1** Fotolia/astral113; **43/2** Fotolia/L.Klauser; **43/3** Volker Döring, Hohen Neuendorf; **43/4** Bildagentur Huber, Garmisch-Partenkirchen; **44** Fotolia/iofoto; **45/1** Cornelsen Verlagsarchiv; **45/2** Udo Wennekers, Goch; **46/1** Fotolia/terex; **46/2** Fotolia/psynovec; **46/3** Fotolia/ D.R.3D; **46/4** Jens Schacht, Düsseldorf; **47/1** Sebastian Hellmann, Fröndenberg/Ruhr; **47/2** Deutsche Bahn AG; **48** Fotolia/contrastwerkstatt; **49** picture alliance/chromorange; **50/1** Fotolia/Whyona; **50/2** Fotolia/dbersier; **51/1** Fotolia/Martin Spurny; **51/2** picture alliance/WILDLIFE; **51/3** Fotolia/Villiers; **53** Fotolia/Martin_P; **54** Cornelsen Verlagsarchiv; **55** Fotolia/Bo Valentino; **56/1** www.fussbodenbelag.de; **56/2** Bruderschaft Riesenomelett, Malmedy; **57/1** Fotolia/d.c.photography; **57/2** akg-images/IAM; **61** Fotolia/James Thew; **63/1–2** Ferienunterkunft Meents Carolinensiel; **66** Günther Reufsteck, Straelen; **71/1** Astrofoto/Sörth; **71/2–3** Cornelsen Schulverlage; **76** Gabriele Delhey; **77** Wikipedia; **81** Cornelsen Schulverlage; **82/1** Die Post, Schweiz; **82/2–3, 6** Cornelsen Schulverlage; **82/5** Can Stock Photo/Qingwa; **82/7** Liechtensteinische Post AG; **85** Erwin Wodicka, Thening/Bilderbox; **87** Deutscher Verkehrssicherheitsrat; **88/1–2** Deutscher Olympischer Sportbund; **91/1–2** Markus Holm, Berlin; **94/1** Fotolia/.shock; **94/2–3** Cornelsen Verlagsarchiv; **97/1–5** Cornelsen Verlagsarchiv; **98** Fotolia/Daniel Muller; **100** Gerald Zörner, Berlin; **102** Wikimedia; **106** Fotolia/photocrew; **107** Cornelsen Verlagsarchiv; **108/1** picture-alliance/dpa/Effner; **108/2** Cornelsen Verlagsarchiv; **110** argum; **113/1** Fotolia/Armin Sepp; **113/2–4** Cornelsen Verlagsarchiv; **114** Cornelsen Verlagsarchiv; **115/1** Jens Schacht, Düsseldorf; **115/2** Gerald Zörner, Berlin; **115/3** Günter Liesenberg, Hoppegarten; **115/4** Cornelsen Verlagsarchiv; **116** Fotolia/fotobeu; **117/1** Boris Mahler, Berlin; **117/2** Barlo Fotografik, Tobias Schneider, Berlin; **117/3** Gerald Zörner, Berlin; **117/4** Cornelsen Verlag/Kerstin Nolte; **118/1** Cornelsen Verlag/Peter Hartmann; **118/2** Barlo Fotografik, Tobias Schneider, Berlin; **119/1** Günter Liesenberg, Hoppegarten; **119/2** Rainer J. Fischer, Berlin; **119/3** picture-alliance/dpa; **119/4** Fotolia/Uwe Annas; **120/1** Fotolia/svort; **120/2** Lacz; **121** Wetterprognose-wettervorhersage.de; **121/1** Fotolia/D. Ott; **121/2** Volker Döring, Hohen Neuendorf; **123/1** Getty Images; **123/2** picture alliance/dpa; **123/3** Fotolia/Gunnar Assmy; **124** Fotolia/Aintschie; **126** Bild Art/Volker Döring, Hohen Neuendorf; **128/1** Mathias Wosczyna, Rheinbreitenbach; **128/2** Cornelsen Verlag/Peter Hartmann; **129** Mathias Wosczyna, Rheinbreitenbach; **130/1** Fotolia/Gina Sanders; **130/2–5** Fotolia/Jonas Wolff; **131** Günter Liesenberg, Hoppegarten; **132/1–3** Bild Art/Volker Döring, Hohen Neuendorf; **133** Fotolia/Yuri Arcurs; **135/1–6** Heike Schulz, Berlin; **138** fotolia/Nerlich Images; **139** Cornelsen Verlagsarchiv; **152** Cornelsen Verlagsarchiv; **154/1** mauritius images/imagebroker; **154/2** Fotolia/yanlev; **157** VG Bild-Kunst, Bonn 2012/ARTOTHEK; **160/1** Wikipedia/Arturus; **160/2** Karl-Ludwig Diehl/Florilegium der Pflanzen; **161** Cornelsen Verlagsarchiv; **163** Marie Haag/Mosaikart, Wörth a. d. Donau; **164/1** Fotolia/cidepix; **164/2** WVER; **165/1–2** Aluminco GmbH, Krefeld, Stefan Radouniklis; **169** Ilona Gabriel, Dinslaken; **170** Pitopia/Geronimo, 2012; **178** Nicolas Janberg (www.structurae.de); **181** Horst W. Bühne

Die Screenshots auf den Seiten 148 und 149 wurden mit der Software Microsoft®Excel® erstellt. Microsoft®Excel® ist ein eingetragenes Warenzeichen der Microsoft Corporation.

Größen und ihre Umwandlungen

Zeit

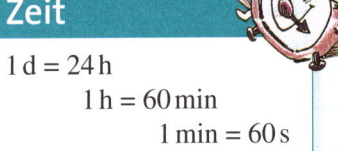

1 d = 24 h

1 h = 60 min

1 min = 60 s

Gewicht (Masse)

1 t = 1 000 kg

1 kg = 1 000 g

1 g = 1 000 mg

Länge

1 km = 1 000 m

1 m = 10 dm = 100 cm = 1 000 mm

1 dm = 10 cm = 100 mm

1 cm = 10 mm

Geld

1 € = 100 ct

Flächeninhalt

$1 \text{ km}^2 = 100 \text{ ha}$

$1 \text{ ha} = 100 \text{ a}$

$1 \text{ a} = 100 \text{ m}^2$

$1 \text{ m}^2 = 100 \text{ dm}^2$

$1 \text{ dm}^2 = 100 \text{ cm}^2$

$1 \text{ cm}^2 = 100 \text{ mm}^2$

Volumen

$1 \text{ m}^3 = 1000 \text{ dm}^3$

$1 \text{ dm}^3 = 1000 \text{ cm}^3$

$1 \text{ cm}^3 = 1000 \text{ mm}^3$

$1 \text{ l} = 1 \text{ dm}^3 = 1000 \text{ cm}^3 = 1000 \text{ ml}$

$1 \text{ ml} = 1 \text{ cm}^3$

Griechisches Alphabet

α	alpha	η	eta	ν	ny	τ	tau
β	beta	θ	theta	ξ	xi	υ	ypsilon
γ	gamma	ι	jota	o	omikron	φ	phi
δ	delta	$\varkappa$	kappa	π	pi	χ	chi
ε	epsilon	λ	lambda	ϱ	rho	ψ	psi
ζ	zeta	μ	my	σ	sigma	ω	omega